"十四五"普通高等教育规划教材

ENGINEERING
SCIENCE

工程科学研究基础

陈宏霞　徐进良　沈国清 ◉ 编著

扫码关注，阅览
EndNote 使用视频
等配套数字资源

中国电力出版社
CHINA ELECTRIC POWER PRESS

内 容 提 要

本书为"十四五"普通高等教育规划教材,主要由科学研究认知、科学实验中的基本技能、科学实验测量方法、工况设计优化及实验数据的分析处理四部分内容组成。具体包括:概述,文献调研,EndNote 软件与文献管理,正交实验设计,温度及温度场的测量,压力及压力场的测量,流量、流速、流场的测量,数据表达及误差分析等。

全书突出介绍了科学研究中的文献调研及总结能力,图形表达及实验台空间构建能力,相关数据分析拟合的基本能力;对仪表、传感器、图像采集系统、数据采集系统等常用科学实验测量仪器的使用方法,以及相关设备的选型及安装调试都做了介绍;并且按照科学实验的时间顺序,从实验前的工况设计优化、实验中的数据采集与记录到实验后的数据分析处理逐一进行了介绍。本书对培养工科学生的科研思考及实际动手能力,提升其科学素质具有重要作用。

本书主要用于培养、提高工科学生开展科学研究的基本技能,可供能源动力类、电气类、化工与制药类、矿业类、环境科学与工程类、航空航天类、测绘类、水利类、机械类、材料类等相关专业本科高年级学生使用,也可供工程热物理、能源、化工、环境、水利、航空、机械、材料等相关专业的研究生使用。

图书在版编目(CIP)数据

工程科学研究基础/陈宏霞,徐进良,沈国清编著. —北京:中国电力出版社,2020.9
"十四五"普通高等教育规划教材
ISBN 978-7-5198-4954-2

Ⅰ.①工… Ⅱ.①陈… ②徐… ③沈… Ⅲ.①工程技术—高等学校—教材 Ⅳ.①TB1

中国版本图书馆 CIP 数据核字(2020)第 173345 号

出版发行:中国电力出版社
地 址:北京市东城区北京站西街 19 号(邮政编码 100005)
网 址:http://www.cepp.sgcc.com.cn
责任编辑:熊荣华(010-63412543 124372496@qq.com)
责任校对:黄 蓓 朱丽芳
装帧设计:王红柳
责任印制:吴 迪

印 刷:河北华商印刷有限公司
版 次:2020 年 9 月第一版
印 次:2020 年 9 月北京第一次印刷
开 本:787 毫米×1092 毫米 16 开本
印 张:14
字 数:339 千字
定 价:48.00 元

前　言

目前各学科培养计划不断完善、优化，遵循了重视基础课、突出专业课、拓展实践课的设置原则，形成了重理论、显专业的培养特色。而在科学快速发展、技术突飞猛进的社会需求下，前沿科学的发展需要兼具理论科学家与全能工程师素质的人才。将理论落实到操作方法，切实提高学生的实际动手能力，是培养高素质毕业生、高水平科学家的重要环节，也是素质教育进程中迫切需要解决的关键问题。

"工程科学研究基础"是一门基于基础理论学习，考虑科学研究过程，致力于培养学生将基础理论转化为实际科研能力的方法论课程。本书针对开展科学实验研究必备的基础技能，包括文献的调研、归纳整理方法，实验工况设计优化方法，基本物理量的考察、测量以及设备选型方法，实验数据的误差分析方法等内容进行了逐一、系统的介绍。突出将"理论科学"真正转变为"实际工程"的系统方法，让学生在了解科学研究历程的同时，系统提高其科研基本功。

本书秉承全面提高本科生科研能力的培养理念，结合华北电力大学吴仲华学院特色培养课程的教学探索与实践，在本科生科研能力的系统培养中已初见成效。本书可作为工科院校能源动力类、电气类、化工与制药类、矿业类、环境科学与工程类、航空航天类、测绘类、水利类、机械类、材料类等专业必修或选修课教材，用于培养、提高本科生开展科学研究的基本技能和综合素质。同时适合作为工程热物理、能源、化工、环境、水利、航空、机械、材料等相关专业研究生的科研入门必备手册。

非常感谢华北电力大学吴仲华学院给予的平台及经费支持，同时感谢孙源、肖红洋、刘霖、李林涵、李玉华等参与本书的校改工作，还要感谢华北电力大学戈志华教授和王晓东教授百忙之中为本书所做的审稿工作！书中错误和不足之处恳请广大读者批评指正。

陈宏霞

2020 年 3 月

目　　录

第1章 概　　述

1.1 科 学 研 究

1.1.1 概念

科学研究广义讲是综合整理知识和创造知识的工作。它是人们有目的、有计划、有意识地在前人已有认识的基础上，运用科学的方法，对客观事实加以掌握、分析、概括，揭露其本质，系统探索新规律的认知过程。是否取得新的结果，是衡量科学研究成功与否的标准。其结果可以是新方法、新理论、新工艺、新发现，甚至是新应用。

科学研究与技术发明既有区别又相互关联。其区别在于：科学的本质是发现，技术的灵魂是发明；科学思维方向是从实践到理论，而技术思维方向是从理论到实践。其关联在于：科学研究是技术发明的基础，并推动着技术发明的进步；掌握越多的科学研究方法和手段，越有利于做出更多的技术发明。

揭开科学研究的神秘面纱，大量重大科学研究成果都源自于细心、执着。如伦琴无意间发现透过人体的 X 射线（见图 1-1），琴纳通过观察挤奶女工不得天花发现牛痘疫苗并奠定免疫学基础，居里夫人坚持千万次实验分离出铀，以及达尔文的进化论、牛顿的地心说等。当然基于坚实理论基础的数理演绎、学科交叉碰撞的火花能够更快速地推进科学进步。而正是科学研究推动着社会的发展。人类生活正迅速地、悄无声息地发生着一次又一次变革，这些变革无不是建立在科学研究及科学发现基础之上的。如从黑白电视到彩色电视，从有线固定电话到全网络覆盖下的移动手机，从马车、汽车到电动汽车甚至无人驾驶汽车，从人工到自动化甚至智能机器人等，这些都是建立在液晶栅格特性、电磁波特性及控制、传感器测量、数字信息及量子计算等科技研发的基础之上。

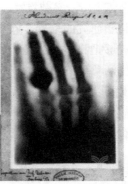

图 1-1　伦琴发现 X 射线

1.1.2 历程

科学研究过程艰苦，毫无时间节点，也无法预测；也许永远做不出期望的结论，也许突然灵光一现解惑诺贝尔奖级理论。无论如何科学研究需持之以恒，思考和坚持是进行科学研究最基本的素质。

科学研究过程有三个阶段，可借用三句诗句："昨夜西风凋碧树，独上高楼，望尽天涯路"的第一境界，"衣带渐宽终不悔，为伊消得人憔悴"的第二境界，"众里寻他千百度，蓦然回首，那人却在，灯火阑珊处"的第三境界。研究的第一阶段会有前途广阔却茫然，踌躇满志却无力之感。此阶段需踏踏实实、系统、全方面学习基础知识，看清方向，分辨东西南北。研究的第二阶段是孜孜以求的状态。科研过程虽辛苦却充满不断肯定自己、不断爬升的乐趣。此阶段需放得下娱乐，耐得住寂寞，高效、无误、潜心工作。研究的第三个阶段是豁然开朗的阶段。获得实验数据，分析、发现新规律，提升、建立新理论。此阶段需要构建知识体系，耐心分析数据，认真总结学术成果，适时交流以获得新的启示。

1.1.3　目的

科学研究的开展，其目的往往不仅是科学知识本身，更重要的目的及收获是提高科研能力及个人素质。科学研究每个阶段对应不同能力的培养，其能力的培养贯穿于一个完整的科学研究过程，不完整的科学研究对学生的培养是不全面的。

不是每个人都将会从事科学研究，更不是每个人都适合从事科学研究；但通过学生阶段科学研究方法的培养和学习，能够提高个人以下三个基本素质。

（1）提出问题的能力：提出问题的基础是具有坚实的基础理论和广博的知识体系，知识和经验是提出问题、创立假说的源泉。在基本知识基础上还需具备阅读文献、收集资料的能力。提出问题需要足够的好奇心，不墨守成规，敢于直面科学现实，敢于向权威挑战，才能在生活的启发下获得奇思妙想，提出科学问题。

（2）归纳并构建假说的能力：构建假说主要是指个人的逻辑思维能力。从问题的判断出发到提出假说，构建自己的科学观点并能够分析假说，确保假说或科学观点的正确性。具体思考证明假说需要的论据、构建论据的逻辑框架以及证明思路。此阶段需要坚实的理论基础和较强的逻辑思维。

（3）证明并判断假说的能力：证明假说的能力主要是指实际科研执行能力。根据实验目标进行科学实验的设计、规划，实际动手，并根据实验结果进行逻辑判断。此阶段需掌握具体的技术与方法，如设备选型、安装调试、参数设置、数据采集方法以及基于专业知识的数据分析能力。

需指出的是，通过科学研究的培养，收获的不仅仅是科研素质，更是正确的生活态度及全面的个人能力。当你能够把科学研究当作一份事业、一次历练，收获的一定不仅仅是一份实验报告，而是一种对生活负责的态度，一种激励你成功的习惯，一种认真、严谨、自我探索、自我解惑中养成的孜孜以求的人生态度。同时，养成面对将来工作生活中各种变迁局势，能理性分析、快速反应的习惯；懂得不墨守成规、合理调整自我，能够不断提高自我可塑性以适应环境的能力；具有不断思索并构建新思路的丰富创造能力。

1.2　科 学 研 究 的 方 法

科学研究的方法主要包含三种：观察（调查）方法、实验方法以及思维加工。其中观察方法和实验方法比较直接；而思维加工方法实属抽象，并贯穿于整个科学研究过程。

1.2.1　观察（调查）方法

对研究对象进行系统、连续的观察，做出详尽的记录；对大量分散材料进行汇总加工、归纳分析；全面而正确地掌握研究对象的实施性科学研究方法。按方式和手段不同，观察（调查）可分直接观察（调查）和间接观察（调查）；按观察（调查）的性质和内容不同，其又可分为质的观察（调查）和量的观察（调查）。无论何种形式的观察（调查）研究，均需确保时间和空间上的完整性，才可以获得准确的结论。

观察（调查）研究方法多用于动物、植物、地理、历史、考古等领域的研究。例如图 1-2 所示著名的魏格纳大陆漂移说，即是 1910 年卧床不起的魏格纳，在无意间发现床头挂着的世界地图中各相邻大洲的边界轮廓相似，似乎可连成一片；随即开始了大陆漂移说的研究。此外，追踪鸟类迁徙、社会情况调查问卷等都属于常见的观察（调查）研究范畴。

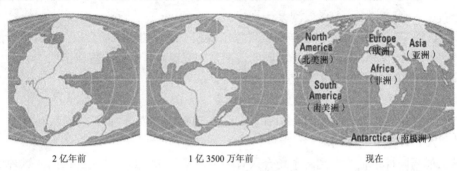

2 亿年前　　　　　　　　1 亿 3500 万年前　　　　　　　现在

图 1-2　魏格纳大陆漂移说

1.2.2　实验方法

实验研究是科学研究经历调研、论证、规划等前期工作后，开展的由实验目的、实验方法以及技术路线等要素组成的系统研究活动。实验方法是提出一种因果关系的尝试性假设；然后通过规划实验因素，设置自变量与因变量、缓冲变量、中介变量、外源变量等多种实验参数，并根据实际情况设置变量变化范围；利用各种仪器和现代技术控制一个或多个自变量的变化，评估其对另一个或多个因变量产生的影响；从而建立变量间的因果关系，并验证研究假设且获得规律结论的研究方法。完整的数值模拟计算研究基于实验数据，并与实验数据互相验证，可称为模拟实验研究。本书将在后续几章重点介绍工程热物理领域开展科学实验的基本技能和方法。

1.2.3　思维加工方法

思维加工方法主要分为逻辑和非逻辑加工方法。非逻辑思维通常是指逻辑程序无法说明和揭示的部分思维活动，直觉、灵感、想象等情绪为主要表现形式。而逻辑思维主要分为归纳和演绎、分析与综合、类比与比较、分类等，逻辑思维为科学实验过程中的主要思维加工方法。

1. 归纳和演绎

（1）归纳法：归纳方法是从个别或具体特殊的事物中概括出本质或一般原理的逻辑思维方法，逻辑学上称为归纳推理。归纳方法又可分为求同法、求异法、求同求异并用法和共变法。

1）求同法：例如以下三个实验：

实验 1：工况 A、B、C，现象出现 a

实验 2：工况 A、D、E，现象出现 a

实验 3：工况 A、F、G，现象出现 a

利用求同法此实验结论应为：A 可能是 a 出现的原因。

典型的求同法实验是伽利略的单摆实验。不同材质只要摆长相同，其摆动周期即相同，因此获得摆动周期仅与摆长有关，并通过系统研究获得其数学关系式：

$$T = \frac{2\pi}{\omega} = 2\pi\sqrt{\frac{L}{g}}$$

求同法适合一因一果关系，其特点是异中求同，即通过排除事物现象的不相关因素，寻找共同因素来确定被研究现象的原因。对于多因一果等复杂因果关系，可能造成错误估计；原因是多因中的同可能隐藏着异，异中可能隐藏着同。求同法在科学研究中往往应用于数据的处理分析中，通过对比、总结发现某一规律。

2）求异法：又名差异法，只在被研究现象出现和不出现的两个场合中，只有一个情况不同，其他情况完全相同，而这个唯一不同的情况与研究现象具有同步规律。

求异法常常用于进行科学实验工况的设计。

实验1：工况 A、B、C、D，实现现象出现 a

实验2：没有工况 A，有 B、C、D 工况，没出现实验现象 a

结论：A 可能是 a 的原因。

求异法的局限性：很难做到两个场合只有一个情况不同，其他情况都相同；这种情况往往有隐藏的差异存在，导致结论错误。其次对于"多因一果"的情况，差异法无法找到真正的原因，其不同可能是总原因的一部分，使得结论存在偏颇。

3）求同求异并用法：两次运用求同法，一次运用求异法。

第一步实验条件有 A，出现了实验现象 a；第二步实验条件无 A，没有发生 a 的实验现象。第三步求异有 A 就有 a，无 A 就无 a，则结论为 A 是 a 的原因。

4）共变法：如果某一时间发生变化时，事件也随机变化，那么可断定前一项是后一现象的原因，此为共变法。此方法为科学实验中函数内部关系常用方法。日常生活中共变法有很多应用，如温度表、气压表、电表等都根据物体对温度不断变化有不同的体积膨胀。

实验1：工况 A_1，B、C、D，研究现象 a_1。

实验2：工况 A_2，B、C、D，研究现象 a_2。

实验3：工况 A_3，B、C、D，研究现象 a_3。

结论：A 可能是 a 的原因。

使用共变法需要注意：第一，只能一个情况变，结果随之变化，其他情况不变。第二，两个变量的共变有一定限度范围，超过这个范围就会失掉原来的共变关系。科学研究中的结果曲线一般利用共变法，目的是寻找某一因变量与某一自变量的共变规律，如图 1-3 所示。须指出：严谨的科学实验需要确定对应共变关系和结论的适用范围。日常生活中用的压力表、温度计也都利用了压力指针或温度计工质随压力或温度的共变性。

（2）演绎法：演绎方法是从一般原理推导出特殊结论的逻辑思维方法。近代科学家笛卡尔、伽利略、牛顿等人，在科学研究中创造了数学的演绎方法。从现象归纳的规律，然后做成数学的推导模型，进行演绎推理获得新的结论或知识。演绎法是从整体到局部的逻辑思维方法。演绎法与科学实验中另外一种常用的外推法不同，外推法是推断某一范围以外具有共性的具体特征。

（3）归纳和演绎方法的关系：两者在科学认识中不可或缺，也不可替代。归纳和演绎在运用中互相依赖、互相渗透，一定条件下互相转化，如演绎的前提是靠归纳来获得，归纳过程的分析要依靠演绎。

2. 分析与综合

（1）分析：分析是把客观对象的整体分解为部分、方面、要素等逐个加以研究的思维方式。这种逻辑思维方式能从表观到本质，越分越细，越研究越深入。但其弊端也是由于分析、分解造成的，容易造成只见树木、不见森林的情况。科学的分析方法主要有定性分析、定量分析和因果分析等。

（2）综合：综合是在分析的基础上把客观对象的一定部分、方面、要素连接起来，形成

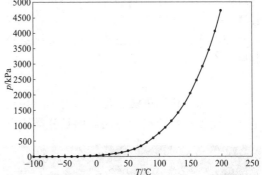

图 1-3 科学实验结果曲线普遍利用共变规律

对客观对象统一、整体认识的思维方法。但绝不是把事物的各个部分机械地凑合在一起，而是按照事物的内在联系有机地结合成整体。是在分析的基础上揭示事物的本质规律的，是科学认识从抽象的规律上升到思维中的具体的重要手段。科学的综合方法主要用于实验结果的整体关联，综合考虑各影响因素，归纳、提炼理论模型。

（3）分析和综合的关系：分析是综合的基础，综合是分析的完成。实际科学思维加工过程往往同时利用分析和综合方法。此时，分析、综合方法可分为传统分析—综合方法，辩证分析—综合方法以及系统分析—综合方法。①传统分析—综合方法的逻辑起点是分析，然后再综合，是一个单向进行的思维过程。②辩证分析—综合方法是在各种矛盾及矛盾诸方面进行周密分析的基础上，从矛盾的总体上认识客观现象的统一规律。其原则是分析与综合相互依存、相互渗透和相互转化。③系统分析—综合方法的逻辑起点为综合，然后到分析，再回到综合的双向并存和反馈。坚持在综合指导和控制下进行分析，然后通过综合再达到总体的综合。整个系统分析的过程强调对象的系统化和完整化。

3. 类比与比较

（1）类比方法：两个或两类对象某些属性相同或相似，推断其他属性或特征上也相同或相似的逻辑思维方法。类比推断的客观基础是事物之间存在普遍联系。

类比的两个事物不局限于同类，进行类比的属性可以是本质的也可以是现象的。类比虽然需要借助于已知，从已知推测到未知，但不受已知知识的束缚。归纳法和演绎法则只适用于同类事物中的联系，且受限于已知理论。

类比方法在各种逻辑推理方法中，是可靠性最小的一种方法，甚至推出错误的结论。但类比方法对于新的设计和技术原理的提出是非常重要的，常常将已知的原理类比到新技术中，如图 1-4 所示为通过壁虎脚底纹理的微纳吸附结构类比研发爬机器人的轮胎。

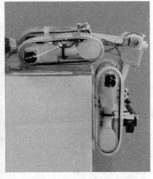

图 1-4 利用类比法模拟壁虎脚底纹理设计攀爬机器人

（2）比较方法：科学思维中的比较，是要在表面具有差异的事物或现象之间看出他们本质上的共同点，或在表面上相似的事物或现象之间看出他们的差异点。或者在相近的事物中择优。

（3）比较法和类比法的区别：类比法是效仿、模拟相似的性能，比较是同中获异、异中获同、众中择优。

4. 分类法

分类法又称归类法，是根据对象的共同点和差异点将对象分门别类的逻辑方法。分类法是一种比较简单的科学方法，但是分类法也可以做出重大发现，如哈勃发现星系分类法。而分类整理方法在科学研究的文献调研阶段，对文献的整理和阅读也是非常重要的。在科学实验研究中，如两相流流型分为弹状流、塞状流、环状流等，即是根据气泡的形状不同进行分类的。图1-5 所示是将不同星系按形状进行分类，奠定了天文学基础。

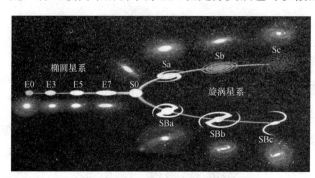

图1-5　哈勃星系分类（旋涡星系、椭圆星系、棒旋星系、透镜星系、不规则星系）

科学研究的过程是综合利用各种研究方法探索科学规律的过程。例如，对科学实验，首先利用实验方法搭建实验台，设置好参变量的测量和保存记录；同时在进行实验过程中，实验现象需要采用观察法记录；分析实验数据以及确定最优工况则需要思维加工方法。

1.3　科学研究的分类

科学研究可以按不同分类原则进行分类。

1.3.1　按研究内容分类

按研究内容分类：基础研究与应用研究。

（1）基础研究偏重利用基础理论做基础科学的证明，其成果多为学术文章或新的理论，新的数学模型；如基础传热方式沸腾气泡动力学研究，其倾向于基本学术理论的研究与挖掘。

（2）应用研究偏重于解决实际场合或条件下的实际需求，容易转化为生产力；如锅炉烟气成分的检测及净化，其倾向于烟气污染处理技术的性能开发。

1.3.2　按研究性质分类

按研究性质分类：定性研究和定量研究。

（1）定性研究是针对一些初步探索问题或可获得数据但不够全面的问题，仅可获得大体规律，仅能粗略评价一个体系的好坏和优劣；如目前暗物质等的研究和探索不宜急于给出定量结论，而只是由定性的结果逐步深入。

（2）定量研究则是利用准确数据说明具体研究规律；目前大部分科学技术论文都需要具有数据、图表，准确给出数值、定量描述结论。

定性研究一般是课题研究的初期，伴随研究的深入，必然由定性研究发展至定量研究。

1.3.3 按研究目的分类

按照研究目的分类：探索性研究、描述性研究、解释性研究。

（1）探索性研究：对研究对象或问题进行初步了解，以获得初步印象和感性认识，为日后更为深入的研究提供基础。对某些研究问题，缺乏前人研究经验及各变量之间的关系，无理论根据，这种情况下进行精细的研究，会出现顾此失彼或以偏概全的问题，宜进行宽泛而试探性研究。探索性研究往往初步给出定性结论，急于给出定量结论往往会由于研究不全面使得结论不全面甚至错误。

（2）描述性研究：为正确描述某些总体或某种现象的特征或全貌的研究，任务是收集资料、发现情况、提供信息和从杂乱中描述出主要的规律和特征。描述性研究与探索性研究的差别在于它具有系统性、结构性和全面性。一般描述性研究是有计划、有目的、有方向、有层次的翔实、具体的研究。

（3）解释性研究：主要探索某种假设与条件因素之间的因果关系，即在初步认识的基础上，进一步弄清事物和现象的缘由。它通常是从具体现象或理论假设出发，涉及收集资料，实验或深入分析来检验假设，最后达到对事物或问题的证实。如地心说及日心说的发展。

1.3.4 按研究方法分类

按研究方法分类：观察研究、调查研究、归纳研究、实验研究。

（1）观察研究：对研究对象进行系统、连续的观察，进行准确、详尽的记录；并对大量记录材料进行汇总加工，以便全面而正确地掌握研究对象的规律。

（2）调查研究：通过亲身接触或广泛考察掌握第一手材料，如调查表格、问卷和谈话记录等，然后进行材料整理、规律研究，包括分类、统计、分析、综合，写调查报告。

（3）归纳研究：基于现有的数据资料、历史事实、政策文件等资料，对其进行鉴别、比较、分析、整理、推导，利用逻辑分析获得相应的规律或结论。

（4）实验研究：人工控制情况下，有目的、有计划地利用各种仪器和现代技术进行实验室研究和自然实验研究，获得规律结论。许多基于与实验结合的模拟计算研究也归于实验研究。

科学研究按不同原则下的分类可相互交叉或相互涵盖，例如某种研究既可以是探索性研究，也可是定性研究或观察研究，只是从不同角度分析问题。

1.4 科学研究的步骤

不同类型的研究课题具有不同的特点，即使相同的研究题目也有不同的研究方法；尽管研究课题千差万别，但完善的科学研究过程都由如下五部分组成。

（1）选题——观察问题、发现问题。

（2）调研——查阅文献、整理思路。

（3）研究——方案的设计与实施。

（4）结论——研究结果处理与分析。

（5）交流——撰写论文、学术交流。

选题是科学研究的第一步，也是确定科学研究目标、研究内容的方向标。科学选题需要具有广博的专业知识才能从全局把握本领域的研究热点，具有高屋建瓴的视角才能选择科研的高地。良好的选题可使科研事半功倍。

1. 科学选题的重要性

（1）选题能够决定研究的方向、论文的价值和档次。

（2）可规划应用领域、规模，影响个人知识储备甚至一生。

（3）良好的选题可以保障研究的顺利进行，提高研究能力。

2. 科学选题的基本原则

（1）需要性原则：满足社会需要和科学自身发展需要。

（2）科学性原则：选题必须以一定的科学理论和科学事实为根据。

（3）创造性原则：选题应是前人没有解决或没有完全解决的疑难问题。

（4）可行性原则：选题应与自己的主、客观条件相适应。

3. 科学选题的来源

从根本上来说，科学问题来源于科学实践和生产实践，但科学理论发展的相对独立性和自主性，使得科学问题的来源也多种多样，具体可有以下几个方面。

（1）科学问题从科学理论内部的矛盾中产生。

（2）科学问题从不同学派理论之间的矛盾中产生。

（3）科学问题从科学实践和科学理论的矛盾中产生。

（4）科学问题从社会需要和现有生产技术手段局限的矛盾中产生。

在校本科生及硕士研究生的科学题目，往往受时间所限，为导师的命题作文。而随着科学研究的深入，博士研究生应能够把握研究领域概况，并针对目前研究现状指出瓶颈问题，提出科研论题。对于科学研究中的调研、相关领域的主要研究方法将在后续章节详细展开。

本章重点及思考题

1. 简述科学研究的定义。

2. 简述科学研究的分类。

*3. 简述科学研究的步骤。

4. 简述科学研究与技术发明的区别与关系。

5. 简述科学选题的原则和来源。

*6. 开展科学研究必备的能力或者说科学研究培养的能力主要是哪三个？

*7. 简述理工科科学研究中贯穿着哪些辩证的思维方法。

---

* 为选做题。

第2章 文 献 调 研

2.1 文 献 调 研 的 特 征

2.1.1 文献调研的定义

文献调研是在科研工作的选题、开题以及开展科学研究阶段，根据科研工作、研究课题的要求，对特定领域的相关文献进行有计划、有组织，全面而系统地检索、收集的过程。旨在通过对各类文献的检索，全面系统地了解某个领域相关的研究现状、研究热点及研究方向；同时明确所选课题的研究意义；掌握所选课题国内外主要的研究方法及手段；熟悉领域内研究团队、研究机构各自的优势，分析现有研究过程存在的不足及问题。文献调研在整个科学研究中不仅存在于科研工作的初始阶段，而且贯穿于整个科研工作，是科研顺利开展的源动力。

文献调研可以提高研究起点，提供研究思路，节约研究时间，是科研工作的第一步，是开展科学研究的基础，是顺利完成科学研究的重要保障。因此文献调研是科研工作者最基本也是最重要的科研技能。

2.1.2 文献调研的优势

文献调研是对以前研究者成果的归纳，是在前人工作基础上开展相关研究，是站在巨人肩膀上的工作。开展文献调研进行科学研究的优势在于：

（1）超越时空限制：通过对古今中外文献进行调查，可以研究极其广泛的社会情况，这个优点是问卷调查等其他方法不可及的。

（2）非介入、无干扰性调查：它只对各种文献进行调查和研究，而不与被调查者接触，不介入被调查者的任何反应。这就避免了直接调查中经常发生的调查者与被调查者互动过程中可能产生的种种反应性误差。

（3）成本低、效率高：文献调查是在前人和他人劳动成果基础上进行的调查，是获取信息的捷径。不需要大量研究人员，不需要特殊设备，可用较少的人力、经费、时间，获得比其他调查方法更多的信息甚至结论。因而，是一种成本最低、效率最高的研究方法[1]。

2.1.3 文献调研的原则

文献调研按广度和深度可分为两种：一种是针对研究领域开展的全面调研，这种调研一般存在于科学研究的初始阶段，目的是对研究领域进行了解及掌控，进一步确定研究课题在本领域的地位。另一种调研贯穿于整个科学研究过程中，针对研究课题中某个具体问题进行针对性的调研，以获得具体研究方案；或为验证具体结论进行目标明确的反向验证式调研。

文献调研需掌握六个基本原则，即学术性、完整性、新颖性、多样性、连续性和经济性。

（1）学术性：文献调研一般利用学术数据库或学术平台，获得准确可靠的学术信息。口头转述、乡间传闻、日常闲聊以及网上聊天社区中的个人经验等，均不可作为文献调研的内容或依据；文献调研须在学术范围内开展。

（2）完整性：对于研究领域的完整调研，需选择文献来源范围广、文献级别高的数据库及检索、分析工具进行查找、分析，确保查找文献结果全面、完整。对于具体理论或研究方法的搜索，则需追踪并掌握其发展源头、脉络、适用范围或阶段特点，以获得对某具体点的全面认知。

（3）新颖性：对于研究课题方向或具体研究方法，所查找的文献应优先近五年或十年发表的学术论文，避免使用几十年前的文章；确保通过文献调研获得最新的研究现状和研究方法及手段。

（4）多样性：文献调研的方式是多样的。数据库检索，参加学术会议，听取科技报告，进行个人交流，参加网上讨论等，均可作为文献调研的方式。还可以根据世界科技变化、周边信息源变化，所需内容侧重点的变化不断地进行文献查找和文献更新。

（5）连续性：调研过程不是仅仅发生在科学研究初始阶段的一次性工作，而是一种具有连续性、贯穿于整个科学研究中的调研过程；是引领研究者不断深入，认知问题，解决问题的最好方法和最佳导师；调研工作在整个科研过程中不可间断。

（6）经济性：尽量节约成本，在保证文献查找完整性的前提下优先使用容易获取的数字资源和网络资源，优先使用免费资源。

2.2　文献分类及数据库介绍

2.2.1　文献分类

科学研究须调研学术资料而非普通的"凡事问度娘"，即科学调研具有其调研的科学范围，其调研文献应代表某阶段的科学水平，具有科学参考价值。科学研究调研文献可大体分为以下几类：

1. 专业书籍和文摘刊物

每个学科都有与之对应的专业理论书籍或专业文摘、刊物。其中，书籍一般对理论原理具有指导作用，但是不具有前沿性。而文摘、刊物中有极好的最新进展评论或者详尽的文摘，可通过浏览这类刊物获取最新进展。

2. 学术论文

学术论文是某一学术课题在实验性、理论性或预测性上具有的新的科学研究成果或创新见解后进行的科学记录，或是某种已知原理应用于实践取得新进展的科学总结，用以提供学术会议上宣读、交流、讨论，或在学术刊物上发表，或用作其他用途的书面文件。学术论文一般可分为期刊论文、学位论文以及会议论文三种。

（1）期刊论文：期刊一般是指名称固定、开本一致的定期或不定期连续出版物。期刊论文内容新颖，报道速度快，信息含量大，是传递科技情报、交流学术思想最基本的文献形式[2]。据估计，期刊情报约占整个学术情报源的 60%～70%，因此受到科技工作者的高度重视。大多数检索工具也以期刊论文作为检索的主要对象。

（2）学位论文：学位论文是指为了获得某个学位，按要求被授予学位的人所撰写的论文。学位论文分为学士论文、硕士论文、博士论文三种[4]。可通过专业性的学位论文数据库搜寻，常用的有 PQDT 文摘、全文数据库、全国优秀博硕士学位论文全文数据库等。

（3）会议论文：包括国内外各种专业性、学术性会议上所发放的文件资料以及研究机构、高等院校发表的调查报告等[3]。参加专业的学术会议也是获得第一手研究动态资料的绝佳途径。

3. 专利和标准

专利一般指新思想、新方法，对制备、加工、设计具有参考意义，但对于研究领域介绍不多。标准是指行业规范，一般不具有前沿性，科学实验只以标准为依据，但不具有创新点的参考意义。可直接在专利局网站和标准网站输入关键词或名称，进行搜索、下载。

2.2.2　文献数据库介绍

为了便于科学工作者追踪研究进展，回顾以往研究成果，一些机构或个人对学术资源进行了归纳、总结，建立了资源平台，供科学研究者使用，称为数据库。一般高校会购买与学校学科相关的大量数据库，本校人员有权使用数据库进行学术调研，高校购买数据库是否全面很大程度上反映其学术水平。

学术数据库按使用人群或学者区域可分为国内数据库和国外数据库。下面主要介绍几种高校使用的经典数据库。

1. 国内经典数据库

（1）万方数据库：万方数据资源系统（简称万方）是中国科技信息研究所、万方数据集团公司开发的网上数据库联机检索系统，内容涉及自然科学和社会科学各个专业领域。万方数据库是一个集学术期刊、学位论文、会议论文、中外专利、科技成果、中外标准、法律法规、查新咨询服务于一体的数据资源系统。其学位论文为文摘资源。主要收录自 1980 年以来我国自然科学领域各高等院校、研究生院以及研究所的硕士、博士以及博士后论文[5]。每年增加约 20 万篇。数据库界面如图 2-1 所示，网址为 http://www.wanfangdata.com.cn/index.html。

图 2-1　万方数据平台

（2）CNKI（中国知网，简称知网）中国学术期刊：知网，英文简称 CAJ-CD，是我国第一个，也是目前世界上唯一的以电子期刊方式按月连续出版的大型集成化、学术期刊现刊原版的全文数据库。CAJ-CD 从我国正式出版的 8000 余种期刊中遴选收录 3500 种核心期刊和专业特色期刊，其中科技期刊 2200 种，占科技类期刊总数的 41.5%，社科类 1300 种，占社科类期刊总数的 33.3%。CAJ-CD 将学科内容相关的期刊文献分为理工（A、B、C）、农业、医药卫生、文史哲（双月刊）、经济政治与法律、教育与社会科学、电子与信息九个专辑[6]。数据库网址为 http://www.cnki.net，界面如图 2-2 所示。

图 2-2　知网数据平台

（3）中国优秀博硕士论文全文数据库：中国优秀博硕士论文全文数据库（简称CDMD）是我国目前资源最完备，收录质量最高的博硕士论文全文数据库。它覆盖面广，数据量大,网上数据每日更新。该数据库分 9 大专辑,122 个专题数据库,收集了国内各学科优秀的硕、博士学位论文[7]。数据库界面如图 2-3 所示,网址为 http://www.cmfd.cnki.net/Journal。

图 2-3　中国优秀博硕士论文数据库

(4)超星图书馆:超星数字图书馆是全球最大的中文电子图书供应商。数据资源涵盖中图 22 大类,拥有百万余种中文电子图书资源。该远程资源中心目前提供 100 万种电子图书的在线阅读及下载服务[8],分哲学、经济、艺术、地理、历史、社会科学、自然科学等不同学科的电子图书资料。此网址因学校而异,一般建立在学校网站内部,数据库界面如图 2-4 所示。

伴随中国各平台数据库的进一步建设和完善,中文数据库逐渐全面化、统一化,目前 CNKI 数据平台是最常用的、全面的中文数据库。

图 2-4　超星图书馆平台

2. 国外学术资料的经典数据平台

(1)Scopus:文摘数据库、评价数据库。Scopus 是由全球 21 家研究机构和超过 300 名科学家共同设计开发而成的学术文摘导航工具,是全世界最大的摘要和引文数据库,涵盖了 15000 种科学、技术及医学方面的期刊。Scopus 收录了约 13650 种学术期刊,其中也包括开放期刊;大部分期刊为著名的期刊,如 Elsevier、Kluwer、John Wiley、Springer、Nature、American Chemical Society 等,收录的中文期刊有《计算机学报》《力学学报》、《中国物理快报》、《中华医学杂志》、《煤炭学报(英文版)》等。同时还收录了 750 种会议记录、600 种商业出版物等。Scopus 提供科学、技术、医药、社会科学、艺术和人文领域的世界科研成果全面概览,是可以追踪、分析和可视化研究成果的智能工具。

Scopus 数据库最大的优势是提供许多不同类型的多元评价指标,是最大的同行评议数据库,供使用者针对研究文献、期刊、研究者从不同角度评估文献与期刊的影响力、研究的学术产出，如期刊影响力指标（Impact Factor，更合理的是 SNIP 标准化影响系数，对主题领域的引用加以权重，均衡了领域的区别）、文献引用率指标（Field Weighted Citation Impact）、研究者学术影响力指标（H-index）等。但 Scopus 是文摘数据库，无法获得全文下载；因此其不断在界面添加链接到全文、图书馆资源及其他应用程序下载资料，使得 Scopus 的文献检索更为方便、快捷。其网址为 https://www.scopus.com。

（2）Elsevier：它是一家设在荷兰的历史悠久的跨国科学出版公司。该公司出版的期刊是世界公认的高品位学术期刊，且大多数为核心期刊，被世界上许多著名的二次文献数据库所收录。该公司将其出版的 1568 种（甚至更多）期刊全部数字化，建立了 ScienceDirect 全文数据库，并通过网络提供服务。数据库涵盖了数学、物理、化学、天文学、医学、生命科学、商业及经济管理、计算机科学、工程技术、能源科学、环境科学、材料科学、社会科学等众多学科[9]。网址为 https://www.elsevier.com/ 和 https://www.sciencedirect.com/，其搜索主页如图 2-5 所示。

图 2-5　Elsevier 检索平台

（3）ASME（American Society of Mechanical Engineers）：美国机械工程师协会数据库。美国机械工程师协会成立于 1880 年，现今它已成为一家拥有全球超过 127000 会员的国际性非盈利教育和技术组织，是世界上最大的工程、技术出版机构之一。主要收录机械工程技术有关领域的科学技术论文，包括基础工程、制造、系统设计等方面。ASME 管理着全世界最大的技术出版署，每年主持 30 个技术会议，并制定了许多工业和制造标准。其国际会议往往被认为是业内顶级学术会议，其论文水平不亚于其他学术期刊水平。ASME 数据库包含 25 种专业期刊，其中有 21 本被 JCR 收录。期刊 Journal of Heat Transfer 在 JCR 收录的 115 本机械工程期刊中，总引用量排名第六[10]。ASME 搜索主页如图 2-6 所示。

图 2-6　ASME 检索平台

（4）IEEE/IET Electronic Library（IEL）：它是美国电气电子工程师学会（IEEE）和英国工程技术学会（IEE）出版物的电子版全文数据库。IEEE 出版物是针对电气和电子工程领域最重要的文献资料，约占全世界该领域核心文献的 30%。IEL 数据库内容包括 1988 年以来 IEEE/IEE 出版的所有期刊、会议记录和标准全文信息、部分期刊预印本以及 IEEE/IEE 的其他学术活动信息。其搜索主页如图 2-7 所示，用户通过检索可以浏览、下载或打印与原出版物版面完全相同的全文、图表、图像和照片等[11]。

图 2-7　IEEE 检索平台

2.2.3　文献检索系统

SCI、EI、ISTP、ISR 以及近年来兴起的 ESI 是世界目前常用的几大重要检索系统，其收录文章的状况是评价国家、单位和科研人员的成绩、水平以及进行奖励的重要依据之一[12]。我国被几大系统收录的论文数量逐年增长。

1. SCI（美国《科学引文索引》）

SCI，全称 Science Citation Index，是由美国科学情报研究所（Institute for Scientific Information，简称 ISI）于 1960 年编辑出版的世界著名的自然科学期刊文摘检索工具，其出版形式包括印刷版和光盘版期刊及联机数据库。SCI 所选用的刊物来源于 94 类、40 多个国家、多种文字；收录重要科技期刊和正式出版的专著、会议论文、书评等；内容涉及数、理、化、农、林、医、生命科学、天文、地理、环境、材料、工程技术等自然科学，其中生命科学及医学、化学、物理所占比例最大，全面覆盖了全世界最重要和最有影响力的学术研究成果[13]。1988 年 SCI 开始出版光盘，每月更新。SCI 侧重于对基础学科的揭示和报道，对工程技术及应用科学方面的文献报道相对较少，报道工程技术相关的期刊和文章相应影响因子（IF）也相对较低。其检索界面如图 2-8 所示。

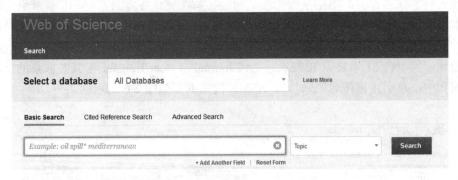

图 2-8　SCI 检索平台

SCI 的优点是引文功能，在这里，读者能很快了解到某一作者的某篇论文是否被他人引用过，通过引文次数可以了解某一学科的权威观点。另外，使用 SCI 中的引文还可以了解到科学技术的最新进展，如：有没有关于某一课题的评论，某一理论有没有被证实，某方面的工作有没有被扩展，某一方法有没有被改善，某一提法是否成立等。因此，SCI 具有反映科技论文质量和学术水平的功能。

SCI 引文索引（Citation Index）情况可从不同角度划分，包括著者引文索引、团体著者引文索引、匿名引文索引、专利引文索引。

（1）著者引文索引（Citation Index：Authors）：该索引按引文著者姓名排序，可查到某著者的文献被人引用的情况，用来评价科研人员的学术水平和某篇文章的质量。通过著者引文索引还可做进一步检索，即把所查到的引用著者当作被引用著者，这样就能查到更多更新的相关文献。

（2）团体著者引文索引（Citation Index：Corporate Author Index）：这部分从 1996 年第 2 期起增设，提供从已知机构名入手，检索该机构曾于何时何处发表的文章被引用的情况。

（3）匿名引文索引（Citation Index：Anonymous）：有些文献，如早期编辑部文章、校正、通讯、部门报告等，无著者姓名，也可作为引文被人引用。它按引文出版物名称的字顺排列，同名出版物按出版年、卷先后顺序排列。

（4）专利引文索引（Patent Citation Index）：如果引文是专利文献，则编入专利著者引文索引。该索引按专利号数字大小排列，用于查找引用某项专利的文献，了解该专利有什么新的应用和改进。同时，可了解某项专利被引用的次数，从而评价专利的价值。

2. EI（美国《工程索引》）

EI，全称 The Engineering Index，是由美国工程信息公司出版的一套世界著名的文摘检索工具。其检索界面如图 2-9 所示，EI 检索创刊于 1884 年，是全世界最早的工程文摘来源。收录了世界上 50 多个国家 26 种文字的科技文献（英文占 50%以上），中国有 240 多种期刊被收录；除了期刊，EI 还收录了 5400 多种会议论文。但对图书、学位论文、科技报告等报道很少。收录文献的内容涉及工程技术的所有学科，其中化工和工艺类的期刊文献约占 15%，计算机与数据处理占 12%，应用物理占 11%，电子与电信占 12%，土木工程、机械工程分别占 6%等。数据库每周更新数据，确保用户可以跟踪其所在领域的最新进展[14]。在多年中国排队风的指引下，中国学术圈一般认为 SCI 检索收录的期刊论文水平要高于 EI 检索收录的期刊论文水平。

图 2-9　EI 检索平台

3. ISTP（美国《科技会议论文索引》）

ISTP，全称 Index to Scientific & Technical Proceedings，创刊于 1978 年，由美国科学情报研究所编辑出版的科技会议论文索引数据库。该索引收录生命科学、物理与化学科学、农业、生物和环境科学、工程技术和应用科学等学科的会议文献，包括一般性会议、座谈会、研究会、讨论会、发表会等。其中工程技术与应用科学类文献约占 35%，其他涉及学科与 SCI 基本相同。2008 年 10 月，ISTP 更名为 CPCI。CPCI 检索是一种综合性的检索工具，收录包括自然科学、技术科学以及历史与哲学等，分为 CPCI-S（科学技术会议索引）和 CPCI-SSH（社会科学及人文科学会议索引）两大部分。数据库内容每周更新，国内高校数据库中目前一般已更新为 CPCI 数据索引[15]。

4. ISR（科学评论索引）

ISR，全称 Index to Scientific Reviews，创刊于 1974 年，由美国科学情报研究所编辑出

版，收录世界各国 2700 余种科技期刊及 300 余种专著丛刊中有价值的评述论文。高质量的评述文章能够提供本学科或某个领域的研究发展概况、研究热点、主攻方向等重要信息[16]。

5. ESI（基本科学指标评价索引简称）

ESI，全称 Essential Science Indicators，是由世界著名的学术信息出版机构美国科技信息研究所（ISI）于 2001 年推出的衡量科学研究绩效、跟踪科学发展趋势的基本分析评价工具。2015 年以后中国学术界开始推崇用 ESI 评价指标评价学术论文的影响力。ESI 是基于 ISI 引文索引数据库 Science Citation Index （SCI）和 Social Science Citation Index（SSCI）所收录的全球 8500 多种学术期刊的 900 万多条文献记录而建立的计量分析数据库。ESI 在农学、生物学、化学等 22 个专业领域内分别对国家、研究机构、期刊、论文、科学家进行统计分析和排序，帮助用户了解在一定排名范围内的科学家、研究机构（大学）、国家（城市）和学术期刊在某一学科领域的发展和影响力。ESI 还能分析特定研究机构、国家、公司和学术期刊的研究绩效，测定特定研究领域的研究产出与影响，评估潜在的合作者、评论家、同行和雇员，跟踪自然科学和社会科学领域内的研究发展趋势[17]。

该数据库滚动统计了十年来累计引用数进入学科前 1%的单位、作者、论文，以及进入学科前 50%的国家和期刊。从论文的角度，该数据库提供了 Highly Cited Papers（last 10 years）和 Hot Papers（last 2 years）两种入口，可以通过题名、作者、单位、国家、期刊等字段检索，如图 2-10 所示。是目前评价学者成绩或发表文章分量的重要参数。

图 2-10　ESI 分析检索数据库界面

2.3　文 献 调 研 的 步 骤

文献调研的过程是使思维从毫无头绪到井然有序的过程，经历从盲目到系统，再到逻辑分析，最终获得对领域内研究现状的把控或某技术难点的解决办法。其一般可分为如下三步：

第一，分析研究课题，明确检索要求。

第二，制订文献检索策略，进行文献搜集过程。

第三，阅读分析检索出来的所有文献，进行文献整理分析，撰写文献综述及开题报告。

2.3.1　明确文献检索要求

分析研究课题，明确检索要求是文献调研的第一步，也是关键一步。首先要分析科研项目或课题，明确检索的目的是开题，还是确定方向、确定研究方法、确定研究背景及意义等；再进一步确定文献的检索范围，确定课题检索的文献类型，确保文献检索查新、查准、查全的要求。

明确文献检索要求最关键的是确定适当的检索关键词，用于限定其检索范围以及检索目的。在检索大的科学范围或研究领域时，关键词可略少，然后再逐渐增加研究领域内的关键词；当检索目的为具体的研究方法或参数设置时，检索词往往利用多个具体关键词耦合限制，以保证检索到所需具体、准确的信息。常用关键词如领域词（膜沸腾、核沸腾）、研究方法（CFD 数值模拟、LBM 模拟）、工质（水、有机工质）、检测方法（红外检测、PIV 检测）、机理或效果词（动力学过程、分流、分离）等词汇。

2.3.2　文献调研及方法

2.3.2.1　文献调研渠道及方法

对于不同学术文献类型具有不同的调研渠道。前述第一种文献——书籍，主要从图书馆电子借阅、购置形式进行；学术论文包括期刊文献、毕业论文、学术会议论文等从 2.2.2 小节总结的文献数据库中搜索调研；而专利和标准则从各国专利局官网中下载，如我国国家知识产权局（www.sipo.gov.cn）、欧洲专利局（www.epo.org）、美国专利局（www.uspto.gov）。

通常学术论文调研占科学研究过程文献调研的 90%以上，学术论文调研主要从上节所述国内及国外不同数据库入手。不同数据库有不同的侧重领域，国内在科学研究中使用频率最高的当属 CNKI（知网）以及万方数据库。万方数据库由于包含学位论文、会议论文、专利以及标准等，范围广，因此便于在科研初期全面认识研究领域，调研学位论文完整学习前人的整体思路和方法。CNKI（知网）则由学术期刊文章组成，更适合针对科学研究的具体题目或科学研究过程中的具体问题进行调研。检索可以通过单个关键词、作者、单位、期刊号、专利号或多个限制条件进行耦合检索。国内学术论文的检索也可检索出不同层次、不同水平的文章，如 SCI 论文、EI 论文、核心期刊论文、普通期刊论文。但由于国内数据库更新较慢，加之诸多研究者在中文期刊投稿偏少、不完整，甚至学术水平较低，因此仅仅调研国内学术论文不能直接代表国内学术发展的水平和研究进度，更不能代表国际研究动态。故科学研究必须调研国际研究现状，即通过国外数据库了解国际研究前沿。

国际期刊文献的调研以 SCI（科学引文索引）、EI（工程索引） 这两大国际公认的评价索引为评判准则。可将调研的学术论文分两种级别：SCI 期刊论文和 EI 期刊论文。SCI 和 EI 论文其实质是由于其侧重点不用，前者侧重于科学、理论，后者侧重工程，因此一般认为 SCI 论文学术水平高于 EI 论文。对其论文的检索可直接进入 SCI 和 EI 检索界面进行检索。需指出的是，SCI 数据库、EI 数据库检索结果多为摘要信息，直接链接全文的较少，因此非特殊要求一般都直接利用 Web of science 搜索英文论文全文；同时科学研究中常用的全文检索数据库还有 Elsevier 数据库。各数据库检索方法均可利用不同关键词直接搜索。

下面以高校 CNKI、SCI 和 EI 检索为例详细解释具体操作流程。

1. CNKI（知网）检索

输入网址 https：//www.cnki.net/或进入高校 CNKI（知网）平台，平台主页按行业、研究学习以及其他各专题分为主要的几大分区，在研究学习平台可按研究生、本科生及高职学生甚至中学生等不同层次身份分别进入检索平台，如图 2-11 所示。伴随平台的发展，开发者开发出了更多针对性链接和按钮，但后台数据源是共用、一致的，因此作为科研工作者来说，无论如何分类，从最直接、最基本的检索入手，掌握检索方法即可实现科研文献的全面调研。

首先在图 2-11 中标注的检索框左侧设定检索词的门类，如主题、关键词、篇名、单位等；然后在检索框下部勾选检索库，如期刊库、硕博士论文库、会议库、报纸库等；最后在检索词框中录入所要检索的关键词，进行搜索即可检索获得检索文献；此为简单搜索。在首页检索框右侧存在高级检索及出版物检索两个扩展选项。点击高级检索进入高级检索页，即可利用"and、or、not"语法设置同时耦合多项限制条件，精确搜索某一时间段、某一基金资助、某一特定单位、某一特定文献类型、特定关键词或者同时满足多项限制条件的文献。其优势在于可以利用"not"排除具有某个特征的文献资料，同时可自我规划时间段进行逐段检索，系统、全面获得某领域的所有研究资料。

搜索后的文献如图 2-11 所示，可通过文献顶部的分组浏览及右侧的文献类型、资源类型、文献来源、关键词等按目的进行浏览，同时可按引用次数和下载次数进行排序，快速获得批

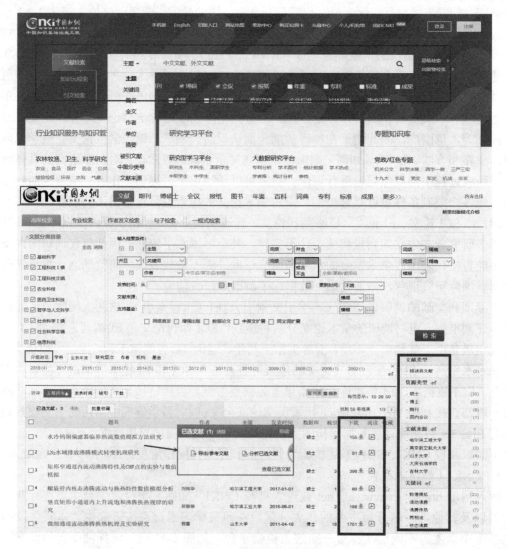

图 2-11　CNKI 检索界面及检索方法

量目标文献。在选择目标文献左侧复选框后可点击文献顶部的下载按钮进行下载，保存或者分析目标文献。

文献的保存及打开，需要电脑中预先安装 caj 或者 pdf 文献阅读编辑软件；数据平台还提供将文献导出到其他学术归档软件中所需的文献类型，如 ris 文档，这部分内容将在下一章耦合 Endnote 文献管理软件进行进一步讲解。同时对文献的分析可获得所选文献的引用及索引情况等。

2. SCI 检索

进入高校图书馆选择 SCI 检索索引或直接输入检索数据库网址，不同高校或平台进入检索页方式虽有不同，但进入后的界面都类似。在主页显著位置找到检索栏，如图 2-12 所示。左边的方框即是输入搜索关键词的对话框，右侧的选项可以确定是搜索主题还是关键词、作者等，以便缩小搜索范围；而在图 2-12 中所示的右上角部位可以调整网页或对话框的语言。

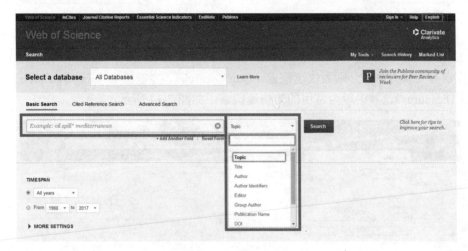

图 2-12　SCI 网站页面

输入搜索词，这里以 heat transfer 为例。在右侧选择 Topic 选项进行搜索，如图 2-13 所示列出搜索结果。其中框 1 标出的是搜索出来的文章数量。框 2 是其他可以进行精炼的条件，比如国家、作者、机构等。框 3 是可以对搜索出来的结果进行重新排序。框 4 是该文章被引用的次数。框 5 处按钮可用于对检索结果的分析，同样可以创建引文报告。由于 SCI 并不是提供文献全文的数据库，它只提供文摘搜索服务，因此当文章所在数据库并未购买时，文章下方就会如图 2-13 所示仅显示摘要（Abstract）。图中检索出来的文献可单击 View Abstract 按钮预览文章的摘要部分，或可直接单击 Full Text from Publisher 按钮进入相应数据库浏览、下载。

文献搜集过程中，在条件允许的情况下需要尽可能耦合多种限制方式，从而使文献检索效果达到最好。

此外，在搜索出的文献上方还有一些常用的功能按钮。一是 Save to Endnote，点击后即会跳转到 Endnote，对文献进行下载、保存。Endnote 是一款文献存储、管理软件，下一章将详细介绍该软件的用法。二是 Citation report，即所谓的影响因子，点击后即可查询任何被收录期刊的影响因子，即学术水平的高低；如图 2-13 中所示 Citation report feature not available，即此功能失效。

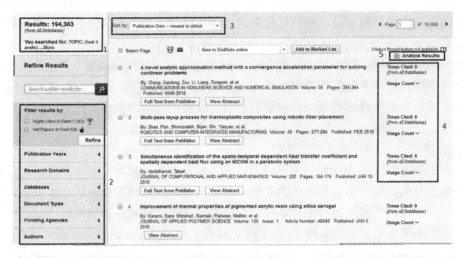

图 2-13　关键词 heat transfer 搜索结果

3. EI 检索

EI 检索有三种方法，分别为快速检索（Quick search）、专家检索（Expert search）以及叙词检索（Thesaurus）。其中较为常用的为快速检索，如图 2-14 所示。

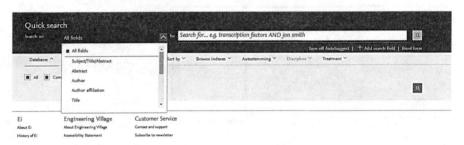

图 2-14　EI 快速检索

仍以 heat transfer 为例，在左侧选择 All fields 按钮进行搜索，如图 2-15 所示列出搜索结果。图左侧 Refine 选项可用来精炼条件，从而进行限制检索范围。例如通过限制研究单位、出版年

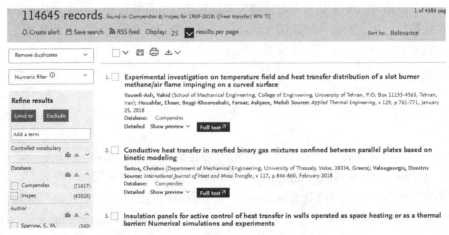

图 2-15　检索结果及 refine 精炼

代、地域、研究领域进行精炼；检索文献右上方可通过不同年代、相关度、引用次数等特征进行文献排序。同 SCI 检索相同，论文正上方可下载导入 EndNote 等相关软件管理或直接保存。

除上述 CNKI、SCI、EI 等检索平台外，还有其他很多文献数据库，其检索方法、保存方法都大同小异。文献调研的检索无非由输入关键词，搜索，浏览文献确定所需，下载、保存这几步组成。而真正如何能系统地全面检索，如何能在检索过程中掌握时间、空间及技术的发展历程，如何能充分利用各种不同数据库的特点更好地检索课题关键科学问题，即文献调研的技巧，才是文献检索中的难点和重点。

2.3.2.2　文献调研的思路和技巧

科学研究中文献调研的宗旨是由面到点，由点到面。首先要把握课题全局，之后聚焦到关键科学问题或科学难点，针对关键科学问题再通过细节分支扩展到各研究方法及研究现状，从而贯穿整个科学研究过程。

文献调研不是一蹴而就的事。①先要了解研究课题相关领域，进行扫盲性全面阅读。不通过主题词检索文献，而是关注学科顶级期刊、浏览期刊目次，以浏览、通读的方式阅读本领域期刊，对本领域各研究点有所了解之后试着寻找问题、分解问题。多听名家讲座、多读相关论文，多渠道了解现存科学问题。此工作虽无成文的结论或总结，但能够使研究者了解相关领域的框架认识，甚至是相近领域之间的关联。②确定研究课题（选题）后，针对特定问题提炼领域关键词；开始全局文献调研。通过综述文章或者学位论文分析课题领域文献全局。先从高引论文或"大牛"的论文等权威论文入手，同时结合新近高频率题目或词汇寻找对应的热点论文；即抓全局、追热点、知权威。③具体化关键问题，针对具体各点进行调研，例如研究内容技术路线、测试指标、研究手段、数据处理方法等。通过具体化关键问题的调研，可借鉴并学习相似研究的方法及手段，并以此为基础解决自己实验中的问题。

上述文献调研步骤中①和②需要全局调研，而步骤③中的具体关键问题的调研则需要进行全局及具体两个调研过程，以对某个具体方法或模型进行深入、全面的认知。

1.　全局调研

全局调研可利用数据库界面的统计分析工具对搜索文献进行时、空、点的分析。具体调研思路如下：

（1）课题的发展历程：调研最早是哪篇文献（时间早），里程碑式文献（观点或某关键字转折文章）、经典文献（高引用，次数）、基本原理文献（机理）是哪些，下载并泛读，建立学术框架。

（2）课题的广度：调研区域广度，即哪些国家和地区做相关研究；时间广度，即课题时间跨度，哪个时间段是鼎盛时期。如图 2-16 所示为时、空广度的分析结果。了解领域发展分布。

（3）课题的地位：从本领域研究的关键热点或技术（即瓶颈所在）、近年来本领域高引论文（即权威观点），以及本领域前沿研究课题（即热点所在）三方面综合调研定位。图 2-17 是对高被引文献进行的分析，从中可以得知此课题在 1980 年到 2018 年时间段内，从 2007 年研究开始逐渐深入，至 2016 年研究持续十年增温，2016 年至 2017 年被引量失去持续增长速度而显示出较稳定的研究热度。

（4）课题的主导者、专家及分布：调研哪些机构、研究所、高校、企事业单位在做相关研究。在分析界面选定作者后即可展示高引文章作者或所属机构的分布，如图 2-18 所示为对研究机构的排序。

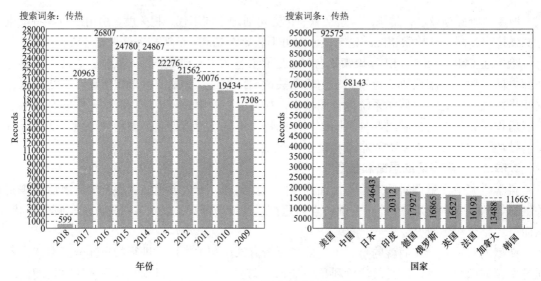

图 2-16　对年份以及国家的分析

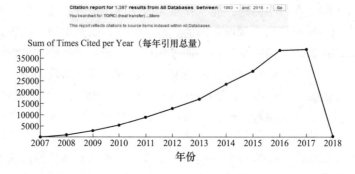

图 2-17　对高被引文献的分析报告

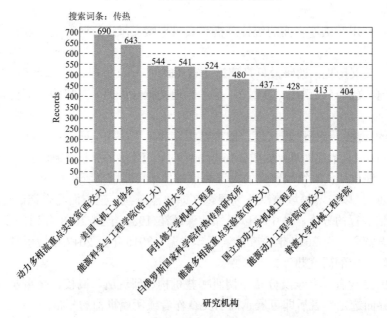

图 2-18　对研究机构的分析

2. 具体调研

全局调研后还需要针对具体课题、研究问题展开调研；具体课题的调研也是文献调研的最终目的。此过程是通过关键词逐步添加限定词或多次精炼调研获得目标文献，其检索方法按最基本、简单的检索方式进行。此时的调研思路，一般是先对具体研究课题的研究现状从不同方面、不同角度进行分类调研。具体思路如下：

（1）掌握研究课题的具体背景需求、延伸的科学问题分支点，以及科学问题分支点在理论及应用方面的逻辑关联。这可从研究领域的综述文章入手，快速掌握"家谱成员"。

（2）寻找具体研究科学问题背后的基础理论、数学模型的分支及各分支的发展脉络。可分时间阶段或者不同侧重点对关键词分段检索，逐步积累。调研目的是认清发展规律，因此需着重注意或凝练出阶段特征，如公认理论模型的形式、简化原因以及适用条件等；准确获得最基础、最根本的"家族根基"，清晰其"辈分关系"。

（3）针对具体课题内容对应的研究方法的全面调研，包含数值模拟研究方法及研究角度，实验研究的研究方法及获得的结论、规律。按不同研究方法分别了解"子系、女系"各自的发展。

（4）获得与个人课题具体方法或具体试验台相近或类似的研究，对其研究团队或个人，进行定点追踪及深入学习，即找到个人进行"成长跟踪"。

从全局调研到具体调研是由面到点的过程，而在具体问题的解决中则需要点再到面的扩展。针对某个方法、某个技术，同样利用文献调研技巧，如参考文献扩展、作者索引、关联引用扩展等方法，去充分调研该方法的优势、劣势以及难点。因此无论是全局调研还是具体课题的调研都需要掌握调研技巧。

3. 调研文献的技巧

掌握全局调研及具体调研思路后，在实际调研过程中，仍需掌握如下几种具体操作技巧。

（1）下载技巧。搜索某一关键词往往可检索到上百、上千篇学术文献，如何选定对口文献是入门者最茫然的一步。这方面的技巧可总结为：第一，题目层面。剥离题目定语、状语，从限制词确定文章具有足够相关性。第二，摘要层面。大部分题目均具有一定相关度，也同时具有定语、状语范围的区别，此时应通过文章摘要快速捕获其研究思路及结论角度。第三，结论层面。阅读文章结论，确定其具体结论覆盖调研目标参数。第四，快速浏览全文图表，最终从研究方法、分析方法等方面再次确定下载必要性。因此，无论是全局调研还是具体科学问题的调研，所有文献下载前的审查都需经历下载前"一题目、二摘要、三结论、四图表"的思考过程，此为调研、下载文献的基本技巧。

（2）文献调研范围。从调研综述文章（Review）、学位论文（Dissertation）入手。综述文章是研究者在阅读相关文献后，经过理解、整理，融会贯通，综合分析和评价而组成的一个知识框架，具有清晰的框架及较强的逻辑层次。而学位论文包含本领域的文献综述，同时具有翔实的基础原理、技术手段及解决方法。利用英语综述及中文学位论文，可快速建立"学术家谱"框架。

（3）文献扩展。根据一个完整综述文章，针对相关研究的具体内容或参考文献（References）"向前"扩展。抓住目标参考文献、重点原理以及重点相关人物进行扩展。

（4）索引扩展。根据具体文献或综述文献的被引情况，反追踪后续相似研究的相关进展，尤其是最近的研究动态，又称"向后"扩展。

（5）学术扩展。针对某个理论、某位同行专家研究内容系统扩展，并同时对其相关引文进行进一步深入调研。此学术扩展可以将作者名或理论名称作为关键词，浏览相关文章的关键词及主要观点，快速把握学术脉络。

（6）保存检索路径：为检索文献的全面性，经常需要分批次、分时间段或多层关键词组合进行多次检索；此时，为避免遗忘或混淆检索范围，可利用数据库中保存检索路径功能对检索历史的记录进行保存，如图 2-19 所示。

（7）定制追踪（Alert）顶级期刊、研究单位和个人，可以随时跟踪学术发展。系统或数据库平台可根据用户设置的检索策略和检索频率定期检索数据库中更新的数据，并通过 Email 定期向用户信箱发送跟踪结果。如图 2-19 所示，选中复选框，即可定制对文献的追踪提醒。需指出的是，此功能需在 EndNote 平台用邮箱进行用户注册，方可使用。

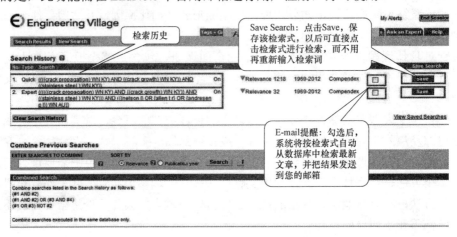

图 2-19　邮箱定制提醒

小结：针对一个科研题目进行的具体调研，其大概思路及技巧如图 2-20 所示。对于配对组合的关键词进行搜索文献操作后，首先可结合综述论文对研究题目所含科学问题进行全面、系统的认知，通过获得权威综述及最新综述建立其学术观点及体系关联；然后通过研读相关学位论文，学习其具体理论模型及实验方法；并针对期刊论文中的专人（权威）、狠人（高产出学者）、新人（前沿新秀）进行针对性学习；对于最重要的文献进行定制追踪，时刻关注其被引动态；同时多参加学术会议，与学术同行进行交流、探讨，获得对研究课题的启发。图 2-20 中所列文章数目为最少数目，仅为调研示例，其目的是引导入门者快速地进行系统调研。

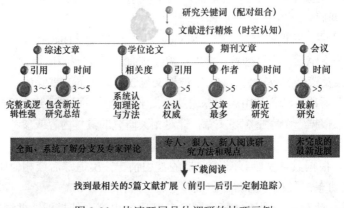

图 2-20　快速开展具体调研的技巧示例

2.3.3　文献的整理分析

2.3.3.1　文献的积累

积累文献，不是仅在明确具体研究任务后开展，而是要贯穿整个科学研究过程。为使整个过程进行得更有效，可根据实际情况分为若干阶段或以不同出发点设置多重关键词进行全面文献积累。每个阶段，把手头积累到的文献做一些初步整理，分门别类，有重点地采集文献中与自己研究课题相关的部分，以提高下一阶段搜集文献的指向性和效率。此阶段建议借助文献管理软件如 EndNote 进行。平时也应注意积累和搜集各种文献资料，养成习惯，持之以恒。

2.3.3.2　文献的判断

文献的可靠性检验是很重要的一项工作，所有文献的阅读都应遵从"怀疑着学习、批判着接受"的态度。正如"尽信书不如无书"的态度，在阅读、接受文献的学术观点时也需要客观判断其缺陷及不足，这往往也是提出科学问题的切入点。

对于文献的可用性，尤其数据性文献资料，要判断数据测量尺度、精度、准确度，以及工况条件、分组状态是否可靠。实验数据需判断实验台设计的合理性、实验系统及数据计算结果的正确性和有效性。同时对于文献的可用性，还需要考虑文献的时效性、完整性。

文献可靠性和可用性的检验，是根据调查目的而对将要采用的文献可利用价值的综合考量，对于高质量的文献资料的基本判断应是真、新、全、准。

2.3.3.3　文献的整理

保存文献的格式较多，对其进行整理是一项繁重的工作；对文献的分析更是提出自己的科学问题、解决科学问题的思想源泉，因此文献的整理和分析是调研文献中较重要的一步。

针对一篇文献的整理和分析，基本要求是紧密围绕调查目的，依据事先制订的分析计划或待证明的科学思路，比较研究方法、参数或指标，判断文献逻辑关系或结论的正确性或完善性。怀揣待证明的问题去分析文献才能更好地思考、论证自己的学术观点，更好地发现文献中结论的不全面或模型的不完善。

对于大批量的文献，需要根据不同科研阶段、关注的不同问题角度进行分类整理保存。如背景调研阶段各种不同派别的科学观点，研究开展阶段对不同系列实验台设计及实验方法的调研，数据分析阶段对某理论或规律的发展以及相关模型的报道等，可分别建立独立的文件夹或自己的文档数据库以达到分门别类。文献整理可依赖相关软件开展，如 Endnote 文献管理软件。

整理文献的技巧和方法包括：第一，全局文献以"大领域"的综述性论文为主，并按研究方向及时空分布进行分类整理。全局文献往往离研究的科学问题较远，需单独建立文件夹，作为知识面及专业素质的提升材料。第二，具体科学问题的文献管理需进行树状管理。针对某一研究问题，按综述、理论模型、研究方法进行分支整理。其中综述可分为综述论文、学位论文，用于了解科学问题的全局；理论模型可分不同派系的不同理论模型，并对每个模型的发展脉络进行文献收藏及整理；研究方法一般可分实验研究和数值研究两个文件夹进行分门别类的文献调研。第三，对于每个文件下的具体文章进行阅读、学习时，可对关注内容和优先地位进行标注，从而获得科学问题文献数据库的分层、分类管理。例如，图 2-21 展示了核态沸腾研究方向文献调研数据库的管理框架，再根据个人研究侧重点不同，对分支进行深度建设，以便对科研领域进行全面掌握及深度研究。

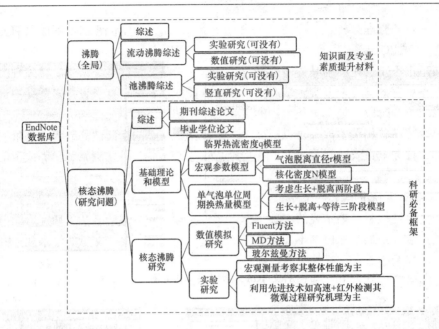

图 2-21　以核态沸腾研究为例的文献树状管理结构

2.4 文 献 综 述

2.4.1 文献综述的定义

调研文献后需对研究领域内的研究现状进行梳理，最有效的方法即为撰写文献综述。文献综述是文献综合评述的简称，指在全面搜集有关文献资料的基础上，经过归纳整理、分析解读，对一定时期内某个学科或专题的研究成果和进展进行系统、全面的叙述和评论。其文体及结构框架不同于实验研究论文[18]。综述分为综合性和专题性两种形式。综合性的综述是针对某个学科或专业的，而专题性的综述则是针对某个研究问题或研究方向，目前学术文献综述多指后者。一篇综述的质量，很大程度上取决于作者对最新相关文献的掌握程度。

2.4.2 文献综述的结构

在日益完善的教育体制及培养计划下，无论本科生还是研究生均须进行文献综述的撰写以满足毕业论文要求或者提升学术发表的水平，同时更迫切的教育培养目标是提高全体学生的科研素质，因此撰写一篇合格的文献综述是当前大学生必须掌握的基本技能之一。

一篇完整的文献综述除题目、作者、摘要等部分以外，其主要内容框架一般包括：

（1）引言：包括撰写文献综述的背景、意义、文献的范围、基本内容提要。

（2）正文：正文部分是文献综述的主要内容。包括研究课题的基本内容、发展历程、现状，研究方法的分析比较，已解决的问题和尚存问题等。正文撰写需重点、详尽地阐述对当前的影响及课题的发展趋势，进而顺理成章地引入研究方向，同时便于读者了解该课题研究的起点和切入点，证明研究课题是在他人研究结论的基础上有所创新。

（3）结论：对目前的研究进行综述性总结，阐述研究现状、特点，指出对课题存在的不同意见和有待解决的问题，并对课题的发展进行展望。

（4）附录：即参考文献。列出文献综述所依据的资料，增加综述的可信度，同时也便于读者进一步检索。一般来说，学术综述的参考文献数目需近百篇或更多[19]。

2.4.3　文献综述的撰写

撰写文献综述需要高屋建瓴的学术高度，好的文献综述能代表作者的学术水平和地位，因此一般重要的文献综述是专家约稿。撰写一篇好的文献综述需要注意以下几点。

（1）选题要新：即所综述的选题必须是近期该刊未曾刊载过的，或者其内容显著不同，具有一定学术意义。一篇综述文章，若与已发表的综述文章"撞车"，或与已发表内容基本一致，则被同类期刊录用的几率很低。

（2）说理要明：说理必须具有充分的资料根据。因此文献综述一般引用大量学术文献，处处以事实为依据，决不能异想天开地臆造数据和规律，将自己的推测作为结论。目前一般中文综述文章需要七八十篇参考文献，而好的英文综述多为上百篇参考文献。

（3）层次要清：各小节的逻辑关系和层次、思路要清晰，前后如何呼应，上下文的逻辑关联需要有统一的构思及论断。

（4）文献要新：综述多为"现状综述"，所以在引用文献中，50%～70%的文献应为3～5年内的。参考文献按引用先后次序排列在综述文末，并将序号置入引文内容位置进行标注。引用文献必须确实，以便读者查阅[20]。

（5）语言尽量美：科技文章以科学性为生命，但如果语不达义、晦涩拗口，必然会阻碍科技知识的交流；同时语言表达方面必须避免不严谨和口语化。

（6）校阅把关：撰写完成的文献综述需从专业和文字方面多次校核、修改，避免荒谬结论或片面反映某一课题研究的"真面目"。这些问题经过校阅往往可以得到解决。

本章重点及思考题

1. 简述文献调研的原则及重要意义。

2. 科学研究中调研的学术资料一般指哪些？

*3. 文献调研中四大经典检索系统是什么？请分别简述其特点。

4. 分别列举三个国内外全文期刊文献下载的数据库。

5. 在开展科学实验初期，需要从广度、时间轴度、热度、主导者等全方位开展课题背景文献调研；针对某个领域，如冷凝、沸腾、太阳能利用、储能等热门关键词，任选其一实例调研领域背景以及研究现状，回答其时、空广度（年代、重要国家）和热度，并列举美国、韩国、中国位于前五的主导研究团队。

*6. 开展科学实验过程中，须根据具体问题进行文献调研。简述其调研思路及技巧，体会此时调研方法和科研开始初期的全局背景调研的区别，并从膜沸腾实验台、液膜厚度测量方法、红外测量表面温度中任选一词进行调研，仅需按重要性顺序列出认为有用的20篇文献题目及其对应所查问题的具体答案。

*7. 搜索关键词，获得上百、上千文献，从几个角度简述筛选文献是否需要下载。确定为目标文献，一般如何去建立树状数据库，进行文献管理？

*8. 调研文献后对其进行分析整理，更有利于梳理对研究领域的认识，此时最有效的方法

---

* 为选做题。

即是撰写文献综述。请回答文献综述的基本结构框架，以及撰写需要注意的几点要求。

参 考 文 献

[1] 水延凯. 社会调查教程. 4版 [M]. 北京：中国人民大学出版社，2007.

[2] 娄长春. 浅谈电子期刊的类型与特点 [J]. 中国图书情报科学，2004，(10)：73-75.

[3] 肖平鑫. 一种值得重视的文献资源——各种学术会议资料的开发和利用 [J]. 图书馆论坛，1991，(4)：60-61.

[4] 王德胜. 浅谈学位论文的撰写 [J]. 学位与研究生教育，2005，(11)：1-4.

[5] 李东. 满载科技信息的网络快车——万方数据网络中心 [J]. 中国科技资源导刊，1999，(3)：8-9.

[6] 南辑. 《中国学术期刊（光盘版）》及其发展状况 [J]. 南方金属，2000，(1).

[7] 中国学术期刊电子杂志社. 《中国优秀博硕士学位论文全文数据库》（CDMD）总体介绍 [C] // 全国流体传动及控制工程学术会议. 2002：96-96.

[8] 潘秀霞. 学校教育教学的重要网上文献基地——对"超星数字图书馆"电子图书资源的认识与利用 [J]. 科技资讯，2007，(3)：111.

[9] 董凯，陈新红. Elsevier 电子期刊数据库的主要功能 [J]. 牡丹江医学院学报，2009，30（2）：94-95.

[10] 连丽艳，马雪，张静. ASME 电子期刊数据库检索技巧及应用 [J]. 科技成果纵横，2011，(2)：75-76.

[11] 张国楷. IEE 与 IEEE 简介 [J]. 系统工程与电子技术，1980，(6)：63-66.

[12] 刘寿华. 世界四大索引（SCI、EI、ISTP、ISR）异同分析与测度指标 [J]. 情报科学，2004，22（3）：332-336.

[13] 李江. SCI 网络版数据库（Web Of Science）[J]. 新疆社会科学信息，2004，(4)：3-5.

[14] 王学艳. 世界四大综合检索工具简介美国《工程索引》——EI：工程技术领域文献的首选工具 [J]. 大连民族大学学报，2000（3）：5.

[15] 王敬稳，陈春英，张秀平，等. ISTP 的检索方法及实例 [J]. 河北工业科技，2002，19（6）：58-60.

[16] 佚名. 《科学评论索引（ISR）》[J]. 图书情报工作，1982.

[17] 王颖鑫，黄德龙，刘德洪. ESI 指标原理及计算 [J]. 图书情报工作，2006，50（9）：73-75.

[18] 张庆宗. 文献综述撰写的原则和方法 [J]. 中国外语，2008，5（4）：77-79.

[19] 段玉斌，毕辉，韩雪峰. 文献综述的写作方法 [J]. 西北医学教育，2008，16（1）：163-165.

[20] 崔建军. 谈研究生学位论文中的文献综述写作 [J]. 陕西广播电视大学学报，2007，9（3）：59-61.

第 3 章 EndNote 软件与文献管理

3.1 EndNote 软件简介

文献调研阶段搜集到的文献往往千头万绪，或重复，或遗漏，很难管理，阅读所做的笔记则分散各处，难以高效地进行有机整合。与此同时，撰写论文时大量的文献引用往往复杂异常，尤其修改时，牵一发而动全身。为解决这一学术问题，EndNote 软件应运而生。

EndNote 是一款用于海量文献管理和参考文献批量处理的软件，是科学研究的必备工具。软件由汤姆森公司（Thomson Corporation，SCI 公司，总部位于美国康涅狄格州的斯坦福大学）下属的 Thomson ResearchSoft 子公司开发[1]。EndNote 软件不仅可批量管理文献；在阅读文献时进行批注；同时还可利用插件与微软嵌合，快捷、方便地在 Word 中插入引用文献，并自动根据文献出现的先后顺序编号，按指定格式在文后形成标准的参考文献；在修改文档时，文中标号及相应参考文献可自动更新。因此 EndNote 软件不仅可帮助科研人员建立属于自己的科学数据库，还可简化撰写论文时的大量复杂、重复的编辑工作，大大提高了文献及结论整理的效率；是一款科学研究必不可少的工具软件。

3.1.1 EndNote 软件优势及功能

EndNote 软件是一款专业软件，在科学研究中具有如下明显优势：

（1）EndNote 直接检索：EndNote 连接上千个数据库，并提供通用的检索方式，如 Sciencedirector 等；可直接在软件中搜索文献并保存，提高科技文献的检索效率。国外数据库一般均支持 EndNote 软件，可在数据库界面直接下载并存储至软件；当电脑中未安装 EndNote 软件，可利用 EndNote on web 功能进行网上存储、共享文献。

（2）EndNote 逻辑管理文献：可按照自定义分类建立数据库，将文献分文件夹保存，使文件存储更有序。且管理数据库容量无上限，至少能管理数十万条参考文献。同时，EndNote 软件可供读者在阅读时添加集中且直观的标注或笔记。

（3）EndNote 提供格式规范：EndNote 软件自带超过 3776 种国际期刊的参考文献格式，几百种的写作模板，涵盖各个领域的杂志。对于 EndNote 不涉及的期刊格式，可到期刊主页下载写作模板，添加至 EndNote 模板库。EndNote 安装后即嵌入到 Word 编辑器中，撰写学术论文时可直接利用 EndNote 模板库选定目标期刊模板，套用格式模板撰写。对于仅需规范参考文献格式情况，只需简单选定所需参考文献模板选项，书写过程中参考文献即可自动、无误地按规范格式显示。

（4）EndNote 让论文修改更便捷：在论文修改环节，当需要修改、添加、删除论文中的文献、图表时，EndNote 可自动更新全文排序[2]，避免人工编辑的巨大工作量，同时避免混淆。EndNote 的应用不局限于投稿论文的写作，对于毕业论文的撰写也有很大的帮助，但需按不同的毕业论文格式要求设置相应的格式模板。

（5）EndNote 扩展功能强：EndNote 具有开放接口，不需要专业的编程知识，登录官方软件平台即可扩展其特定功能。

（6）EndNote 系统资源占用空间小：软件本身占用空间小，很少发生因 EndNote 数据库过大而导致的计算机死机现象，这是 EndNote 最重要的特色之一。

六项软件优势里，除后两项特征外，前四项也是 EndNote 软件的基本功能。

3.1.2 EndNote 软件文件类型

EndNote 软件使用过程中主要有八种文件类型，其中包括安装中产生的三种文件类型，以及 EndNote 软件使用中涉及的五种文件类型。不同类型的文件具有不同的功能。

1. 软件安装中产生的三种文件类型

（1）软件文件夹：EndNote 软件在安装后会自动在"我的文档"目录里新建一个名为"EndNote"的文件夹，文件夹内包含所有软件的子文件。

（2）子文件：*.enl 类型的文件，是 EndNote 软件自己建立的 Library 数据库文件，通过此文件才可对数据库进行管理。建议将"*.enl"（可自己命名）文件存放在"EndNote"文件夹内方便管理。

（3）数据库文件：My EndNote Library.Data 文件夹是随着 Library 数据库文件建立而生成的文件夹，其内部存放 PDF 全文数据，对其文件夹的复制、粘贴可实现管理文件的转移。如：无论将*.enl 类型的文件及其文件夹转移至哪里，只要将 data 文件夹及其内部文件一起备份，利用 EndNote 软件即可打开所有之前导入的数据库及 PDF 全文。

2. 软件使用中涉及的五种文件类型，重点关注前三种

（1）*.dot：期刊投稿模板文件。软件安装自动产生 dot 文件夹，用于保存学术期刊投稿模板文档，便于投稿前的规范撰写。但模板文件夹不能包含全部学术期刊投稿模板，因此针对不同领域期刊，可至特定期刊主页中作者帮助区域下载模板文档，手动添加至软件 dot 文件夹，即可使用。

（2）*.ens：参考文献格式文件。各期刊文献格式以及编排格式要求不同，用于撰写文档时对文献格式的界定，可镶嵌入软件的 word 写作区、文献显示区和输出区。与 dot 文件相同，ens 文件也可在各期刊主页的作者帮助文档中寻找、下载并添加。

（3）*.txt：术语集合列表文件。文献库内某一字段的所有词汇集合，在文献添加时数据库自动产生的包括 Author、Keyword、Journal 等的集合信息；在调研文献时进行保存并导入 EndNote 数据库时也可选择的一种文献信息集中整理的保存方式。

（4）*.enz：搜索链接文件。镶嵌于软件内部，用于在线检索时连接网络数据库的文件。

（5）*.enf：过滤器文件。软件内部工作的命令文件，其功能是将格式不统一的文献数据统一成某种 EndNote 目标格式。

3.1.3 EndNote 软件安装、软件界面及设置

3.1.3.1 软件安装及基本功能

图 3-1 EndNote 安装包

下载 EndNote 安装包完成后，得到三个文件"ENX7Inst.msi""Info.txt""License.dat"。双击"ENX7Inst.msi"（见图 3-1，以 X7 版本为例）进行安装。依次按提示完成软件安装过程。

软件的打开及退出：完成安装后生成快捷方式；单击主程序或直接双击快捷图标，即可打开 EndNote 软件。另一种打开软件的方式是在 Word 编辑过程中直接单击菜单栏中的 EndNote 软件插件（如 EndNote X7），即可在 Word 文档中直接插入文献；或单击 Word 文档界面工具栏中的 EN（Go to EndNote）打开软件。软

件的关闭操作主要从菜单栏中 File-Exit 或直接关闭窗口来执行。

3.1.3.2 软件界面组成

以 EndNote X7.7.71 版本为例介绍软件界面。如图 3-2 所示为软件界面，菜单栏主要由文件（File）、编辑（Edit）、参考文献（Reference）、组群（Groups）、工具（Tools）、窗口（Window）、帮助（Help）七个主菜单组成，各菜单所属下拉菜单如图 3-2 所示。

（1）文件（File）菜单可设置新建、打开、保存、读取、导出、打印、退出等经典功能。

（2）编辑（Edit）按钮包含办公软件通用的剪切、复制、清除以及对对话框中字体、字号以及过滤器、偏好等的设置。

（3）参考文献（Reference）菜单设置主要针对文献管理的格式以及链接进行管理。

（4）组群（Groups）菜单则是对于建立"树状"数据库时，用于新建、编辑、删除树枝群组（Group），其中还包括对于文献手动编辑加入或从某群组中移除的操作 Add references to 和 Remove references from。须指出的是，EndNote 中存在三种群组：一般群组（Group）、智能群组（Smart Group）以及组合群组（Group from Group）。Smart Group 是用于搜索时能够按设定好的限制词进行自动导入的组群；但实际使用时往往很难实现通过设置关键词，完美搜索到目标文献；要么由于设置限制词过多，导致无搜索文献；要么设置限制词过少，使得搜索文献不在目标范围内；因此实际使用过程中往往需手动添加或删除 Group 菜单。Group from Group 即利用多个 Smart Group，利用"and、not、or"逻辑关系组合设置智能文献搜索及导入，在某些情况下可实现复杂搜索。如图 3-3 中为调研网络传媒对于青少年的影响设置的组合群组即利用"儿童、青少年"的智能群组与"网络、媒体"智能群组的逻辑"目"实现调研目的。

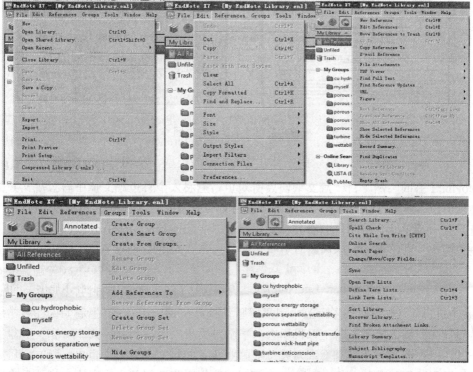

图 3-2　EndNote 菜单界面

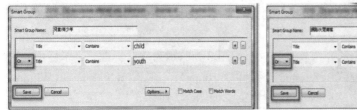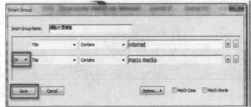

图 3-3　调研"网络传媒对于青少年的影响"的组合群组设置

（5）工具（Tools）菜单中包含在线搜索文献，搜索 EndNote 文献数据库，改变域字段，检查拼写，数据库目录，分类等几种功能按钮。其中常用到的 Term 设置（Open Term Lists、Define Term Lists 及 Link Term Lists），即可设置关键词或限制词的各种组合。

具体步骤 1：Tools→Open Term Lists→Journal Term Lists；选中你需要的杂志→Edit Term→打开对话框→填写 Abbreviate 1，Abb2，Abb3；若 List 表单中没有你需要的杂志，可以自己手动添加→New term……

具体步骤 2：可以搜集一个包含 5000 多个杂志的 List 表单及其两种缩写相对应的文档；然后，导入杂志 List 表单：Tools→Open Term Lists→Edit Term→Journal Term Lists→打开对话框→选择 List 栏目→选中 Journal Lists→Import Lists→导入附件文件，不同的 Library 需要各自导入一次。

3.1.3.3　界面设置

一般在建立文献库之前，可以对 EndNote 进行偏好（Preferences）设置，定制专属格式。打开 EndNote 软件，在菜单栏 Edit 下拉菜单中找到 Preferences，如图 3-4 所示。界面中可以设置文件导入后显示的字段、显示的字体、参考文献的类型、Word 引用的模板以及对已有文献进行查重、标注等。

下面仅对几种使用率高的界面偏好设置进行介绍：

1. 设置启动时自动打开的文献库

在 EndNote Preferences 设置窗口中，左侧的菜单项 Libraries 的 When EndNote 中可以设置随 EndNote 软件启动自动打开的 enl 数据库。如图 3-5 所示，在 Libraries 窗口中可以添加或删除多个文献库；可在 When EndNote 的选项框中选择不同的选项，如打开指定的库，打开最近使用的库，提示选择一个库，不打开任何库等，若选择默认设置，即随软件启动打开最近使用的文献数据库。

2. 界面显示字段设定

在 Display Fields 可以设定在文献窗口能够显示的字段，如作者、年代、文章题目、期刊

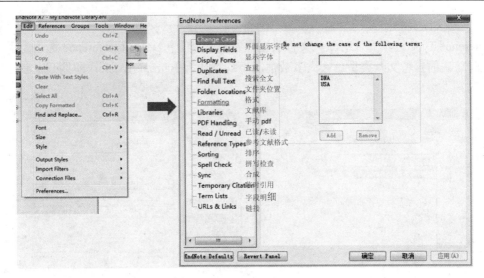

图 3-4　EndNote 偏好设置

名、更新时间、文献类型以及其级别，勾选 Display all author 选项即可显示所有的作者。字段显示的默认情况如图 3-6 所示，科研工作者可根据实际需求对对话框设置进行修改。

如添加 Figure 或者 File Attachments 选项，即可在 EndNote 文献库界面直接显示使用者认为重要或标注的图表或其他图表附件；此项功能对文献中实验台图的展示非常有价值，在实验台搭建阶段可对文献中相关实验台图片一目了然。添加 Rating 选项，EndNote 主页即可显示并设置文献对于读者的重要程度，可按一星至五星等级加以标注。添加 note 选项即可在主界面显示每篇文献作者添加的 note 信息，以便快速锁定文献。上述举例为高频率使用功能区，其他可进一步探索。

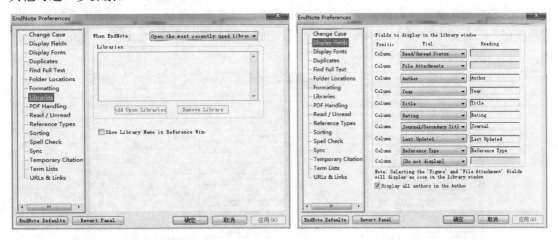

图 3-5　设置启动时的文献库　　　　　　图 3-6　设置显示字段

3. 设置默认字体

同样在 EndNote Preferences 的设置窗口中，可以在 Display Fonts 选项中设置软件启动和使用过程中界面的默认字体及大小，如图 3-7 所示。其中，Library、General、Labels、Search 选项分别设置的是文献库窗口内系统字体、输入文本的字体、文献库窗口中字段标签的字体以及搜索文献对话框中输入文本字体。

4. 设置文献类型

Reference Type 选项可以对默认文件类型进行设置。其中 Default Reference 选项为手动输入文献时默认的参考文献类型。在大多数情况下均默认为 Journal Article，即期刊文献，如图 3-8 所示。

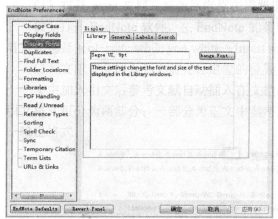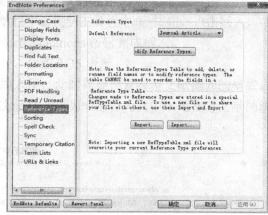

图 3-7　设置默认字体　　　　　　　　　图 3-8　设置文献类型

Modify Reference Types 窗口可修改某种参考文献的格式，或者创造一种自定义的参考文献格式，此功能在撰写无现成模板的期刊论文或毕业论文时尤为重要。修改界面如图 3-9 所示。默认参考文献格式是期刊论文（Reference Type 为 Journal Article），若想修改或隐藏文献类型，需在 Generic 项目后面的文献类型名称的前面加上一个英文句号 "." 即可。如在 Generic 项目里面输入 ".unused1" 即可隐藏文献类型。创建新的文献类型以满足特定要求时，如某校特定的毕业论文格式，可选定一个没有命名或者已设定的文献格式，进行各字段的逐一设置并保存。图 3-10 列举了 EndNote 软件已经存在的文献类型，包括会议论文、毕业论文、手稿、专利、报道等，共计 39 种。

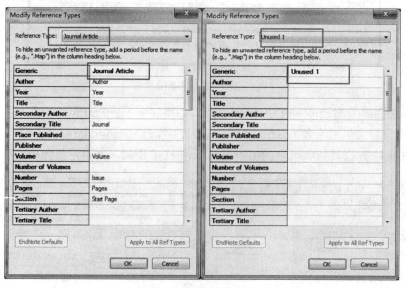

图 3-9　文献格式的修改

序号	名称	说明	序号	名称	说明
1	Ancient Text	古典文献	21	Generic	未定义文献类型
2	Artwork	工艺	22	Government Document	政府文件
3	Audiovisual Material	视听材料	23	Grant	资助转让证书
4	Bill	广告，公告	24	Hearing	意见／听闻
5	Book	专著（书）	25	Journal Article	期刊论文
6	Book Section	系列专著	26	Legal Rule or Regulation	法规条文管理条例
7	Case	案例	27	Magazine Article	杂志文章
8	Chart or Table	图表	28	Manuscript	手稿
9	Classic Work	经典著作	29	Map	地图
10	Computer Program	计算机程序	30	Newspaper Article	报刊文章
11	Conference Paper	会议论文	31	Online Database	在线数据库
12	Conference Proceeding	会刊	32	Online Multimedia	在线多媒体
13	Dictionary	辞典	33	Patent	专利
14	Edited Book	书籍	34	Personal Communication	个人交流
15	Electronic Article	电子论文	35	Report	报道
16	Electronic Book	电子书	36	Statute	规章
17	Encyclopedia	百科全书	37	Thesis	学位论文
18	Equation	等式／公式	38	Unpublished Work	未公开文献
19	Figure	图片	39	Web Page	网页
20	Film or Broadcast	电影或广播			

图 3-10　EndNote 中支持的文献类型

5. 设置参考文献字段

在 Sorting 选项里可以设置归档文献题目和作者名称中是否省略冠词、符号等，如图 3-11 所示，在对应字段设置区添加设置即可。

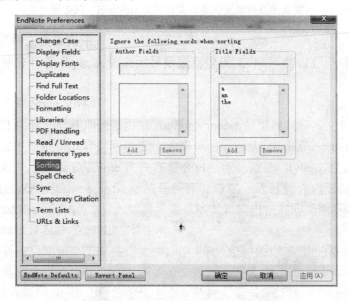

图 3-11　设置排序时忽略的单词或字段

3.2　EndNote 建立文献数据库

EndNote 管理文献是建立在文献调研的基础之上，其目的是将调研的文献进行逻辑整理和有序存储，便于学术分析[2]。利用 EndNote 软件管理文献流程如图 3-12 所示，分别为数据

采集、建立数据库、管理数据库、使用数据几大部分。实际应用中需先建立数据库框架，然
后伴随文献下载保存至不同文件夹，构建完整的文献数据库。

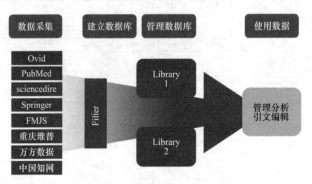

图 3-12　EndNote 工作流程

3.2.1　建立数据库框架

建立数据库框架：在 EndNote 软件界面的 File 菜单中单击 New 选项即可建立一个数据库
文件（*.enl），EndNote 支持用户基于搜索到的有价值的文献按个人爱好、特征分类建立多个
数据库，即可以对大规模文献进行系统管理。多个数据库的建立，可根据文献所关注的内容
分类，建立如"表面结构制备方法.enl""传热实验.enl""模拟计算.enl"等参考文献数据库，
也可以按研究单位、专家名称命名分类数据库文件夹，如"华北电力大学.enl""工程热物理
研究所.enl""麻省理工.enl"。

每个数据库中仍可进行文件夹层级或组层级的设置。在 EndNote 软件主程序的左
侧窗口中可以建立分组。单击 My Groups 按钮或在窗口内任意位置单击右键，即可弹
出分组菜单，如图 3-13 所示；可进行新建组、新建智能组以及从目前组基础上组合
新建组。

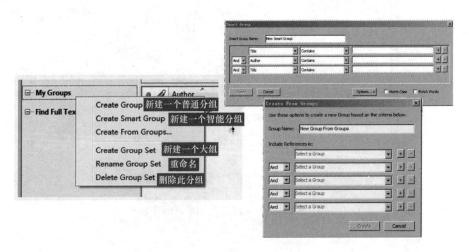

图 3-13　数据库分建立组

新建普通组 Create Group，只可编辑组名；对于组内文献可用鼠标选中后，直接用鼠标
拖曳至相同等级的数据库分组；也可通过单击右键选择 Move Reference to 项来改变分组。新

建智能组 Create Smart Group 可限制组内文献的特定信息，如题目、作者、关键词等，其优势是可回看组内文献的关键词，同时便于以后的自动搜索；通过合并已有数据组建立新组 Create From Groups，其组内文献不自动复制移动，仅将关键词组合以叠加搜索。新建组群 Create Group Set 是建立与 My Group 个人组相同级别的组群；对于初级使用者或要求不高场合中，后两者数据组建立方法应用较少，一般文献管理使用普通数据库分组即可，后两种分组在筛选交叉文献中优势明显。

3.2.2　导入文献题录信息

数据库框架建立完成后，需根据具体情况导入或手动录入文献题录信息到已建立的分类数据库，即文献题录信息的数据采集；从而实现利用 EndNote 软件对文献进行逻辑管理，系统掌握所研究领域的研究现状和关键技术。

数据采集主要是指调研相关文献，获得相关的论文或数据，并将文献题录信息等资料数据导入 EndNote 软件中。一般情况下，在科学文献调研过程中建议通过摘要判断文献的下载需求，对需要下载的文献直接利用平台链接将所有或一批文献题录信息批量导入 EndNote 软件进行文献管理。其方法主要有三种：第一种为数据平台搜索文献，并下载、保存进 EndNote 数据库文件；第二种为进入 EndNote 软件中，直接在 EndNote 软件中在线搜索文献并保存；第三种对于已存在于电脑中的文献数据或格式不规范的图表等，可通过本地 PDF 导入或者手动输入的方式进行题录信息的数据采集。

3.2.2.1　数据平台搜索文献

对于第二章所述文献调研方法，利用各种文献搜索引擎如 Springer、Science Director、PubMed、FMJS、CNKI、万方等开展文献调研，可直接通过文献显示界面中的 Save to EndNote 选项保存为 EndNote 题录文件。此类在线调研文献信息可满足软件默认过滤器 Filter 格式，并直接导入到 EndNote 软件。

1. 导入 CNKI 搜索的文献

具体步骤见图 3-14，在 CNKI 的搜索结果页面，选中需要保存的结果，在左上角单击 `导出 / 参考文献` 按钮，打开文献管理中心页面，单击左侧 EndNote 后再单击正上方"导出"按钮，会下载一个.txt 文件。打开 EndNote 程序，单击快速工具栏上的 Import 按钮，弹出 Import File 对话框，单击 Choose 按钮找到刚刚下载的.txt 文件，在 Import Option 选项栏选择 EndNote Import 项，然后单击下面的 Import 按钮即可导入[3]。

2. 导入 Elsevier 搜索的文献

选中在 Elsevier 上检索到的文献（文献前方框打钩），单击上方的 Export Citations 按钮，打开一个新页面；选中 Citations and Abstracts 项，在 Export Format 选项中选择 RIS format 项，然后单击 Export 按钮，会自动下载一个文件并关联 EndNote 程序，将数据导入 EndNote，如图 3-15 所示。

3. 导入 PubMed（西文生物医学期刊文献数据库）搜索的文献

PubMed 主要提供生物医学方面的论文及摘要。在 PubMed 上面检索到符合条件的文献后，在文献前面打钩；再到搜索结果显示页面单击右上角的 Send to 按钮，弹出 Choose Destination 下拉菜单，选中 Citation Manager 项，单击 Creat File 按钮；即可下载一个名为 File backend.cgi 的文件。可自动双击关联 EndNote 程序，将所选中的文献题录导入 EndNote，如图 3-16 所示。

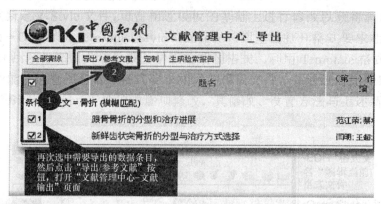

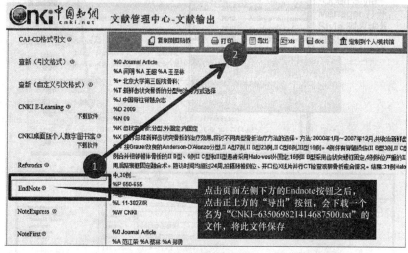

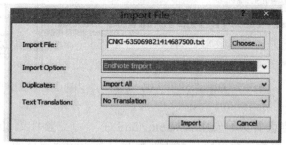

图 3-14　导入 CNKI 搜索的数据

4. 导入 FMJS（西文生物医学期刊文献数据库）搜索的文献

在 FMJS 上面检索到符合条件的文献后，通过文献前的复选框打钩进行选择；到搜索结果显示页面点击左上角的"题录输出"按钮，在弹出题录输出对话框的输出格式栏选择 Medline 项（其他默认），然后点击"下载"按钮即可自动生成后缀名为.txt 的文件。打开 EndNote 程序，点击快速工具栏的 Import 按钮，弹出对话框 Choose，选择刚刚下载的文件，在 Import Option 栏选择 MEDLINE（PC）项，点击 Import 按钮即可导入，如图 3-17 所示。

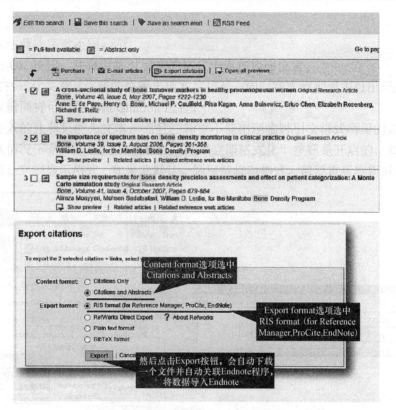

图 3-15　导入 Elsevier 搜索文献

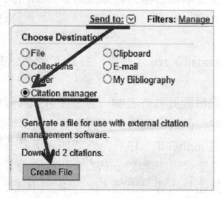

图 3-16　导入 PubMed 搜索的文献

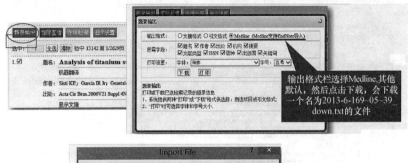

图 3-17　导入 FMJS 搜索的结果

很多数据库网站均支持导入 EndNote 软件,导入方法与上述几种类似,这里不一一赘述。

3.2.2.2　EndNote 在线搜索文献

单击 EndNote 软件工具栏上 [Online Search... Connect to an online database.] 按钮,弹出在线数据库选择对话框 Choose A Connection(见图 3-18),选择要检索的数据库;或者直接进入 EndNote 软件左下角 Online Search 栏,选择下拉数据库,如 Web of Science(SCI),即可在右侧对话框搜索面板中输入关键词构建检索策略。一般自然科学选择数据库无特殊限制的情况下,选择 Web of Science 下拉选项即可较全面地搜索。

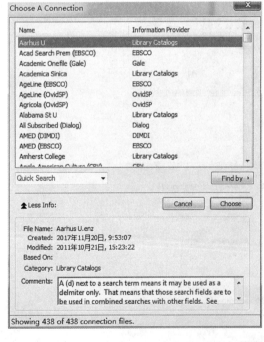

EndNote 软件内部文献搜索的优势是文献的题录信息可直接进行数据库归档。点击搜索到的文献,在右侧文献详细信息窗口即可查阅其相关信息。通过右侧的摘要初步判断文献的价值后,可在搜索窗口右键点击文献名,选择 Add Reference To 项直接添加到已建立的数据库内,完成数据库内文献题录的导入,如图 3-19 所示。并可在搜索窗口右侧详细信息的 Attach File 工具进行文献全文的下载以及附件的添加。

图 3-18　EndNote 软件内链接在线数据库对话框

3.2.2.3　本地 PDF 文件导入提取

对于已保存的本地 PDF 文件或非在线调研的 PDF 文件,手动导入 EndNote 数据库时,需在导入时选择 Import option 和 Text translation 两个选项对文献 PDF 统一格式,然后经过软件读取,将文献导入已建好的数据库。

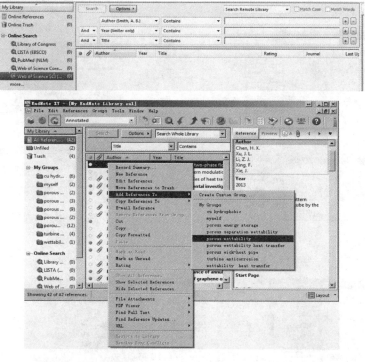

图 3-19　EndNote 软件在线搜索及文献数据关联

单个本地 PDF 文件的 EndNote 导入，依次点击 File-Import-File，在弹出的对话框中的 Import Option 栏选择 PDF 即可，如图 3-20 所示。

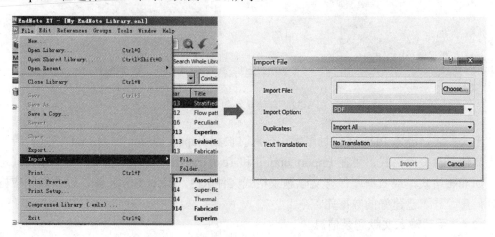

图 3-20　导入单个 PDF

也可将此前工作所有需导入的 PDF 文件放入一个文件夹中，批量导入一个文件夹中的多个 PDF 文件。依次点击 File→Import→Folder 按钮，在弹出的对话框中选择相应文件夹，在 Import Option 栏选择 PDF 即可，如图 3-21 所示。

导入 PDF 文件后，点击 Edit 下拉菜单中的 Preferences 按钮进行个性设置，如选择命名方式，可将导入的文献重新命名方便查看，也可通过 Enable automatic importing 选项自动导入 PDF 文件，如图 3-22 所示。

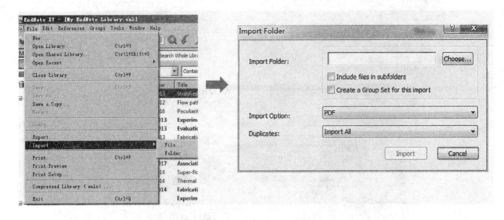

图 3-21　批量导入 PDF 文件

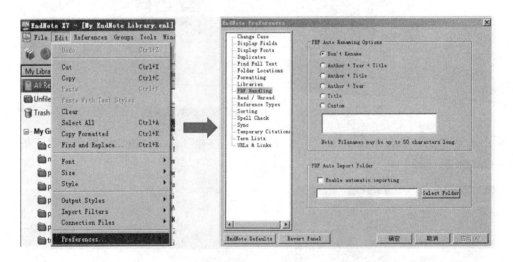

图 3-22　自动导入 PDF 文件

　　如上文所述，导入 PDF 文件时，需在导入时设置 Import option 项为 PDF 格式。若本文文件为其他保存文件格式，可在 Import option 和 Text translation 两个选项中对文献格式进行定义，如 text 格式，或数据库保存文献题录格式文件 RIS、Refer/BibIX 等，以读取相应格式的文献信息，导入已建好的数据库。

3.2.2.4　手动输入文献题录信息

　　对于特殊要求或者需要手动输入无法自动读取的文献信息（文献过老、书籍信息甚至是需归档、不归档保存的图表）时，需要设置过滤器。其中滤镜转换器 Filter 的主要目的是根据各类期刊、网站查询得到的结果内容按限定格式导入 EndNote 软件中。例如，EndNote 没有针对国内 CNKI 数据库的 Filter 文件，因此在导入 CNKI 数据时必须要手动制作针对 CNKI 等国内数据库的 Filter 文件。在软件界面 Edit 下拉菜单栏所属项内设置 Import Filters 项，扩展菜单 Open Filter Manager，可查看、修改已有的或自己创建 Filter 文件；通过 Import Filters 选项中的 New Filters 项可自定义新的过滤器，如图 3-23 所示。一般情况下软件默认过滤器设置即可。

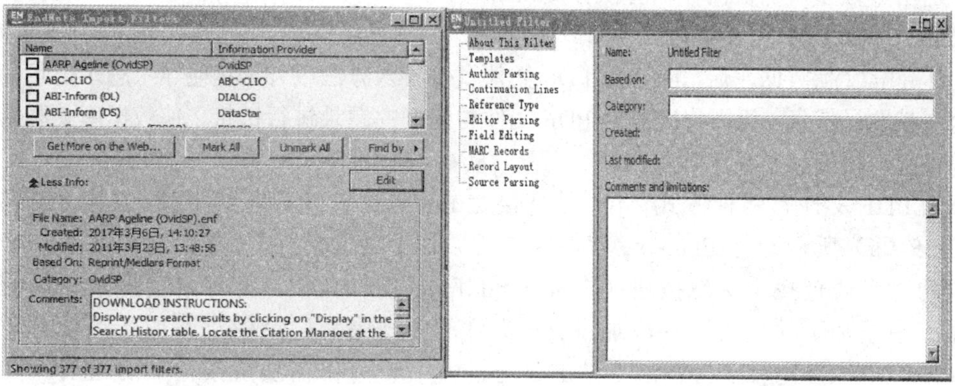

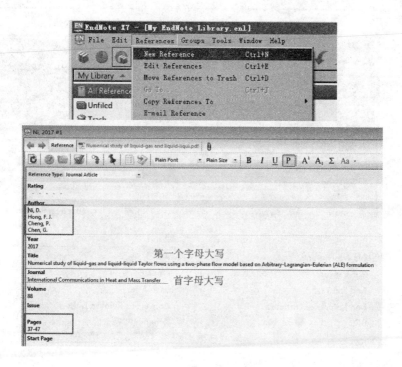

图 3-23　EndNote 软件过滤器管理器界面以及建立新过滤器界面

对部分已保存的文章或过于久远的文章无电子版的情况，只能利用手动输入法进行数据的建立和管理。打开 EndNote 软件界面，点击菜单栏 References→New Reference 按钮或者在快捷工具栏点击"新建新文献"按钮，即可弹出输入文献信息界面；然后在对话框中按照要求输入相关信息，如文章题目、作者、单位、发表期刊、年、卷、期等，如图 3-24 所示。

图 3-24　手动输入文献数据

需注意的是：在作者录入过程中，姓名的书写顺序和书写格式需符合国际要求。第一，作者书写格式为姓+名的首字母+"."。第二，每个作者占一行，多个作者占多行。期刊名称录入时，首字母大写。文章名录入，第一个字母大写，页码写起止页。其他信息依次录入后，点击"退出"按钮，确认保存即可保存文献信息。

3.2.3　添加 PDF 全文文件

上述建立文献数据库后，除当地 PDF 文件直接导入方法以外，其他导入题录信息的方法仅具有文献题录信息，仍需将完整的 PDF 文件与建好的题录进行链接，使数据库关联具体内容，以进行直接阅读、标注等操作。

添加 PDF 文件有两种方式。一种是直接在 EndNote 软件内在线下载、添加 PDF 文件，如图 3-25（a）所示即为 EndNote 软件内在线添加 PDF 文件的操作。选中文献，单击工具栏中的"在线查找全文"按钮或右键 Find Full Text 按钮，即可自动搜索文献全文并在数据库中添加附件。另一种添加 PDF 文件的方法是从题录信息添加已下载的全文附件；如图 3-25（b）所示为添加当地文件方法，右键点击需要链接全文的题录，在下拉菜单中依次单击 File Attachments→Attach File 按钮，然后找到已下载保存的 PDF 文件进行关联。

添加全文后即可通过对数据库内任意文件名的点击，浏览右侧详细信息内文章中关键论点、关键图表、关键标注等信息，让文献更一目了然。如图 3-26 所示，可快速浏览到某篇文献的试验台示意图。

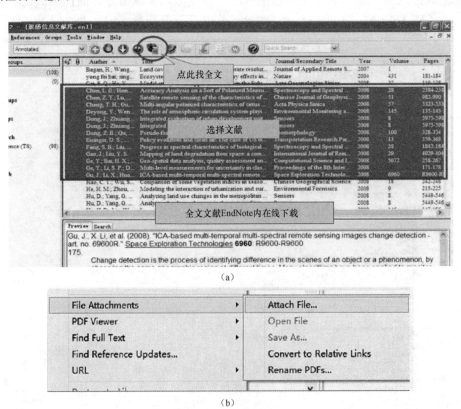

（a）

（b）

图 3-25　链接 PDF 全文

（a）EndNote 软件内在线下载添加 PDF 文件；（b）添加本地 PDF 文件

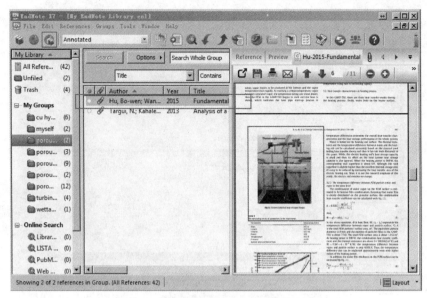

图 3-26　通过数据库题录直观浏览文献

3.3　EndNote 管理文献数据库

对数据库的管理，即对其结构框架以及文献进行编辑与整理的过程，其实质是对某个研究领域的认知和分析过程。其基本管理操作包含文献删除、移动、复制等，其操作过程同其他 Office 软件类似，在此仅以删除文献为例说明，其他不再一一赘述。如图 3-27 所示，选中某条需要删除的文献条目，单击右键选择 Move References to Trash 项，即可删除条目。删除之后可以在回收站内清空回收站以永久删除该文献条目。EndNote 的基本操作支持选取库内感兴趣的单个文献，或使用 Ctrl 和 Shift 键选取多个文献进行批量处理。

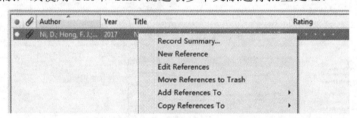

图 3-27　删除文献条目

除基本管理操作外，作为科研文献数据库 EndNote 还具有其特色的编辑操作。主要发生在建立数据库以及阅读、分析两个过程中。

3.3.1　编辑题录信息

当导入的数据不完整或者格式不规范，需手动来修改具体信息。双击选中要修改的条目，即可弹出一个名为 "Reference" 的信息修改窗口，如图 3-28（a）所示，直接修改或补充内部栏目信息即可。同时，在阅读或分析文献数据后经常需要对文献进行标注或提取重点信息，如重点公式或图表，此时可在文献显示区左上角 Reference 选项中选择 File attachment 项，添加重点关注的图、表、公式或其他文件；同时还可在 Reference 选项中的 notes 项处做笔记、注释等，如图 3-28（b）所示。

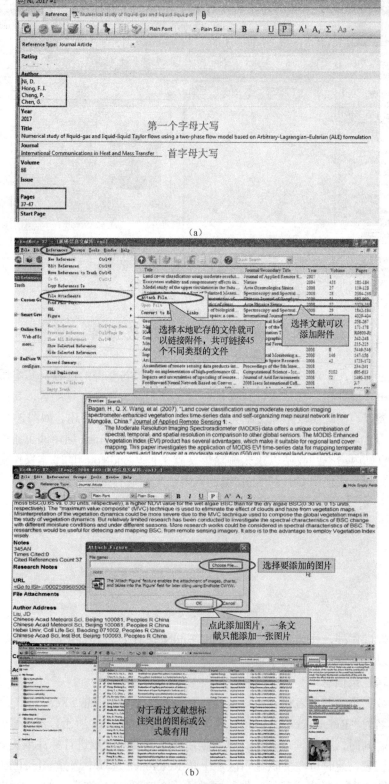

图 3-28　编辑题录信息
（a）修改文献信息；（b）添加重点关注公式或图片题录

3.3.2　去除重复文献

数据库组以及文献条目越积累越多，难免会出现多次下载同一文献，引起重复阅读；因此 EndNote 软件中非常有用的一个编辑功能就是去重复，且其操作简单。在数据库界面，从主页界面菜单栏中选中 References 选项，单击 Find Duplicate 按钮即可开始去重，如图 3-29 所示。

3.3.3　显示/隐藏文献

大多数 EndNote 的文献管理指令只针对当前显示在库内的文献，对隐藏的文献无效，因此当希望指令不影响某些特殊文献或隐藏隐私文件时，需对文献进行显示设置。方法为：在 References 菜单或单击鼠标右键选择 Hide Selected References 选项。同样方法可设置显示被选择文献或全部文献，如图 3-30 所示，然后对文献进行进一步编辑。

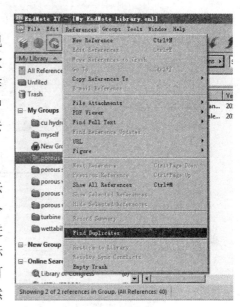

图 3-29　去重操作

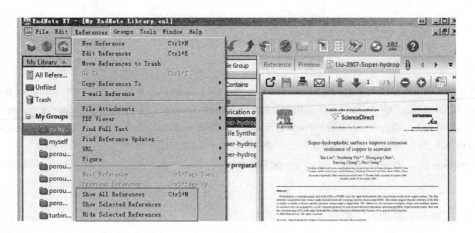

图 3-30　显示和隐藏文献

3.3.4　阅读文献的标注

阅读文献过程中对文献进行个人标注，可以使数据库文献一目了然；如在 EndNote 中阅读时，可直接在 PDF 中进行常用的标注、反色等编辑操作，如图 3-31 所示。这样对科技文献的阅读和管理的好处在于，文献阅读完毕后数据库对其标注自动保存和更新，且当查阅之前的文献时，更能一目了然地浏览个人手记，高效查找具体内容（一段话、一个图、一个公式、一个文献等）。

3.3.5　文献个性排序

除常规的阅读标注外，在 EndNote 软件管理数据库中还可进行文献排序。可按个人习惯，或按文献相关度、个人关注度等规律将文献排序，方便科研工作者在无关键词的前提下更快地查找目标文献，也可掌握繁杂文献的重要性顺序。数据库文献有两种排序方法：其一，在书目信息显示窗口直接点击关键词进行排序，如图 3-32 所示；其二，右键手动设置文献的重要地位，右键→Rating→星级，然后按阅读后文献的重要性对文献排序，并命名其星级，使文献的重要性一目了然。

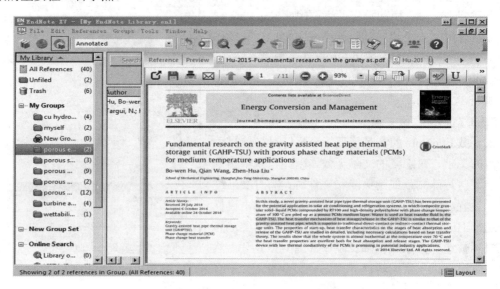

图 3-31　软件内部文献的在线阅读和标注

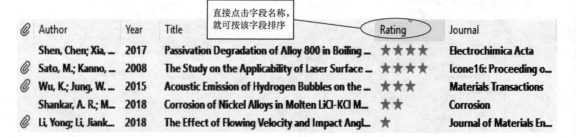

图 3-32　文献的排序

3.4　EndNote 在文档编排中的应用

EndNote 软件在管理文献的基础上，可通过模板格式化文档的字体、大小、引文、参考文献、图标、注释等，因此可帮助科研工作者更高效地整理科研成果，帮助毕业生撰写论文，是撰写学术文档的必备工具。

EndNote 自带上千种期刊格式模板，其模板文件.doc 默认存储在 Templates folder 文件夹中；其对页边距、标题、行距、首页、摘要、图形位置、字型、字号等均做了规范。图 3-33 所示为用模板直接撰写文章的流程，按图示操作即可呈现按模板格式撰写的全文。

除利用全文模板撰写论文外，EndNote 软件更常用的是文档编排功能，即插入功能。EndNote 软件和 Word 的关联，可实现在文档编辑时批量加入满足格式要求的引文、注释、图标、参考文献等重要内容；也可通过 CWYW（Cite While You Write） Preferences 选项进行个性化编辑或设置，修改或设置新模板，再进行文献的单个引用或批量引用。Cite While You Write 选项是 EndNote 与 Word 整合的元件，如图 3-34 所示；从 Word 的"工具"菜单里也可以找到此项目；其扩展菜单中有如下选项。

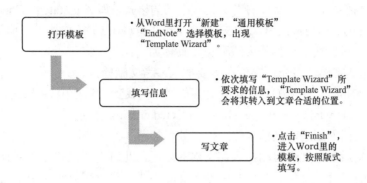

图 3-33 写文章流程图

（1）Go To Word Processor 项：返回 Word 编辑器。

（2）Insert Selected Citations 项：插入在已经打开的 EndNote 文献库内所选定的文献。一次最多插入 50 篇。

（3）Format Bibliography 项：对引文样式进行格式化。

（4）Import Traveling Library 项：导出文档中的引文。

（5）CWYW Preferences 项：Cite While You Write 参数设置。

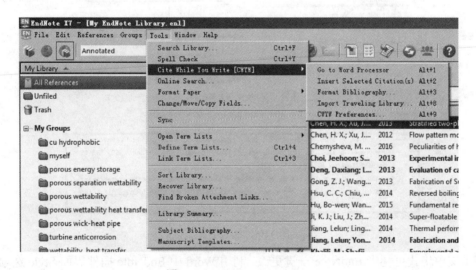

图 3-34 Cite While You Write

下面再介绍几种实际应用中的重要插入功能。

3.4.1 插入引文

在科学研究中，撰写论文，按要求整理引文及参考文献格式是最烦琐、重复次数多、无科技含量但又高耗时的一项工作。如，在书写英文论文手稿的过程中的格式统一，或当按照一个期刊的格式书写完手稿后，更换英文期刊格式时，所有插入的引文格式需重新修改；手动修改往往耗费大量精力和时间；此时利用 EndNote 的文献模板插入引文或自动修改引文在正文及文末参考文献的格式，可大幅度减少工作量[5]。

3.4.1.1　插入引文方法及格式

按照不同期刊要求，正文部分的引文具有不同的格式，如 Annotated（Chen et al，2015）、Author-data（Chen HX，Huang LB，2015）或者 Number（2015）等格式[1]。但无论什么格式，利用 EndNote 软件进行快捷操作的方法类似。具体如下：

（1）打开 word 文档，将光标定位在需要插入参考文献的位置。

（2）打开 EndNote 软件，在 EndNote 的菜单栏中，找到工具栏中 按钮，点击插入，或者依次选择 tool→cite while you white→Insert selected citations 按钮完成插入。

（3）文献就会插入到之前光标定位的位置处。如图 3-35 所示。

文中加入引文后参考文献自动插入在文档的末尾，此时需要设置参考文献插入的格式。引文格式可分为两部分：一部分为正文中参考文献格式，另一部分为文中末尾参考文献的统一输出格式。

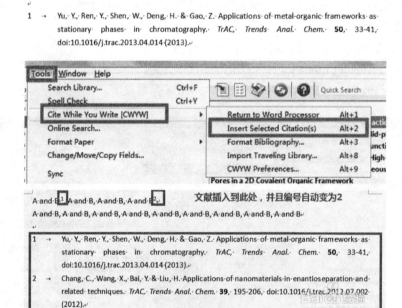

图 3-35　加入引文

其中文中格式可利用 EndNote 一键更改，利用 Word 中 EndNote 插件界面 Style 选项中选择 Annotated（默认）、Author-data（作者-时间）或者 Number（数字序号）等选项，一键更改参考文献在正文中的显示格式，如图 3-36 所示。需指出的是，此时其格式为文中正式字体，

图 3-36　EndNote 软件内批量设置文中引文格式

而实际过程中往往需要对其进行上标处理。进行批量上标的方法为：在 EndNote 软件中逐步进行设置，Edit→Output style→Edit（或 New style），在打开的窗口中选择 Citation→Templates 按钮，选中引用格式 Citation 后点击 A^1（Superscript 上标）按钮，参考文献导入正文中即可全部自动上标。

EndNote 软件对文末参考文献的格式更改功能，也往往在实际科研和投稿中为科研工作者节省大量时间；尤其在改投期刊时，可保证格式无误的情况下一键更改所有文末参考文献的格式。如图 3-37 所示，在 Word 中 EndNote 插件界面 style 栏中选择 Select Another Style 项可直接选择目标期刊或参考文献定制格式链接文件，一键修改文末参考文献格式。

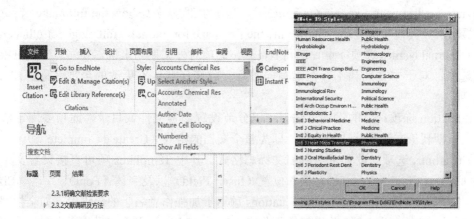

图 3-37　EndNote 软件内文末参考文献格式的设置

3.4.1.2　定制引文模板文件

当 EndNote 软件自带 Style 文件夹无目标期刊模板文件时，需自行下载或定制编写模板文件。

一、寻找并下载 Style 文件

目前国外 SCI 期刊一般在期刊首页或 Author Support 内可找到参考文献 Style 文件，此文件一般以.ens 为文件后缀。或者去网址 http：//www.EndNote.com/support/enstyles.asp 直接下载最新版 Style 文件，升级 EndNote 软件自带 Styles 库。双击 Style 文件，EndNote 软件自动读取，此时通过 File→Save as→Save 按钮保存并命名。通过软件内 Edit→Output Style→Open style manager 按钮选中刚才导入的参考文献格式，输出格式即为新导入格式。

二、手动编辑设置自命名 Style 文件

国内一些重要前沿期刊也配有格式文件，但大部分国内中文期刊的格式都要自己手动调整；同时对于不具有格式模板的期刊或毕业论文等，则需要主动建立具体的引文和参考文献的 Style 文件。建立新的 Style 文件的方法主要有两种：第一，新建一个适合自己文章或论文的 Style 文件，逐项定义设置其特征；第二，选择和当前要求相近的 Style 文件，然后在其基础上按当前要求修改。

1. 建立新的 Style 文件

具体步骤：打开 EndNote 主程序，单击 Edit→Output Styles→New Style…命令，弹出一个 Untitled Style 编辑窗口。Style 文件一共有十个可编辑的选项，各选项的说明如下：

（1）About this Style 选项：格式文件说明。用于查看模板详细信息，如编著作者、时间、

目标投稿期刊等。

（2）Punctuation 选项：标点符号。一般英文文章选择默认不更改，建立中文期刊模版则按中文标点符号设置。

（3）Anonymous works 选项：作为空白作者/匿名的工作。可利用题目或副标题填充作者位置；此处一般选择默认空白选项。

（4）Page Numbers 选项：设置参考文献中页码格式。一般选择默认不更改，即 Don't Change Page Numbers 项。其他选项分别为仅显示首页（Show only the first page number）、缩写末尾页码（Abbreviate the last page number）如 123-5、缩写尾页但保留两位数字（Abbreviate the last page，keeping two digits）、显示全部页码（Show the full range of page）、对期刊显示首页其他全部显示（Show only the first page for journal，full range for others）。

（5）Journal Names 选项：设置期刊名格式。此项对外文期刊来说，其缩写形式可根据具体情况选择；对于中文期刊不存在缩写问题，一般选择默认不更改的全部名称，即 Don't Replace 项。

（6）Section 选项：节的设置方法。可以分节设置参考文件或目录，此项多用于书籍的编写。一般期刊论文选择默认的选项，即为整个文档的格式（Create a Complete…）。

（7）Citations 选项：设置正文中引文标志格式。其中 Templates 项可直接设置文中引文的格式（In-text Citation Temple）、插入位置（Insert Field）以及字体（Font）、字号（Size）、上下标，如图 3-38 所示。Ambiguous Citations 项用于加强作者名字的辨识度，如全拼写、添加作者其他工作或者添加多个作者以辨识作者。Author Lists 项用于定义作者之间的分隔符及显示个数，当作者需要省略时添加"et al"或者"等"。Author Name 项主要用于设置外籍人士名字，Family Name、Last Name 等项对于中国人不用设置。Numbering 设置正文文章内多个参考文献同时引用的群组形式，如"[2，3，4]"或"[2-4]"，此项一般选择默认设置"Use ranges for consecutive citations"；须注意的是此项只应用于 Word 编辑中 Citations 选项选择 numbering 格式的情况；且可通过工具栏对正文引文的字体、字号及上下标进行限制。Sort Order 设置多个参考文献应用时的格式为"作者+年代"或者数字连续显示等，可根据具体要求设置。

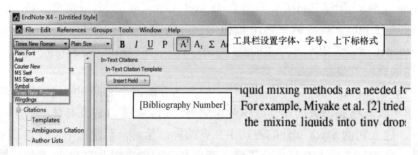

图 3-38　新建正文引文 Template 格式设置

（8）Bibliography 选项：设置文章末尾参考文献显示格式。其内部可分为 Templates、Field Substitutions、Layout、Sort Order、Categories、Author Lists、Author Name、Editor Lists、Editor Name、Title Capitalization 几项，如图 3-39 所示。先从 Templates 模板内选择参考文献类型，如为期刊则选择 Journal Article 项，此时在模板设置中出现 Journal Article 字样及对各组块的

设置选项 Insert Field；通过添加作者、年代、文章题目、期刊、期、卷、页码等组件对参考文献组成进行设置；并通过 Bibliography 选项下 Field substitutions、Layout、Sort Order、Categories 项对可编辑项进行编辑，其设置方法及意义与 Citation 选项中类似；各项设定完毕后即可指定文末参考文献格式。

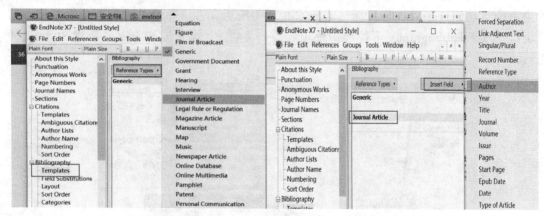

图 3-39　新建文末引文 Template 格式设置

（9）Footnotes 选项：设置文章末尾或页面末尾的脚注格式，其内部可分为 Templates、Field Substitutions、Repeated Citations、Author Lists、Author Name、Editor Lists、Editor Name Titles、Capitalization 几项；此功能设置一般使用较少。

（10）Figures&Tables 选项：设置图片和表格的排版格式，其内部可分为 Figures、Tables Separation&Punctuation 几项。Placement 项设置图表在文中引用段落之后或是文章末尾。Captions 项则设置图题，放置于图标上方或下方。Separation&Punctuation 项则是设置图标上下空行，以及是否在图号或图题后设置句号等。

十个选项均设定完毕后即可利用工具栏 File→Save as 文件保存 Style 文件。保存 Style 文件后，可从 EndNote 首页工具栏 Select Another Style 对话框中，Quick Search 查找新命名的文件名，通过 Style info/Preview 预览定制 Style 文件的显示格式，如图 3-40 所示。

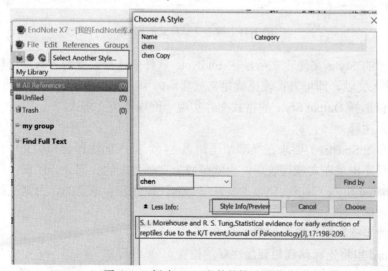

图 3-40　新建 Style 文件的快速预览

2. 在原有参考文献样式上进行修改

除全部重新定义 Style 文件,可在相近模板的基础上进行修改以获得满足要求的格式模板。从 Edit→Output Style→Open Style Manager 按钮里面打开格式要求相近的 Style 文件,如图 3-41 所示为郑州大学学报医学版的期刊格式;利用 Template 格式或图 3-40 所示快速预览功能快速查找与目标格式要求相近的模板文件,并通过对比确定需要修改的组块;进而在 Bibliography 下拉项中逐项修改,其修改、设置方法与上述新建 Style 文件相同。

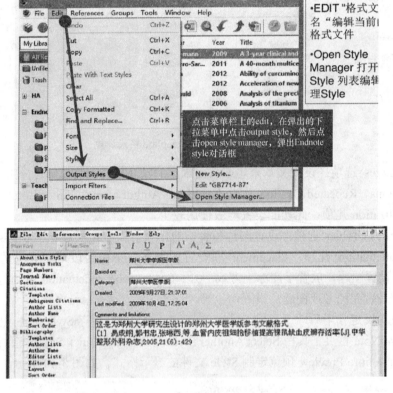

图 3-41　参考文献样式的修改

当满足要求的 Style 文件建立后,在 EndNote 软件中选择设置为当前输出格式,此时从 Word 中直接插入文献,即可直接输出满足格式要求的引文和参考文献;也可利用 Word 界面中 EndNote 按钮选择 Output Style 的格式文件实现一键规范引文格式。

3.4.2　插入注释

一些杂志(如 Science)要求在文章结尾加上注释,插入的注释会和引文一样被编号,进而按照出现的顺序出现在文献列表里,也就是成为文献列表的一部分。注意:只有在以"编号样式(Numbered Style)"格式化过的文章里加入注释才是有意义的,否则注释只能以文本形式出现在文章里。

插入注释的步骤,操作界面如图 3-42 所示。

(1)在 Word 里将光标移到想要加注释的位置。

(2)从 Word 的工具栏里进入"EndNote 7.0"子菜单,选择 Insert Note 项,出现 EndNote

Insert Note 对话框。

（3）写入注释，字数不限。

（4）点击 OK 按钮，注释以临时引文的格式出现在相应位置。

（5）再次格式化文章，注释的位置出现数字序号；同时在文献列表中可出现注释的内容。注释格式的编辑同样可以用 Edit Citation 进行。

注意：加入的注释只能为文本，而且注释里不能出现临时引文格式所用的定界符。文档格式化在默认情况下是 Instant Formatting，即"立即格式化"按钮是开启的，每次加入的引文、注释等都是立刻显示格式。如果非默认，则保持临时格式，需要重新刷新或手动格式化。

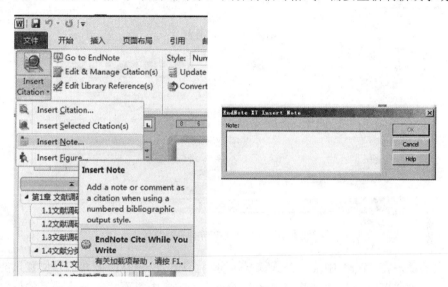

图 3-42　在 Word 内利用 EndNote 插入注释

3.4.3　插入图表

存储在 EndNote 数据库里的影像文件（图片、表格文件等）都可以插入到文稿里。表格类型文献里的影像在插入 Word 时被当作表格处理，非表格文件内的影像文件在 Word 里都会被当作图形。文稿中插入的图片以"（Figure X）"的形式存在，表格以"（Table X）"的形式出现，且表格与图片的编号各自独立；当在文档中间插入或删除图表时，所有图表编号会自动更新。根据要求的输出样式，图表可以在插入段落之后即正文中间出现，也可以在文稿结尾以单独文件或图表列表出现。

步骤如图 3-43 所示：

（1）打开 Word，选择 EndNote 工具栏，选择 Insert Citation 下拉箭头，打开插入文献类型，选择 Insert Figure 项；

（2）在弹出的对话框中输入表格的名称，然后查找找到相应图片，插入即可。

此处穿插 Word 文档编排功能，便于提高文档编辑技巧。实际在撰写科学论文时往往很多数据处理结果或图表保存在其相应的专业软件中，如 Origin 数据表、CAD 设备图、PPT 示意图等，此时多直接从专业软件中粘贴入 Word 文档中，为便于整篇文档的图、表、公式自动增加、减少或更新需要，此时可选中已加入的图、表，单击鼠标右键选择添加题注，即可自动添加、自动更新图、表、公式编号，如图 3-44 所示。一般表格题注放置于项目上方，图题放置于项目下方。通过新建标签可自主命名中英文题目格式，通过编号设置，可设置数字关联章节号，并与图序号以短横线的格式相连接，如 Figure 1-1。

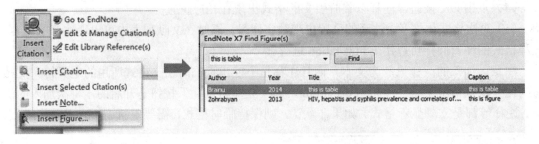

图 3-43　加入图表

图 3-44　插入自动更新的图表编号

　　需指出的是，在 Word 中插入公式编号，可用上述方法进行；但其编号位置只能选择在公式项目的上方或下方，此时可首先将光标放置于 Word 中需要插入公式编号的位置，然后利用 Word 中 Mathtype 插件的下拉菜单选择右编号，即可在 Word 中靠右侧插入公式编号。在撰写毕业论文时，公式多要求关联章节号，以显示为（1-1）格式。此时需要如图 3-45 所示，在 Mathtype 插件中通过插入下一章的操作进行更新章节序号。

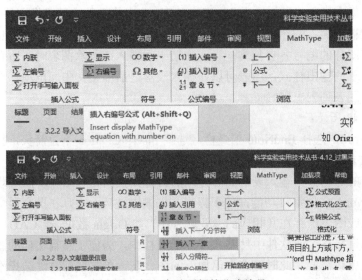

图 3-45　插入自动更新的公式编号

3.4.4　去域代码

当对文稿进行格式化时，EndNote 会自动生成一个随行库（Traveling Library），以隐藏方式植入文稿，库里含有当前文稿所有文献信息（除注释、摘要、影像和图解），域代码即是此随行库的触角，其存在于格式化后的引文周围和内部，且包含该引文的信息及格式链接。即使更换一台没有 EndNote 文献库的电脑，格式化后的文稿也能靠随行库和域代码继续对引文进行修改；而一旦去掉了域代码，即去掉文献的格式及链接信息，原域代码所在区域呈灰色，不能再对引文进行系列联动格式化，因此在"切换域代码"时需谨慎。

目前很多杂志都要求作者提供电子文稿。个人文档便于编辑会存在大量域代码，在杂志社编辑处理时出现不兼容或格式联动；为避免文档编辑的不兼容或格式不统一，一般在提交文稿前需要去掉文稿里的域代码。去掉域代码的新文件内容和原文件完全相同，仅不存在域代码及内部联动链接。

方法一：从 Word 的工具栏里进入 EndNote 子菜单，选择单击 Remove Field Codes 按钮，出现提示框"该操作将创建一个新的去掉了所有域代码的 Word 文档，原文件仍然可打开且无改动"，点击"确定"按钮将无域代码的新文件存到指定地点。

方法二：在新的 EndNote 软件版本无法找到 Remove Field Codes 设置时，可直接使用 Shift+F9 调出域代码设置对话框，进行添加域代码或去除域代码操作。

然而在去除域代码提交文档后，如遇退稿改投或录用修改，则还需利用 EndNote 软件提高修改效率；因此需特别强调的是在去除域代码时需保存有域代码文档为原文件，另存无域代码文档为新文件；在需要修改时可直接利用原文件进行一键修改，使得修改事半功倍。

📖 本章重点及思考题

1. 简述 EndNote 软件管理文献的几点优势。

2. 简述 EndNote 的三类文件组成，并简述其文件特征及作用。列出数据库文件扩展名及文献模板文件扩展名。

*3. 一般科研工作中我们会遇到下面几种类型的科研资料，如在线学术数据库下载的期刊文献、电脑中已经存储的以前的 PDF 论文、存储的学位论文，以及时间久远的甚至是扫描版经典论文等，请简答上述几种论文在 EndNote 软件中建立数据库的方法。

*4. 简述在 EndNote 中如何对文献进行查重，避免文献重复存储；如何通过在软件中标记与自己课题的相关度，以一目了然管理文献；如何在软件中对文献中重点图标及公式进行标注。

*5. 在撰写学术论文或毕业论文时，EndNote 软件可以用来高效地规范文档格式，请简述 EndNote 软件在编辑文档时主要可以帮助规范哪些格式。简述并实际操作如何新建一个 Style 文件以规范参考文献格式。

*6. 请问利用 EndNote 软件编辑文档后为何需要去除域代码？如何去除？去除域代码需

---

* 为选做题。

要特别注意什么事项？

参 考 文 献

[1] 陈定权，刘颉颃. 参考文献管理软件评析与展望——以 EndNote、NoteExpress 为例 [J]. 现代图书情报技术，2009，25（z1）：125-132.

[2] 童国伦，程丽华，张楷焄. EndNote & Word 文献管理与论文写作 [M]. 北京：化学工业出版社，2014.

[3] 马清河，胡常英，刘丽娜，等. 介绍一个功能强大的科技文献管理软件-EndNote [J]. 医学信息，2005，18（7）：687-689.

[4] 谭永钦，曹如国. EndNote 一个功能强大的参考文献管理软件 [J]. 兰台世界，2006，x（5）：60-61.

[5] 董建军. EndNote 在科技期刊编辑工作中的应用 [C]. 科学评价促发展 品质服务谋共赢. 2011.

第4章 正交实验设计

通过文献检索掌握科学研究背景及现状后，开展实际科学实验仍需对科学实验进行翔实的规划设计。如确定已知变量、控制变量、监测变量以及各变量的监测设备及采集方式；确定控制变量的实验范围、实验工况的匹配以及数据变化规律及结论的初步预测；根据确定变量及设计工况范围确定并购置实验设备，搭建实验系统，进行系统调试及验证等。

科学实验规划第一步，确定变量（已知变量、控制变量及监测变量）可通过调研学习相似文献确定；实验工况范围及实验工况设计需要根据具体研究需求进行规划。对于变量或影响因素少的实验设计与分析较简单；但实际科研过程中，影响因素个数往往不小于3，且其考察因素值（水平）个数也不小于3，导致基础实验次数庞大，甚至难于实施。为不改变基本规律的同时简化实验设计方案，常采用正交实验设计方法进行多因素实验工况设计，以实现用最高效的方案、最低的实验成本寻求最优目标参数值。

4.1 正交实验设计的概念和原理

4.1.1 基本概念

正交实验设计（Orthogonal Experimental Design）是利用正交表来安排并分析多因素实验的一种实验设计方法。其设计思路为从实验因素的全部水平组合中挑选部分有代表性的水平组合进行实验，通过对部分实验结果的分析了解全面实验的情况，找出最优的水平组合，从而得到最优实验方案[1]。这种方法应用方便、准确性高，用最少次数的实验获得最佳水平组合，在多因素条件下应用有很大的优越性，是一种高效率、快速、经济的实验设计方法。

正交表是由日本著名统计学家田口玄一提出的。他利用正交方法确定最优水平的最少实验工况列成表格，称为正交表[2]。正交表中实验工况具有正交性、均衡分散（代表性）和综合可比性；寻找出的优化参数（条件）与全面实验所找出的最优条件具有一致性。正交表有三个基本概念：指标、因素、水平。

（1）指标：正交设计把实验要考虑的结果和评价准则称为指标，一般以"y_i"表示第 i 次实验的指标值。

（2）因素：在实验中明确实验条件及范围，且对实验结果及评价指标可能产生影响的对象称为因素。一般以大写字母表示，如温度、压力、浓度三个影响因素可分别用 A、B、C 表示。

（3）水平：把每个因素在实验中的具体条件称为因素的水平，一般以表示因素的大写字母加下角标来表示，如 A_1、A_2、A_3。

4.1.2 设计原理

正交实验设计是从全面实验点（水平组合）中挑选出有代表性的部分实验点（水平组合），其原则是确保全面工况中多因素的每个水平均搭配组合且仅搭配组合一次；其选择工况过程可借助几何图形进行。

　　例如一个三因素、三水平的实验：A 因素，设 A_1、A_2、A_3 三个水平；B 因素，设 B_1、B_2、B_3 三个水平；C 因素，设 C_1、C_2、C_3 三个水平。对其进行实验全面分析，如图 4-1 所示。三个因素分别用坐标系的三个轴表示，三个水平用轴上的驻点表示；通过各驻点画立方体，立方体顶角上的 27 个节点代表全面实验次数为 27 次，其具体工况见表 4-1。每个小立方体的顶点都是一组三因素组合的实验工况；为保证三个因素的每个水平在实验中均搭配且仅搭配一次，即在立方体的每条大边选取 1 个实验点，每个大平面上选取 3 个实验点，同时要求所有点不可共用一条边；最终从 27 个驻点中选择在立方体区域内分布均衡的 9 个实验点，如图 4-1 立方体内小圈所示；这 9 个实验点具有代表性，能够全面地反映立方体的基本情况，即实验方案可仅包含 9 个水平组合，即开展 9 次实验即可确定最佳的生产条件，大大降低实验成本。

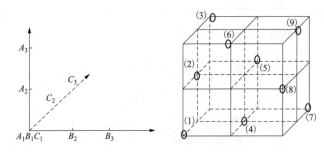

图 4-1　由全部工况筛选出 9 个实验点

表 4-1　　　　　　　　　　三因素三水平全面实验的工况排列表

		C_1	C_2	C_3
A_1	B_1	$A_1B_1C_1$	$A_1B_1C_2$	$A_1B_1C_3$
	B_2	$A_1B_2C_1$	$A_1B_2C_2$	$A_1B_2C_3$
	B_3	$A_1B_3C_1$	$A_1B_3C_2$	$A_1B_3C_3$
A_2	B_1	$A_2B_1C_1$	$A_2B_1C_2$	$A_2B_1C_3$
	B_2	$A_2B_2C_1$	$A_2B_2C_2$	$A_2B_2C_3$
	B_3	$A_2B_3C_1$	$A_2B_3C_2$	$A_2B_3C_3$
A_3	B_1	$A_3B_1C_1$	$A_3B_1C_2$	$A_3B_1C_3$
	B_2	$A_3B_2C_1$	$A_3B_2C_2$	$A_3B_2C_3$
	B_3	$A_3B_3C_1$	$A_3B_3C_2$	$A_3B_3C_3$

　　伴随 9 组工况表一一列出三因素、三水平的 9 组试验工况详情，记为正交表工况 $L_9(3^3)$。其中，数字 9 为共 9 组实验，底数 3 为因素的水平数，指数 3 为因素数。当因素之间存在交互作用需要考虑时，实验次数继续增加。

4.2　正交表及其性质

　　当研究者在正交法基础上归纳总结出正交表后，后继研究者即可直接选择已编著好的正交表确定最少的实验次数及工况细则，同时还可以利用正交表进行实验结果的分析，获得最优水平组合及最优指标值。

4.2.1 正交表的结构

正交表的书写格式为 $\mathbf{L}_a(b^c)$。其中：L 代表正交表的符号；a 为正交表行数，即代表需要安排 a 次实验；c 为正交表的列数，每一列安排一个因素，即代表因素个数；b 代表各个因素可调范围确定的水平数，其值为水平数最多因素的水平个数[3]。需指出的是 b 的因素数可以是单因素，也可以是多因素的交互作用；因此在仅考虑单因素不考虑交互作用时，选择正交表往往实际因素数少于正交表列数，而水平数则必须等于实际工况中最大的水平数；如上述 $L_9(3^3)$ 正交实验选择对应正交表应为 $L_9(3^4)$。

例如：表 4-2 是 $L_8(2^7)$ 正交表，L 右下角的数字"8"表示总共有 8 次实验；括号指数"7"表示有 7 列，即用这张正交表最多可安排 7 个因素；括号内的底数"2"表示因素的水平数，每个因素可变换 2 个水平。即用这张正交表最多可安排 7 个 2 水平因素，此 7 列因素可以均为单因素，也可包含因素的交互作用。

表 4-2　　　　　　　　　　　　　　$L_8(2^7)$ 正交表

实验号	列　号						
	1	2	3	4	5	6	7
1	1	1	1	1	1	1	1
2	1	1	1	2	2	2	2
3	1	2	2	1	1	2	2
4	1	2	2	2	2	1	1
5	2	1	2	1	2	1	2
6	2	1	2	2	1	2	1
7	2	2	1	1	2	2	1
8	2	2	1	2	1	1	2

2 水平的正交表除 $L_8(2^7)$ 外，还有 $L_4(2^3)$、$L_{16}(2^{15})$ 等；另外 3 水平正交表有 $L_9(3^4)$、$L_{27}(3^{13})$……等；表 4-3 至表 4-7 列举了一些常用的正交表。数学工作者制定了一系列的常用的正交表供科研工作者开展正交实验使用；根据实验的因素数、水平数选择适合的正交表，继而按照正交表进行实验工况的排列即可开展实验。更为复杂的正交表工况也可以通过一款称作"正交表助手"的软件进行设计并确定。

表 4-3　　　　　　　　　　　　　　$L_4(2^3)$ 正交表

实验序号	因　素		
	1	2	3
1	1（水平）	1（水平）	1（水平）
2	1	2（水平）	2（水平）
3	2（水平）	1	2
4	2	2	1

表 4-4 L_8（2^7）正交表

实验序号	因 素						
	1	2	3	4	5	6	7
1	1（水平）	1（水平）	1（水平）	1（水平）	1（水平）	1（水平）	1（水平）
2	1	1	1	2（水平）	2（水平）	2（水平）	2（水平）
3	1	2（水平）	2（水平）	1	1	2	2
4	1	2	2	2	2	1	1
5	2（水平）	1	2	1	2	1	2
6	2	1	2	2	1	2	1
7	2	2	1	1	2	2	1
8	2	2	1	2	1	1	2

表 4-5 L_{12}（2^{11}）正交表

实验序号	因 素										
	1	2	3	4	5	6	7	8	9	10	11
1	1	1	1	1	1	1	1	1	1	1	1
2	1	1	1	1	1	2	2	2	2	2	2
3	1	1	2	2	2	1	1	1	2	2	2
4	1	2	1	2	2	1	2	2	1	1	2
5	1	2	2	1	2	2	1	2	1	2	1
6	1	2	2	2	1	2	2	1	2	1	1
7	2	1	2	2	1	1	2	2	1	2	1
8	2	1	2	1	2	2	2	1	1	1	2
9	2	1	1	2	2	2	1	2	2	1	1
10	2	2	2	1	1	1	1	2	2	1	2
11	2	2	1	2	1	2	1	1	1	2	2
12	2	2	1	1	2	1	2	1	2	2	1

表 4-6 L_9（3^4）正交表

实验序号	因 素			
	1	2	3	4
1	1	1	1	1
2	1	2	2	2
3	1	3	3	3
4	2	1	2	3
5	2	2	3	1
6	2	3	1	2
7	3	1	3	2
8	3	2	1	3
9	3	3	2	1

表 4-7 $L_{16}(4^5)$ 正交表

实验序号	因 素				
	1	2	3	4	5
1	1	1	1	1	1
2	1	2	2	2	2
3	1	3	3	3	3
4	1	4	4	4	4
5	2	1	2	3	4
6	2	2	1	4	3
7	2	3	4	1	2
8	2	4	3	2	1
9	3	1	3	4	2
10	3	2	4	3	1
11	3	3	1	2	4
12	3	4	2	1	3
13	4	1	4	2	3
14	4	2	3	1	4
15	4	3	2	4	1
16	4	4	1	3	2

4.2.2 正交表的性质

由上述正交实验设计原理可知正交表具有其特有的性质。

1. 正交性

（1）任一列中，因素的各水平都出现，且出现的次数相等。例：$L_8(2^7)$ 中不同数字只有 1 和 2，它们各出现 4 次；$L_9(3^4)$ 中不同数字有 1、2 和 3，它们各出现 3 次。

（2）任两列之间各种不同水平的所有可能组合都出现，且出现的次数相等。例：$L_8(2^7)$ 中（1，1），（1，2），（2，1），（2，2）各出现两次；$L_9(3^4)$ 中（1，1），（1，2），（1，3），（2，1），（2，2），（2，3），（3，1），（3，2），（3，3）各出现 1 次。即每个因素的一个水平与另一因素的各个水平所有可能组合次数相等，表明任意两列各个数字之间的搭配是均匀的。

2. 代表性

一方面：①任一因素各水平都出现，使得部分实验中包括了所有因素的所有水平；②任两列的所有水平组合都出现，使任意两因素间实验组合为全面实验。

另一方面：由于正交表的正交性，正交实验的实验点必然均衡地分布在全面实验点中，具有很强的代表性。因此，部分实验寻找的最优条件与全面实验所找的最优条件，具有一致性。

3. 综合可比性

（1）任一列的各水平出现的次数相等；

（2）任两列间所有水平组合出现次数相等，使得任一因素各水平的实验条件相同。这就保证了在每列因素各水平的效果中，最大限度地排除了其他因素的干扰。从而可以综合比较该因素不同水平对实验指标的影响情况。

例如，在 $L_9(3^4)$ 中，A、B、C 3 个因素中，A 因素的 3 个水平（A_1、A_2、A_3）条件下各有 B、C 的 3 个不同水平，见表 4-8。在这 9 个水平组合中，A 因素各水平下包括了 B、C 因素的 3 个水平，虽然搭配方式不同，但 B、C 皆处于同等地位；当比较 A 因素不同水平时，B、C 因素不同水平的效应各自相互抵消；所以 A 因素 3 个水平间具有综合可比性。同样，B、C 因素 3 个水平间也具有综合可比性，见表 4-8。

表 4-8 A 因素的综合可比性

	B_1C_1		B_1C_2		B_1C_3
A_1	B_2C_2	A_2	B_2C_3	A_3	B_2C_1
	B_3C_3		B_3C_1		B_3C_2

正交表的三个基本性质中，正交性是核心、基础，代表性和综合可比性是正交性的必然结果。用正交表安排的实验工况具有均衡分散和整齐可比的特点。所谓均衡分散，是指用正交表挑选出来的各因素水平组合在全部水平组合中的分布是均匀的[4]。整齐可比是指每一个因素的各水平间具有可比性。因为正交表中每一因素的任一水平下都均衡地包含着另外因素的各个水平，当比较某因素不同水平时，其他因素的效应都彼此抵消。

4.2.3 正交表的分类

正交表依据水平数可以分为等水平正交表、混合水平正交表。从考虑是否有交互作用影响因素可分为有、无交互作用正交表。

1. 等水平正交表

各因素水平数相同的正交表称为等水平正交表。如 $L_4(2^3)$、$L_8(2^7)$、$L_{12}(2^{11})$ 等各列中的水平数为 2，称为 2 水平正交表；$L_9(3^4)$、$L_{27}(3^{13})$ 等各列水平为 3，称为 3 水平正交表。常用不同水平正交表如下所示，其共同特征是设计实验中所有变量可调水平数相同。

2 水平：$L_4(2^3)$、$L_8(2^3)$、$L_8(2^7)$、$L_{12}(2^{11})$、$L_{16}(2^{15})$、$L_{32}(2^{31})$ ……每列 $v=1$

3 水平：$L_9(3^4)$、$L_{18}(3^7)$、$L_{27}(3^{13})$、$L_{36}(3^{13})$ ……每列 $v=2$

4 水平：$L_{16}(4^5)$、$L_{32}(4^9)$ ……每列 $v=3$

5 水平：$L_{25}(5^6)$ ……每列 $v=4$。

5 水平以上：用正交拉丁方。

2. 混合水平正交表

各因素水平数不完全相同的正交表称为混合水平正交表，实际实验中经常有水平数不同的情况。如考察胶压板的制备工艺，所需考虑因素水平见表 4-9。

表 4-9 实际实验需考虑的因素水平

实验	压力/kPa	温度/℃	时间/min
1	8	95	9
2	10	90	12
3	11		
4	12		

即一共 3 个因素，其中 1 个 4 水平因素，2 个 2 水平因素，此时需使用混合水平正交表。选择混合水平正交表 L_8（4×2^4）表，可安排 1 个 4 水平因素和 4 个 2 水平因素，见表 4-10；然后将上述温度、压力、时间等因素、水平一一代入表中前 3 列，剩余 2 列闲置即可。

表 4-10　　　　　　　　　　　　混合水平 $\mathbf{L_8}$（4×2^4）表

实验	4 水平因素 1	2 水平因素 2	2 水平因素 3	2 水平因素 4	2 水平因素 5
1	1	1	1	1	1
2	1	2	2	2	2
3	2	1	1	2	2
4	2	2	2	1	1
5	3	1	2	1	2
6	3	2	1	2	1
7	4	1	2	2	1
8	4	2	1	1	2

其他因素水平常用混合表有 L_{12}（$3^1 \times 2^4$）、L_{12}（$6^1 \times 2^4$），L_{16}（$4^4 \times 2^3$）、L_{16}（$4^3 \times 2^6$）、L_{16}（$4^2 \times 2^9$）、L_{16}（$4^1 \times 2^{12}$）、L_{18}（$6^1 \times 3^6$）等。混合实验设计除了直接用混合水平的正交表处理外，还可以通过改造正交表 L_n（r^m）方法，形成新的混合正交表 L_n（$r_1^s \times r_2^t$）。取出 r 水平的任意两列，把所有的组合形式单独定义成新的水平数，新水平 r_1 是 r 的几倍，此倍数即水平 r_1 在一列中的重复次数；把原正交表所取的两列因素去掉，取而代之的为一个代表原两列的综合因素，即 r_1^1，依次可合并多个高水平因素，获得 r_1^s，再耦合上低水平 r_2，即可获得混合正交表。

3. 有交互作用的正交表

不考虑因素之间的交互作用时，只需遵循水平数相等、因素数大于或等于的原则选择适合的正交表即可。而事实上，因素之间的交互作用总是存在的，这是客观存在的普遍现象，只不过交互作用对指标影响程度不同而已。当交互作用很小时，其作用可忽略；当交互作用对指标影响较大时，需考虑交互作用。

当考虑交互作用时，交互作用被当作一个单独因素看待；作为因素各级交互作用都可以按规定位置安排在能考察交互作用的正交表上，构成具有交互作用的正交表。交互作用被当作单因素看待，却与单因素存在显著区别。表现在：

（1）用于考察交互作用的列不影响实验方案及其实施工况。

（2）一个交互作用并不一定只占正交表的一列；交互作用所占列数与因素的水平 m 有关，与交互作用级数 p 有关，占有（$m-1$）$\times p$ 列。

表 4-11 所示有交互作用正交表，表示 A、B 间的交互作用记作 $A \times B$，称为 1 级交互作用；表示因素 A、B、C 之间的交互作用记作 $A \times B \times C$，称为 2 级交互作用；依此类推，还有 3 级、4 级交互作用等。按交互作用的特征，2 水平的 1 级交互作用（$A \times B$）均占 1 列；对于 3 水平因素，1 级交互作用为（$3-1$）$\times 1=2$ 列，2 级交互作用占（$3-1$）$\times 2=4$ 列，…，可见，m 和 p 越大，交互作用所占列数越多。

表 4-11 有交互作用正交表

实验号	因　素						
	A	B	$A \times B$	C	$A \times C$	$B \times C$	7
1	1	1	1	1	1	1	1
2	1	1	1	2	2	2	2
3	1	2	2	1	1	2	2
4	1	2	2	2	2	1	1
5	2	1	2	1	2	1	2
6	2	1	2	2	1	2	1
7	2	2	1	1	2	2	1
8	2	2	1	2	1	1	2

4.3　正交实验设计的基本程序

正交实验设计的基本程序可以分为五步：

第一，确定实验指标、研究因素、水平个数以及各因素间是否需要考虑交互作用。

第二，选取适当的正交表：根据因素及因素交互关系作用个数和水平数确定适当的正交表；遵循实际水平数与正交表符号的底数相等，所选择的正交表指数即列数大于或等于实验实际因素数的原则进行选择。

第三，进行表头设计：单因素正交试验按因素影响轻重依次排列在正交表表头；考虑因素间交互作用的正交设计，则需通过交互作用位置表首先确定交互作用的位置，进而补充单因素入列；最终确定表头的各因素次序及实验次数。

第四，编制实验方案，将实际因素及水平值代入正交表获得各因素、水平组合工况并进行实验。

第五，获得实验结果进行正交表数据分析[5]。

4.3.1　确定参数

1. 确定评价指标

实验设计前必须明确实验目的，即本次实验需解决的问题。实验目的确定后，对实验结果如何衡量，即需确定出评价指标（因变量）。

评价指标可分为定量指标、定性指标。为便于实验结果的分析，更倾向将定性指标按相关的标准打分或模糊数学处理进行定量化；定性指标定量化在一些行业评价中经常遇到，如水污染等级评价、自然保护区等级等。

当评价指标为多个且其变化不同步时，需建立综合评价指标。例如：制备一种新材料，影响其应用的性能同时有塑性、硬度、耐磨性及机械加工性；但各性能不能同时达到最优，因此需要归一化成综合性能指标。此指标由不同占比的各性能组合而成；如塑性、硬度、耐磨性及机械加工性的占比分别为 0.2、0.1、0.4、0.3，则可获得：综合性能指标=0.2×塑性+0.1×硬度+0.4×耐磨性+0.3×机械加工性；即可通过满足综合性能指标的最佳值来确定最优制备工艺。其中性能占比分数值一般依赖于经验、前人的定性结论以及具体实验目的。当其分数值无法确定时，可将多个实验指标先利用正交实验单因素独立评价，确定重要性顺序及占比分数后再归一化获得综合指标。

2．选因素

根据专业知识、文献调研结论以及具体研究目标，从影响实验指标的诸多因素中选出需要考察的实验因素。目前科学研究中的实验因素主要可以分为三类：对实验指标影响大的因素为常规型研究因素，尚未考察过的因素为创新型研究因素，尚未完全掌握其规律的因素为延伸性研究因素。一些科学研究的出发点即从创新性研究因素或为探索其更宽领域的理论规律而选择延伸性因素，此时因素的选择本身就决定了科学研究的创新价值。

当需要考虑交互作用时，将交互作用作为单因素考虑。需遵守一定原则：

（1）忽略高级交互作用，即多因素交叉的相互影响可忽略，如 3 级交互作用 $A×B×C×D$。

（2）有选择地考察 1 级交互作用。通常只考察那些作用效果较明显或满足实验目的、必须考察的因素。

3．定水平

实验因素选定后进一步根据需求确定每个因素的水平。一般情况下，每个因素的水平以 3～6 个为宜。考察的主要因素，水平数可适当增多，但不宜过多（≤6），否则将导致实验次数骤增。先确定考察因素水平的范围，然后确定因素间距。水平值不一定等间距排列，需根据专业知识和文献资料确定；因素水平的疏密是和因素的影响效应相关，影响显著需加密水平，影响效果波澜不惊，水平数则可减少。影响规律存在拐点、临界点、极值点，需在特殊规律点附近加密考察水平。

因素、水平均确定后即可获得因素水平表。表 4-12 为一种 4 因素、3 水平的实验因素水平表。

表 4-12　　　　　　　　　　　　4 因素、3 水平的实验因素水平表

水平	实验因素			
	A	B	C	D
1				
2				
3				

4.3.2　选择正交表

根据确定的总因素数和水平数可确定正交表格式中的底数和指数，进而选择合适的正交表。其选择原则为实验因素的水平数应等于正交表中的水平数；因素个数（包括交互作用）应不大于正交表列数。

当因素、水平及交互作用复杂，从常见正交表中不易确定正交表时，可采用公式计算法获得实验列数及实验总次数。

（1）不考虑因素交互作用，无论水平数是否相同，其最低的实验次数为

$$行数=\Sigma（每列水平数-1）+1$$

（2）考虑交互作用，实验次数利用概率统计中阶乘的计算方法。m 个因素的 n 级交互作用所增加的列数计算为 C_m^{n+1}。

例一：选择一个具有 4 个 3 水平因素实验的正交表。可以选用 $L_9（3^4）$ 或 $L_{27}（3^{13}）$。

1）不考察因素间的交互作用，宜选用 $L_9(3^4)$。

2）考察交互作用，则应选用 $L_{27}(3^{13})$。

例二：选择一个具有 5 个 3 水平因素及一个 2 水平因子实验的正交表：

应选用 $L_{12}(2 \times 3^5)$ 正交表。

例三：选择一个具有 25 个 2 水平因素实验，考虑所有各级交互作用的正交表，连同因素本身及全部各级交互作用，总计应占列数应为：

C_5^1（无交互）$+ C_5^2$（一级交互）$+ C_5^3$（二级交互）$+ C_5^4$（三级交互）$+ C_5^5$（四级交互）$=$ 5+10+10+5+1=31 列。即考虑到所有级别的交互作用，正交表需要的列数为 31 列；选 $L_{32}(2^{31})$ 正交表进行设计；若无要求可舍弃高级交互作用，以降低实验次数。

4.3.3　表头因素填充

选择好正交表后，需将实验因素和要考察的交互作用安排到正交表的各列，获得完整的正交表。

无须考察交互作用时，各因素可随机安排在各列上。例如：不考察交互作用，可将因素 A、B、C、D 依次安排在 $L_9(3^4)$ 的第 1、2、3、4 列上，见表 4-12。考虑交互作用时，其交互作用位置应严格按照交互作用因素位置表进行排列；否则，将会存在 A、B 因素间的交互作用与 C 因素的实验效应（可能为主效应）相互干扰，引起"混杂"。所谓混杂是指按正交位置表中出现了同列中安排两个或两个以上的因素或交互作用的情况，导致无法编排表头。因此，考虑交互作用时，首先根据交互作用位置表，确定交互作用以及其他单因素在表格中的位置。

考虑交互作用位置及其他因素入列时，把握"有交互作用占位，单因素后移"的原则。例如：3 个因素 A、B、C，考虑 A、B 之间的交互作用，且每个因素存在 2 个水平。若第 1 列安排了 A 因素，第 2 列安排了 B 因素，那么第 3 列就不能按照以往的安排 C 因素，而是根据表 4-13 所示，表中 1、2 两列的交互作用应对应放入第 3 列，第 3 列为 $A \times B$ 的交互作用列；然后在后面第 4 列放 C 因素。如若继续考虑 A 因素及 C 因素的交互作用 $A \times C$，此时应查表 4-13 第 1 列和 C 所在第 4 列的交互列为第 5 列；继续考虑 $B \times C$ 交互作用为第 2、第 4 两列的交互作用 2×4 安排在第 6 列，因此若有 D 因素应继续后移至第 7 列……依此类推。

表 4-13　　　　　　　　　　　　　$L_8(2^7)$ 两列间交互作用因素位置表

列号	交互作用位置列号									
	1	2	3	4	5	6	7	8	9	10
1		3	2	5	4	7	6	9	8	11
2			1	6	7	4	5	10	11	8
3				7	6	5	4	11	10	9
4					1	2	3	12	13	14
5						3	2	13	12	15
6	列号						1	14	15	13

同时，需注意单因素的次序直接影响实验工况及交互作用的重要性，因此各因素的次序尤为重要。主要因素、重点要考察的因素、涉及交互作用较多的因素，应该优先安排；次要因素、不涉及交互作用的因素后安排。这是有交互作用正交实验表头填写的一个重要特点，

也是关键的一步。例如，考虑交互作用，可将因素按照重要性及复杂性排序为 A、B、C、D，依次安排在 L_{27}（3^{13}）中，获得表 4-14 所示表头。

表 4-14　　　　　　　　考虑四个因素交互作用的表头设计

列号	1	2	3	4	5	6	7	8	9	10
因素	A	B	$A×B$	C	$A×C$	$B×C$	D	$A×D$	$B×D$	$C×D$

4.3.4　编制实验方案

把正交表中各因素列（不包含欲考察的交互作用列）中的每个水平代号替换成该因素的实际水平值便获得如表 4-15 所示的正交实验方案。按实验工况进行实验，采集实验结果指标即可进行数据分析。

需指出的是：①第一列实验序号并非实验顺序，为了排除误差干扰，实验中可随机进行。②安排实验方案时，部分因素的水平可采用随机安排。③交互作用不需要实际水平，仅需安排单因素的各自水平，交互作用自动生效；因此考虑交互作用不一定增加正交表列数和实际实验次数，有时和无交互作用实验安排一致。

表 4-15　　　　　　　　　　正交表编制实验方案

实验号	因素				实验结果
	A（温度/℃）	B（浓度/%）	C（压力/Pa）	D［流速/（m/s）］	
1	1（50）	1（1）	1（500）	1（0.1）	
2	1（50）	2（5）	2（700）	2（1）	
3	1（50）	3（10）	3（900）	3（10）	
4	2（80）	1（1）	2（700）	3（10）	
5	2（80）	2（5）	3（900）	1（0.1）	
6	2（80）	3（10）	1（500）	2（1）	
7	3（110）	1（1）	3（900）	2（1）	
8	3（110）	2（5）	1（500）	3（10）	
9	3（110）	3（10）	2（700）	1（0.1）	

4.4　正 交 实 验 结 果 分 析

正交结果分析方法主要有两种：一种为极差分析方法，即利用极大值与极小值的差别来表征因素的影响跨度及作用大小；另一种为方差分析方法，即利用方差的定义及数学简化方法，不仅可展示各因素对考察指标的影响重要性，同时可分析实验过程数据结果的误差来源。两种方法各有优势，极差方法简单、明了，方差方法科学、准确[6]。本小节通过大量实例介绍两种分析方法。

4.4.1　极差分析法

4.4.1.1　极差分析的目标

正交实验分析需明确其目标，极差分析的目标或可获得的结论为：

（1）找出因素及其交互作用对指标影响的主次顺序。

（2）找出考虑单因素以及考虑交互作用的情况下的较优水平及最优水平组合。

（3）可通过最优组合工况获得最优指标值。

4.4.1.2　极差分析的步骤

对于 A、B、C、D 四个因素，因素记为 j；每个因素的有 b 个水平，其水平记为 m；考察指标为 K，选取正交表有 j 列，一共实验次数为 a 次；可写出正交表为 $L_a(b^j)$。同时由实验次数及水平数可知每个水平重复实验次数为 a/b，则极差分析步骤如下：

（1）计算所有因素某一水平对应评价指标之和 K_{jm} 与均值 $k_{jm}=K_{jm}/(a/b)$。其中，K_{jm} 表示的是 j 因素 m 水平对应的实验指标的总和；k_{jm} 表示的是 j 因素 m 水平对应的实验指标的均值。

（2）计算每个因素的极值。上步获得所有因素对应 b 个水平 m 的均值 k_{jm}，利用 b 个均值里的最大值 $k_{jm,\max}$、最小值 $k_{jm,\min}$ 获得极差 $R_j=k_{jm,\max}-k_{jm,\min}$。

（3）根据极差 R_j 的大小确定因素的主次，即对指标影响的大小。若指标越大其实际意义越优，则因素对指标影响显著顺序为极差值由大到小的顺序；反之，指标越小越好，则极差值由小到大的顺序为因素影响显著顺序。需注意，对于正交表的空列，反映了实验误差；若此空列恰为某两因素的交互作用列，且该列极差较大，则说明该交互作用不能忽略。

（4）确定各因素的最优水平。同样根据指标与实际意义是否同步，指标越高越好时，因素对应最大值 k_{jm} 的水平为最优水平；反之，最小 k_{jm} 对应的水平为最优水平。

（5）找出各因素水平的最优组合。无交互作用时，只需将上步中的最优水平带入各因素，并按各单因素影响的显著顺序排列获得最优组合。当通过比较极差值 R_j，交互作用的极差值比某一单因素的影响大时，应依据交互作用确定找出因素主次以及最优水平。总之，无论有无交互作用都需按影响重要性确定最优值。

（6）获得最优评价指标值。获得的最佳因素和水平的搭配即最优工况，不一定在正交实验工况表中；当最优工况不出现在工况表时，欲获得最佳的指标性能，需补充开展最优工况下的实验，获得最佳性能值。

通过上述完整的极差分析步骤，最终可获得正交实验下因素影响的显著顺序、最佳水平及最优工况，以及相应的最佳性能指标。

4.4.1.3　无交互作用单指标极差分析实例

不考虑交互作用的三因素（A、B、C）三水平（1、2、3）正交试验：改变 A 因素的三个水平 A_1、A_2、A_3 开展实验，其他实验条件完全一样，可获得 A 因素的水平变化对评价指标的影响。若三水平指标平均值 k_{A1}、k_{A2}、k_{A3} 相等，则因素 A 对实验指标无影响；反之，k_{A1}、k_{A2}、k_{A3} 不相等时，说明 A 因素的水平变动对实验结果有影响。根据 k_{A1}、k_{A2}、k_{A3} 及 R_A 的大小以及指标的实际需求，可获得因素 A 的最优水平。同理，可计算并确定 B、C、D 因素的最优水平；并结合极大值排序根据因素影响重要性获得四个因素的最优水平组合。

表 4-16 中某化学实验利用 $L_9(3^4)$ 正交实验设计开展实验，分析温度、时间、加碱量对转化率的影响，并确定各条件的最优值和最佳的工艺。

表 4-16   某化学实验利用 L_9(3^4）正交实验设计的实验结果

实验号	因 素				实验结果
	温度	时间	加碱量		
	水 平				转化率/%
	1	2	3	4	
1	1（80℃）	1（90 分）	1（5%）	1	31
2	1（80℃）	2（120 分）	2（6%）	2	54
3	1（80℃）	3（150 分）	3（7%）	3	38
4	2（85℃）	1（90 分）	2（6%）	3	53
5	2（85℃）	2（120 分）	3（7%）	1	49
6	2（85℃）	3（150 分）	1（5%）	2	42
7	3（90℃）	1（90 分）	3（7%）	2	57
8	3（90℃）	2（120 分）	1（5%）	3	62
9	3（90℃）	3（150 分）	2（6%）	1	64

按照 4.4.1.2 第一、二分析步骤，首先计算获得各水平的均值 k_{jm} 和极差 R_m，列入表 4-17 中。可知：由于温度因素的极差值最大，$R=20$，其对转化率影响最大，其次是加碱量（$R=12$），时间的影响最小（$R=8$）。比较同一因素下的 k_{jm} 值获得各因素最大均值对应的最佳水平，如温度 3（90℃），时间 2（120min），加碱量 2（6%）。如不考虑其他实际因素（如成本等），其最佳工艺条件即是温度 3（90℃）+加碱量 2（6%）+时间 2（120min）。

表 4-17   极 差 分 析 计 算 结 果

因素	温度	时间	加碱量
k_{j1}	41	47	45
k_{j2}	48	55	57
k_{j3}	61	48	48
R_m	20	8	12

4.4.1.4 考虑交互作用的极差分析实例

一个 2 水平豇豆脱水的实验，影响因素为温度、速度、时间。表 4-18 所示为因素、水平；以干制品中维生素 C 含量为指标，且维生素 C 含量越高越好。研究 3 个因素 2 水平实验分析方法。

表 4-18   因 素 、 水 平 编 码 表

因素 水平	A 介质温度/℃	B 介质速度 /（m·s⁻¹）	C 漂烫时间 /min
1	70	0.5	5
2	60	0.7	7

实验中，若不考虑交互作用，应选择 L_4（2^3）。当除考察因素 A、B、C 的单独作用外，

还需要考察任意两个因素的交互作用 $A×B$，$A×C$，$B×C$ 时，计算每个交互作用所占列数＝（水平数 $m-1$）×交互级数 p＝（2-1）×1＝1，即每两个因素只考虑一列交互作用。因此，实验有三对交互作用，即增加 3 列，正交表选用 $L_8(2^7)$ 正交表，并参照表 4-13 与表 4-14，考虑交互作用位置完成表头设计，见表 4-19，其中第 7 列为空列或误差列。然后记录实验结果并分析。

表 4-19　　　　　　　　　　　　　　实　验　结　果

实验号	因　素							维生素 C 含量指标/（mg/kg）
	A	B	$A×B$	C	$A×C$	$B×C$	7	
1	1	1	1	1	1	1	1	23.627
2	1	1	1	2	2	2	2	20.250
3	1	2	2	1	1	2	2	28.300
4	1	2	2	2	2	1	1	23.433
5	2	1	2	1	2	1	2	30.276
6	2	1	2	2	1	2	1	32.498
7	2	2	1	1	2	2	1	25.435
8	2	2	1	2	1	1	2	24.864

通过实验结果计算各水平的平均值及极差，见表 4-20。

表 4-20　　　　　　　　　　　　　各水平的平均值和极差

因素	A	B	$A×B$	C	$A×C$	$B×C$
K_{j1}	95.610	106.651	94.175	107.683	109.288	102.199
K_{j2}	113.072	102.031	114.507	101.044	99.394	106.483
k_{j1}	23.903	26.663	23.544	26.910	27.322	25.550
k_{j2}	28.268	25.508	28.627	25.261	24.848	26.621
R	4.365	1.155	5.083	1.649	2.474	1.071

利用极值分析法，极值越大影响越显著；平均值越大，水平越优，可以得出以下结论。

第一，因素主次顺序为：$A×B>A>A×C>C>B>B×C$，交互作用大于单因素影响。如果 $A×B$ 中获得最优 A 水平与位于第二位的单因素 A 分析获得的水平不同，则尊重显著因素地位，选择 $A×B$ 中 A 的优水平，见表 4-19。$A×B$ 中第二水平为最优水平，对应四组 A 和 B 的组合，进而将四组 A、B 进行相同水平的计算，获得对应交互作用下的优水平，见表 4-21；可知 A 选择 2 水平，B 选择 1 水平。确定 A 水平后，然后在交互作用 $A×C$ 中固定 A 的优水平，然后确定 C 的优水平，见表 4-19 中 $A×C$ 对应 1 水平交互作用的实验为第 1、3、6、8 组；其中 A 水平为 2 水平的只有第 1、3 组，此时确定 C 的最优水平为 1。

第二，较优搭配：$A_2×B_1$；A_2；$A_2×C_1$；C_1。

第三，当交互作用与单因素在确定优水平存在矛盾时，以显著地位因素为原则确定水平；即可获得最终优组合：$A_2B_1C_1$。

表 4-21　　　　　　　　　　　　$A×B$ 交互作用进一步确定单因素优水平

实验号	因素			维生素 C 含量指标/（mg/kg）
	A	B	$A×B$	
3	1	2	2	28.300
4	1	2	2	23.433
5	2	1	2	30.276
6	2	1	2	32.498
k_{j1}	25.086	31.39		
k_{j2}	31.39	25.086		

4.4.1.5　多指标极差分析实例

对于多指标实验，方案设计和实施与单指标实验相同；不同在于每做一次实验，都需要同时对多个考察指标逐一测试，分别记录。实验结果分析时，也要对考察指标一一分析，然后综合评价，确定最优条件。

按 4.3 小节正交试验设计程序，首先确定实验指标 X、Y、Z，选因素，定水平，选正交表，编制实验方案。不考虑交互作用，选四因素三水平正交表 $L_9（3^4）$ 安排实验，见表 4-22。

表 4-22　　　　　　　　　　　　$L_9（3^4）$ 正交表的表头设计

实验号	因素				实验结果		
	A	B	C	D	X	Y	Z
1	1	1	1	1			
2	1	2	2	2			
3	1	3	3	3			
4	2	1	2	3			
5	2	2	3	1			
6	2	3	1	2			
7	3	1	3	2			
8	3	2	1	3			
9	3	3	2	1			

待实验多指标数据记录完毕，利用极差方法对实验结果进行分析。首先，计算各因素各水平下每种实验指标的数据和 K_{jm} 以及平均值 k_{jm}，并计算各指标下各因素的极差 R_j。多指标极差分析方法与单指标极差分析方法无异，只是分别做了多次的单指标分析；并根据极差大小，列出各指标下的因素影响显著顺序及最优水平，见表 4-23。

表 4-23　　　　　　　　　　　　各指标下的因素主次顺序

实验指标	主次顺序	优化水平组合
X	$ACDB$	$A_1B_3C_1D_2$
Y	$CDAB$	$A_1B_2C_1D_1$
Z	$ADBC$	$A_2B_2C_2D_3$

　　为实现某实验结论的最优化，获得唯一的最优工艺，实验结论分析需按指标的重要性、因素的影响主次综合考虑。如：对于因素 A，其对 X 影响大小排第一位，最佳水平取 A_1；其对 Z 影响也排第一位，最佳水平取 A_2；而其对 Y 影响排次要第三位，为次要因素，最佳水平取 A_1；因此 A 可取 A_1 或 A_2 两个水平，见表 4-24。取 A_2 时，Z 比取 A_1 时增加了 0.3；而 X 减少了 1.8。若取水平 A_1，X 比取 A_2 时增加了 1.8，Z 比取 A_2 时只减少了 0.3；且由 Y 指标看，取 A_1 比 A_2 的 Y 值高，故 A 因素取 A_1。同理可分析 B、C、D 从而得到最佳组合。

表 4-24　　　　　　　　　　因素 A 各指标同水平均值

A	X	Y	Z
k_{j1}	23.6	2.6	3.1
k_{j2}	21.8	2.4	3.4
k_{j3}	19.4	2.3	2.7

　　除上述综合考虑指标及影响因素的重要性方法以外，当多评价指标可按设定加权值转变为一个综合指标时，可将实验结果中的三指标数值直接计算为一综合指标值；此时即可按单指标极差分析获得最优工况。此为多指标评价常用方法。

4.4.1.6　混合水平极差分析实例

　　对于水平数不同的混合型正交表，可用两种思路处理。一种为拟水平法，适合水平少的因素占少数的情况；另外一种为利用混合型正交表分析的方法，选择适合的混合型正交表。

　　第一种拟水平法，见表 4-25，主要针对缺水平的因素个数较少的实验情况。直接选择已有水平作为新水平补齐水平数即可，然后按普通极差法分析，此为粗略分析。其拟水平法不仅对一个因素虚拟水平，也可对多因素（仍占总因素的少部分）进行水平虚拟设置。拟水平法是在无合适的混合水平正交表可选择时的一种处理方法。

表 4-25　　　　　　　　　利用拟水平法处理混合水平的正交表

水平	因素			
	A	B	C	D
1	350	15.0	60	65
2	250	5.0	80	75
3	300	10	80	85

　　第二种利用混合型正交表分析，有两种方法：

　　（1）实验设计与结果分析与单因素正交表相同，不同的是由于水平数不同，计算指标平均值时除数（重复次数）不同；计算出不同因素的 R 值后，依然按照单因素正交表极差分析方法分析获得结果。

　　（2）需将极差 R 进行调整，用调整后的 R' 进行比较，相对于直接利用极差法分析更合理和准确。R' 值的计算公式如下

$$R' = dR\sqrt{r} \tag{4-1}$$

式中：d 为折算系数，与水平数有关，其具体数值见表 4-26；r 为每个因素水平的实验重复数。

　　通过式（4-1）计算获得 R' 值，同样利用极值法分析因素的重要性及最优水平。

表 4-26   折算系数与水平数的关系

水平数（m）	2	3	4	5	6	7	8	9	10
折算系数（d）	0.71	0.52	0.45	0.4	0.37	0.35	0.34	0.32	0.31

4.4.2　方差分析法

极差分析法有其优势：简单明了、通俗易懂、计算工作量少；但其劣势是不能分开由水平改变引起的指标数据波动和由实验误差引起的数据波动，即不能区分实验结果的变化是由于因素水平不同引起，还是由实验误差造成。为了弥补极差分析的此种缺陷、更精确地获得实验结论，发展了正交分析的方差分析法[7]。方差分析基本思想是将数据的总变异分解成因素引起的变异和误差引起的变异两部分；并构造一个 F 统计量，作 F 检验；进而判断因素作用的显著性。

4.4.2.1　基本概念

1. 变差

各数据之间的差异或变异称为变差。一组数据参差不齐，其差异称为总变差。产生总变差的原因是实验误差以及条件变化或因素引起的条件变差。

2. 变差平方和（SS）

将每个数据与所有数据平均值的差值的平方和称为变差平方和（SS）。它是每个数据离平均值多远的量度，变差平方和 SS 越大表示数据间的差异越大。从物理意义的角度讲，变差平方和 SS 代表一组数据的误差，在科学论文中经常用于误差分析。其定义式为

$$SS = \sum_{i=1}^{n} (x_i - \overline{x})^2 \tag{4-2}$$

SS 的计算比较麻烦，原因是计算 $\overline{x}$ 时增加了有效位数，不仅增加了计算平方时的工作量，在计算 $\overline{x}$ 时由于除不尽而四舍五入，使得累计误差增大。因此常用以下公式简化计算

$$SS = \sum_{i=1}^{n} x_i^2 - \frac{1}{n} \left(\sum_{i=1}^{n} x_i \right)^2 \tag{4-3}$$

经实验数据验证，两公式计算误差可忽略。

3. 自由度（f）

当在实验中增加测定次数，即使平均值变化不大，其变差平方和 SS 都有可能显著增大。为消除数据项数的影响，采用项数修正数，即自由度 f 来修正方差计算中由于数据组数不同引入的差异。当一个数组具有 n 项，其中数据之间具有 m 个线性相关式，除此之外无其他关系，此时数组的自由度值 $f=n-m$。自由度表达了一个数组中数据的独立性。例如：变差平方和 SS 计算式（4-2）中有 n 组数据，各组数据无关联，只有 SS 表达式中 $y_i=x_i-\overline{x}$ 是唯一数据关系，因此其自由度为 $f=n-1$，如式（4-4）所示。

$$SS = \sum_{i=1}^{n} (x_i - \overline{x})^2 = \sum_{i=1}^{n} y_i^2 \tag{4-4}$$

4. 方差（MS）

方差，即平均变差平方和，有总体方差和样本方差之分。注意两者的区别：样本方差与样本的自由度有关，为变差平方和 SS 与相应自由度 f 的商，即 $MS_{\mathrm{s}}=SS/f$；总体方差与样本总体数目有关，是变差平方和 SS 与总数 n 的商，即 $MS_{\mathrm{t}} = SS/n$。

5．均方差（σ）

均方差，又称标准偏差，即方差的平方根，即 $\sigma = (MS)^{1/2}$。

对应样本的标准偏差，即贝塞尔公式：$\sigma_s = \sqrt{\dfrac{\sum (X-\mu)^2}{f}}$。

总体的标准偏差为 $\sigma_t = \sqrt{\dfrac{\sum (X-\mu)^2}{n}}$。

总体的平均偏差为 $\delta_t = (\sum |X-\mu|)/n$。

当样本数目 $n\to\infty$ 时，f 和 n 无差别，此时 $\sigma_s \approx \sigma_t$。需指出，在科学实验过程中，实验次数或样本采集次数一般为 4～6 次，因此需区别对待；利用方差分析数据，获得因素或环境的影响显著性，并分离系统误差和随机误差，关注的均方差为样本标准偏差 σ_s；而当实验优化后最终获得科学实验研究结论时，为注明实验数据的精确度，利用的是优化实验后获得数据的总体标准偏差 σ_t。

4.4.2.2　F 检验问题

一、F 检验的定义

统计学上把两列数据的方差 MS 的比值称为 F 值，即有

$$F = \frac{MS_t}{MS_e} \tag{4-5}$$

F 检验是利用 F 值出现概率的大小，检验两个样本方差 MS_t 与 MS_e 是否有显著差异的检验方法。MS_e 一般代表误差项的样本方差，因此若实际按式（4-5）计算获得的 F 值大于某查表值如 $F_{0.05}$，则表明 MS_t 代表的样本在 $\alpha = 0.05$，即置信度为 95%的水平上与误差项存在显著差异。换句话说，即 MS_t 代表的因素对指标具有较大影响。

二、F 检验的分析目标

（1）判断哪些因素对指标的影响显著，哪些不显著。若计算出的 F 值 $F_j > F_{0.05}$，认为该因素或交互作用对实验结果有显著影响；若 $F_j < F_{0.05}$，则认为该因素或交互作用对实验结果无显著影响。

（2）找出参数水平的较优组合。

三、F 检验的分析步骤

1．计算各类平方和及自由度

对 $L_a(b^c)$ 正交表有

$$T = \sum y_i \tag{4-6}$$

$$C_T = \frac{T^2}{N} \tag{4-7}$$

式中：y_i 为实验记录的指标值；T 为所有数据的总和；N 为实验的次数，即 $N=a$。

总体变差平方和为

$$SS_T = \sum y_i^2 - C_T \tag{4-8}$$

利用式（4-3）简化变差平方和的定义计算，先计算每个数据的平方再求和，结合式（4-7）获得总体变差平方和。

总自由度为

$$f_T = a - 1 \qquad\qquad (4\text{-}9)$$

各列变差平方和为

$$SS_j = \frac{b}{N} \sum_{m=1}^{b} K_{jm}^2 - C_T \qquad\qquad (4\text{-}10)$$

误差项变差平方和为

$$SS_e = SS_T - \sum SS_{因} - \sum SS_{交} = \sum SS_{空} + \sum SS_{不显著} \qquad\qquad (4\text{-}11)$$

式中：SS_e 为误差平方和；SS_T 为总变差平方和；$SS_{因}$ 为因素平方和；$SS_{交}$ 为因素交互作用平方和；$SS_{空}$ 为空列平方和；$SS_{不显著}$ 为不显著因素平方和。

因素自由度为

$$f_j = b - 1 \qquad\qquad (4\text{-}12)$$

式中：b 为因素水平数。

误差自由度为

$$f_e = f_T - \sum f_{因} - \sum f_{交} = \sum f_{空} + \sum f_{不显著} \qquad\qquad (4\text{-}13)$$

注：当某交互作用同时占几列时，其自由度等于所占列之和。

2. 计算方差

计算方差，因素及交互作用方差为

$$MS_{因} = \frac{SS_{因}}{f_{因}} \qquad\qquad (4\text{-}14)$$

误差为

$$MS_e = \frac{SS_e}{f_e} \qquad\qquad (4\text{-}15)$$

3. F 检验

计算 F 值，然后查 F 表，判断因素 A 的显著性水平。

$$F_A = \frac{MS_A}{MS_e}\dots \qquad\qquad (4\text{-}16)$$

若 F_j 小于某置信 F 值（$F_{0.05}$、$F_{0.1}$），则说明因素对指标影响不显著，与误差项作用效果相近；此时，不显著的因素或交互作用须并入误差项进行显著性检验。需指出的是，把因素并入误差项，尽量逐项并入，若并入一项后原来不显著的变得显著，则说明不应并入。当显著项与不显著项 F 差距巨大时，初步估计全部并入也不会改变其不显著特征，则可多项并入。通过 F 检验，即可通过 F 值大小判断各因素对指标影响的显著顺序。

4. 选取较优组合

根据 F 确定因素主次，根据计算各列不同水平的 K_m 找出较优水平。同样是指标值越大越好时，K_m 大的水平较优。与极差方法相同，遵循因素影响顺序为首要原则，依照重要性顺序选定较优水平，获得最优工艺。如：若单因素与交互作用选择水平时存在矛盾，则以影响更显著的因素最优水平为主，且在以后的研究中作固定参数。不显著因素若无显著的交互作用，交互作用忽略，不显著因素则选合适水平。

确定较优组合：显著因素选较优水平，不显著因素选合适水平。

4.4.2.3 无交互作用方差分析实例

表 4-27 是三因素三水平正交实验方案和实验结果，试对结果进行方差分析。

表 4-27 三水平三因素正交实验方案和结果

处理号	A	B	C	空列	实验结果
1	1	1	1	1	6.25
2	1	2	2	2	4.97
3	1	3	3	3	4.54
4	2	1	2	3	7.54
5	2	2	3	1	5.54
6	2	3	1	2	5.50
7	3	1	3	2	11.4
8	3	2	1	3	10.9
9	3	3	2	1	8.95

通过表中实验结果可以算出各因素的各水平下指标值的和 K_{mj} 与 $K_{mj}{}^2$，见表 4-28。

表 4-28 各因素的 K_{mj} 与 $K_{mj}{}^2$ 数值

因素	A	B	C	空列
K_{1j}	15.76	25.18	22.65	20.74
K_{2j}	18.57	21.41	21.45	21.87
K_{3j}	31.25	18.99	21.48	22.97
$K_{1j}{}^2$	248.38	634.03	513.02	430.15
$K_{2j}{}^2$	344.84	458.39	460.10	478.30
$K_{3j}{}^2$	976.56	360.62	461.39	527.62

1. 根据公式计算各种方差

$$T = \Sigma y_i = 6.25 + 4.97 + 4.54 + 7.54 + 5.54 + 5.50 + 11.4 + 10.9 + 8.95 = 65.58$$

$$C_T = \frac{T^2}{N} = \frac{65.58^2}{9} = 477.86$$

$$SS_T = \sum y_i^2 - C_T = 6.25^2 + 4.97^2 + 4.54^2 + 7.54^2 + 5.54^2 + 5.5^2 + 11.4^2 + 10.9^2 + 8.95^2 - 477.86$$
$$= 53.181$$

$$SS_A = \frac{1}{3}(K_{11}^2 + K_{21}^2 + K_{31}^2) - C_T$$

$$= \frac{1}{3} \times (248.38 + 344.84 + 976.56) - 477.86 = 45.4$$

同理，可以计算出 $SS_B = 6.49$；$SS_C = 0.31$。

故误差的偏差平方和为

$$SS_e = SS_T - (SS_A + SS_B + SS_C) - \sum SS_交 = 53.181 - (45.4 + 6.49 + 0.31) - 0 = 0.981$$

自由度：$f_A = f_B = f_C = 3 - 1 = 2$；$f_e = f_T - f_A - f_B - f_C = 8 - 2 - 2 - 2 = 2$

计算方差:

$$MS_A = \frac{SS_A}{f_A} = \frac{45.4}{2} = 22.7 \ ; \quad MS_B = \frac{SS_B}{f_B} = \frac{6.49}{2} = 3.23$$

$$MS_C = \frac{SS_C}{f_C} = \frac{0.31}{2} = 0.155 \ ; \quad MS_e = \frac{SS_e}{f_e} = \frac{0.981}{2} = 0.4905$$

2. 显著性判断

根据以上计算,进行显著性检验,列出方差分析表,结果见表 4-29。查 F 值表,可得 $F_{0.05}(2,2)$ = 19.00;$F_{0.01}(2,2)$ = 99.00。计算 F 值,和查表值比较,若 $F>F_{0.05}$(2,2)说明显著,反之不显著。

表 4-29　　　　　　　　　　　　　　方　差　分　析　表

因素	SS	f	MS	F 值	显著水平
A	45.4	2	22.7	46.28	显著
B	6.49	2	3.23	6.585	不显著
C	0.31	2	0.155	0.316	不显著
e	0.981	2	0.4905		
总和	53.181				

3. 显著性检验

根据上表的判断,A 因素为显著性因素,B、C 均为不显著性因素,下面将 B、C 因素并入误差,进行显著性检验,见表 4-30。查 F 值表,可得 $F_{0.05}(2,6)$ =5.14;$F_{0.01}(2,6)$ = 10.92。

表 4-30　　　　　　　　　　　　　　显　著　性　检　验　表

因素	平方和	自由度	均方差	F 值	显著水平
A	45.4	2	22.7	17.50	显著
e'	7.781	6	1.297		
总和	53.181				

由此可得出结论:因素 A 高度显著,因素 B 和因素 C 不显著。因素主次顺序 $A—B—C$。

4. 优化工艺条件的确定

首先确定上述实验指标越大越好,因此对因素 A、B 分析,确定优水平为 A_3、B_1;因素 C 的水平改变对实验结果几乎无影响,可从经济、操作等角度考虑取值,选 C_1;优水平组合为 $A_3B_1C_1$。

4.4.2.4　有交互作用方差分析实例

用石墨炉原子吸收分光光度法测定锌锭中的铅,为了提高测定灵敏度,希望吸光度越大越好。研究影响吸光度的因素。假设有 A、B、C 三种因素和 $A×B$、$A×C$、$B×C$ 等交互作用,确定最佳测定条件。

考虑交互作用后因素个数为 6,每个因素有两个水平,故采用 L_8（2^7）正交表进行实验。参照交互作用表进行表头设计,并测定实验结果,计算出方差,见表 4-31。

表 4-31　　　　　　　　　　　　　结 果 分 析 表

实验号	A	B	$A×B$	C	$A×C$	$B×C$	空列（e）	吸光度
1	1	1	1	1	1	1	1	2.42
2	1	1	1	2	2	2	2	2.24
3	1	2	2	1	1	2	2	2.66
4	1	2	2	2	2	1	1	2.58
5	2	1	2	1	2	1	2	2.36
6	2	1	2	2	1	2	1	2.4
7	2	2	1	1	2	2	1	2.79
8	2	2	1	2	1	1	2	2.76
K_{1j}^2	9.9	9.42	10.21	10.23	10.24	10.12	10.19	
K_{2j}^2	10.31	10.79	10	9.98	9.97	10.09	10.02	
SS_j	0.021	0.235	0.0055	0.0078	0.0091	0.0001	0.0036	

对以上计算结果进行方差分析，见表 4-32。查 F 值表，可得：$F_{0.05}(1,1)=161$；$F_{0.01}(1,1)=4052$；$F_{0.025}(1,1)=648$；$F_{0.1}(1,1)=39.86$。

表 4-32　　　　　　　　　　　　　方 差 分 析 表

因素	SS	f	MS	F 值	显著水平
A	0.021	1	0.021	5.833	不显著
B	0.235	1	0.235	65.278	一般显著
$A×B$	0.0055	1	0.0055	1.528	不显著
C	0.0078	1	0.0078	2.167	不显著
$A×C$	0.0091	1	0.0091	2.528	不显著
$B×C$	0.0001	1	0.0001	0.028	不显著
e	0.0036	1	0.0036		
总和	0.2821	7			

上表可知，只有 90% 把握认为 B 因素对结果的影响是显著的，而其余因素和交互作用均不显著。将不显著因素和交互作用并入误差进行显著性检验，见表 4-33。查 F 值表，可得：$F_{0.05}(1,6)=5.99$；$F_{0.01}(1,6)=13.74$。

表 4-33　　　　　　　　　　　　　显 著 性 检 验 表

因素	平方和	自由度	均方差	F 值	显著水平
B	0.235	1	0.235	29.936	显著
e'	0.0471	6	0.00785		
总和	53.181				

由分析表和检验表可以得出结论：因素 B 高度显著，因素 A、C 及交互作用 $A×B$、$A×C$、$B×C$ 均不显著。根据计算获得的 F 值，各因素对实验结果影响的主次顺序为：$B—A—A×C—C—A×B—B×C$。根据方差分析表判断，实验中各因素的交互作用均不显著，确定因素的优水

平时可以不考虑交互作用的影响。对显著因素 B，通过比较 K_{1B} 和 K_{2B} 的大小确定优水平为 B_2；同理，A 取 A_2，C 取 C_1 或 C_2。最优组合为 $A_2B_2C_1$ 或 $A_2B_2C_2$。

方差分析不仅可给出各因素及交互作用对实验指标影响的主次顺序，而且可通过 F 检验确定因素影响的显著性，进而获得实验误差的大小，掌握实验精度。另外，方差分析与极差分析一样，可以确定实验的最优水平及工况组合。对于显著因素，选取优水平并在实验中加以严格控制；对不显著因素，可视具体情况确定优水平。此方差分析方法的优势是科学优化实验时多用方差分析的原因所在。

本章重点及思考题

1. 简述正交表的书写格式及各参数代表的意义。

2. 简述正交表的分类。

3. 选择混合水平正交表：一个三水平三因素和二水平一因素的工况，写出不考虑交互作用时的混合正交表头，并设计正交工况表。

*4. 简述一个三因素三水平正交试验设计的基本步骤。若因素之间的交互作用不能忽略，请问在选择正交表、表头设计、编制实验方案以及结果分析选择最优水平时分别有哪些注意事项？

*5. 简述正交表的极差分析步骤及方法，结合 4.4.1.4 实例进行多因素等水平正交表的极差分析。

*6. 简述极差分析和方差分析的区别和各自的特点，科学实验中多用哪种分析方法。

7. 方差分析中利用 F 检验获得因素显著性排序以及较优水平，简述 F 检验的定义，并列出离差平方和、方差、均方差、自由度的表达式。

*8. 掌握方差分析方法，并可根据实例 4.4.2.4 获得因素的显著性判断和显著性检验，确定最优工况水平。

参 考 文 献

[1] 刘瑞江，张业旺，闻崇炜等. 正交实验设计和分析方法研究 [J]. 实验技术与管理，2010，27（9）：52-55.

[2] 郝拉娣，于化东. 正交实验设计表的使用分析 [J]. 编辑学报，2005，17（5）：334-335.

[3] 杨子胥. 正交表的构造 [M]. 济南：山东人民出版社，1978.

[4] 陶靖轩. 关于正交实验设计中的"均衡分散"[J]. 中国计量学院学报，2007，18（4）：308-312.

[5] 姜同川. 正交实验设计 [M]. 济南：山东科学技术出版社，1985.

[6] 张建方. 混合位级正交实验设计的极差分析方法 [J]. 数理统计与管理，1998，（6）：31-37.

[7] 郝拉娣，张娴，刘琳. 科技论文中正交实验结果分析方法的使用 [J]. 编辑学报，2007，19（5）：340-341.

---

* 为选做题。

第5章 温度及温度场的测量

温度是国际单位制（SI）中7个基本物理量之一，更是工业生产中三大经典测量参数之一。温度是表示物体冷热程度的物理量，任何物体的物理、化学特性都与温度有关；无论科学研究，还是生产、生活，都离不开温度的测量。例如，在火电厂，锅炉过热器的温度非常接近钢管的极限耐热温度，如果温度控制不好，会烧坏过热器；在机组启、停过程中，需要严格控制汽轮机汽缸和锅炉汽包壁的温度，避免温度变化过快使得汽缸和汽包由于热应力而损坏；蒸汽温度、给水温度、锅炉排烟温度等过高或过低都会使生产效率降低，导致燃料浪费等；而这些都离不开对温度的测量与控制。

温度一般表征的是物体表面某一位置或某一等温面的物理特性，可随时间变化；而温度场则是描述多点位置的温度分布情况随时间的变化，是时、空概念；在快速发展的科学研究及应用技术中，温度场测量的重要性日益显著。为准确测量温度及温度场数值，需从测温仪的选择、测温仪精度、测量方法等方面着手。

5.1 温 度 测 量 基 础

5.1.1 温度与温标

5.1.1.1 温度

处于热平衡状态的两个物体的温度相同，因此温度概念是以热平衡为基础的。例如，将两个冷、热程度不同的物体相互接触，它们之间会产生热量交换；热量将从热的物体向冷的物体传递，直到两个物体的冷热程度一致，即达到热平衡为止，此时两物体温度相同。

从微观上看，温度标志着物质分子热运动的剧烈程度。温度越高，分子热运动越剧烈，即分子运动越快，平均动能越大；分子运动越慢，平均分子动能越小，温度越低。

5.1.1.2 温标

用来衡量温度高低的标尺称作温度标尺，简称温标[2]；温标由温度数值及温度单位两部分组成。

常用温标有三种：华氏温标、摄氏温标、绝对温标（热力学温标）。它们的共同点是依赖于测温介质的具体性质。当用一种温标确定某一温度数值时，测温介质随测量温度范围不同，其性质也存在差异，从而引起测量误差；采用不同温标测量，其性质与温度关系本身不同，结果会更加不一致；这造成温标具有一定局限性和任意性。因此，依赖测温介质得出来的温标，具有三个重要因素：测温物质及属性、定标点、分度法。

1. 华氏温标

华氏温标（Fahrenheit，符号为F，单位为°F）：规定在1个标准大气压下冰的熔点为32°F，水的沸点为212°F；中间分180等份，每等份为华氏1度，标准仪器为水银温度计。即华氏度测温物质为水银，定标点为冰熔点和水沸点，分度法为将两定标点之间分为180份。对应摄氏度的100份，华氏度分为了180份，因此1°F的温差小于1℃温差；一般人体的正常体温 37.7℃，约为 98.6°F，对于一个温度值，用摄氏度温标表示时数值小，用华氏温标表示时数值大。

2. 摄氏温标

摄氏度是目前使用较广泛的一种温标，单位符号为℃；1742 年由瑞典天文学家安德斯·摄尔修斯提出，目前已被纳入国际单位制。其定义为在 1 标准大气压下结冰点为 0℃，水的沸点为 100℃，中间分为 100 份，每份为 1℃。1954 年的第十届国际度量衡大会特别将此温标命名为"摄氏温标"，以表彰摄氏的贡献。1990 版国际温标（ITS-90）对摄氏温标和热力学温标进行统一，规定摄氏温标定标点和分度法不变，由热力学温标导出，即 0℃=273.15K；因此冰点并不严格等于 0℃（1/10000 级才有区别），水的沸点不严格等于 100℃（0.01 级才有区别）。

3. 热力学温标

热力学温标是不依赖任何物质的理想温标，又称为绝对温标；是热力学和统计物理中的重要参数之一。该温标是建立在热力学卡诺循环理论基础上的温标。其理论基础是：高温热源（T_1）与低温热源（T_2）的温度之比，等于在这两个热源之间运转的卡诺热机吸热量（Q_1）与放热量（Q_2）绝对值之比，也被称为热力学温标的内插方程，即

$$T_1 / T_2 = |Q_1| / |Q_2| \tag{5-1}$$

可见，温度与物质本身性质无关，而只与传递的热量有关；因此，热力学温标克服了分度的任意性，是一种客观的温标。由热力学温标规定的温度称为热力学温度，其单位为开尔文，以符号"K"表示。热力学温标定义标准条件下水的三相点（水蒸气、水、冰共存）温度为 273.16K，绝对零度为 0K，对应–273.15℃，1K 相当于水三相点温度的 1/273.16。热力学温标没有上定标点。

如果能用卡诺热机测出比值 $|Q_1| / |Q_2|$，则可由式（5-1）求得待测热源的热力学温度。实际上，卡诺热机是不存在的，因此只好从与卡诺定理等效的理想气体状态方程入手，根据玻意耳—马略特定律复现热力学温标，即

$$pV = RT \tag{5-2}$$

式中：p 为一定质量气体的压强；V 为气体的体积；R 为摩尔气体常数；T 为热力学温度。

可以看出，式（5-2）与式（5-1）是类似的，当用定容气体温度计测出压力比 p_1/p_2 时，即可求得相应的热力学温度 T；因此式（5-2）称为理想气体的温标方程。但由于实际气体与理想气体有些差异，需进行诸多修正才可以利用温标方程，如真实气体非理想性修正、容积膨胀效应修正、毛细管等测量容器的有效容积的修正、气体分子被器壁吸附的修正等；由此可见气体温标的建立是相当复杂的，用气体温度计测量热力学温度同样繁杂。

5.1.1.3　国际温标统一规定

热力学温标的出现对温标的统一具有十分重要的意义；但由于卡诺循环是理想循环，热力学温标无法真正准确测定；为此，人类一直在研究、寻求一种准确、易行的统一温标。最终，通过行业统一规定，以热力学温标为基础，在摄氏温标、华氏温标、热力学温标之间建立了相互对应的统一规则。

（1）数值上尽可能接近热力学温度，差值应在当前技术所能达到的准确度极限之内；

（2）复现准确度高，各国均能以很高的准确度复现同样的温标，确保温度量值的统一；

（3）用于复现温标的标准温度计使用方便、性能稳定。

满足上述条件的国际温标将是热力学温标的再现，同时又易于实现，因此为一种性能理想的温标。早在 1927 年第七届国际计量大会上就决定采用国际温标，后随着科学技术的发展，又对国际温标相继做过几次重大修正。修改的原因主要是温标的基本内容，即内插仪器、固定点和内插公式有所改变。从 1990 年起全世界范围开始实行新的"1990 国际温标（ITS-1990）"。中国从 1991 年 7 月 1 日起开始施行国际温标。

1990 版国际温标（ITS-1990）主要内容如下：

1. 温度的表示与单位

定义国际开尔文温度（符号为 T）和国际摄氏温度（符号为 t），它们的单位分别是开尔文（K）和摄氏度（℃）。温度单位用二者皆可。两种温度的数量关系为

$$t = \frac{5}{9}(T - 32) \tag{5-3}$$

2. 适用温度范围

该温标的适用温度为 0.65K 到根据普朗克辐射定律使用单色辐射方法实际能测得的最高温度。把整个温度范围分成若干个温区。在不同的温区内用不同的内插仪表或关系式来定义温度 T（或 t），使用各自温区定义的固定点及规定的内插方法进行分度。

3. 温区

整个温度范围分成四个温区，它使用三个固定点，氖三相点、氢三相点、银凝固点，并利用规定的内插方法来分度；这三个定义固定点可以通过实验复现，并具有给定值，保证了不同温区温度测定的准确度。四个温区部分存在重叠，重叠区的 T_{90}（下角标 90 代表 1990 年）定义有差异。第一温区为 0.65K 到 5.0K 之间，T_{90} 由 ^{3}He 和 ^{4}He（He 的同位素）的蒸汽压力与温度的关系式来定义。第二温区从 3.0K 到氖的三相点（24.5561K）之间，T_{90} 是用氦气体温度计来标定的。第三温区为平衡氢三相点（13.8033K）到银凝固点（961.78 ℃）之间，T_{90} 是用铂电阻温度计来标定。第四温区为银凝固点（961.78℃）以上，T_{90} 借助于一个定义固定点和普朗克辐射定律来定义，所用仪器为光学或光电高温计。

5.1.1.4 温标之间的换算

三种温标之间的转换关系：

摄氏温标（℃）和华氏温标（℉）两种温标的转换公式如式（5-3）所示，可知 100℃=212℉，人体体温 36.6℃=98℉，室温 20℃=68 ℉，0℃=32 ℉。

摄氏温标（℃）和热力学温标（K）两种温标的转换公式见式（5-4），可知 0℃=273.15K，100℃=373.15K。

$$K = ℃ + 273.15 \tag{5-4}$$

5.1.2 温度测量的基本原理

1. 测温基本定律：热力学第零定律

当两个温度不同系统互相接触时，两个系统的状态通过热量传递达到新的平衡态；这种平衡态是在有热交换的条件下达到的，称为热平衡。如果两个热力学系统分别与第三个热力学系统处于热平衡，则它们彼此间也必定处于热平衡；该结论通称为热力学第零定律。由热力学第零定律得知，处于同一热平衡状态的所有物体都具有某个共同的宏观性质，温度。

2. 测温基本原理

根据热力学第零定律，一切互为热平衡的物体都具有相同温度；选择适当的温度计，使

温度计与待测物体接触并经过一段时间后达到热平衡，即温度计与被测物体的温度相同；然后根据某些物质的物理性质随冷热程度的变化显示不同的特性，利用特性间接显示温度计以及被测物体的温度。此为温度计测量温度的基本原理。

5.1.3　温度测量仪表的分类和特点

利用已知物理性质和温度之间的关系，设计出各种可指示温度的仪表；这些指示仪表结合感温原件组成温度仪或温度计。按测温方式可分为接触式和非接触式两大类。

接触式测温仪表简单、可靠，测量准确度高；但因测温元件与被测介质需要进行充分的热交换，需要一定的时间才能达到热平衡，存在测温的延迟现象；同时受耐高温材料的限制，不能应用于特高温的测量。根据显示温度的原理不同，接触式温度测量仪表中又分膨胀式（利用工质的热胀冷缩制成的玻璃温度计）、压力式（利用感压原件的联动制成的机械温度计）、电阻式（利用物质的电阻值与温度关系制成的电阻温度计）、电偶式（利用物质的热电效应制成的热电偶温度计）等。

非接触式仪表测温是利用物体的热辐射现象，基于热辐射原理来测量温度的测温仪表。其明显优势在于：测温元件不需与被测介质接触，不破坏被测物体的温度场；测温范围广，不受测温上限的限制；反应速度一般比较快。但受到物体的发射率、测量距离、烟尘和水汽等外界因素的影响，其测量误差较大[3]。典型的非接触式的温度计如光学高温计。

表 5-1 对比展示了常用接触式与非接触式温度仪的测温方式、测温范围及优缺点。

表 5-1　　　　　　　　　　　常用测温仪表种类及其优缺点

测温方式	温度计种类		常用测温范围/℃	测温原理	优点	缺点
非接触式测温仪表	辐射式	辐射式	400～2000	利用物体的全辐射能随温度变化的性质	测温时，不破坏被测温度场	低温段测量不准，环境条件会影响测温准确度
		光学式	700～3200			
		比色式	900～1700			
	红外线	热敏探测	−50～3200		测温时，不破坏被测温度场，响应快，测温范围大，适用于温度分布的测量	易受外界干扰，标定困难
		光电探测	0～3500			
		热电探测	200～2000			
接触式测温仪表	膨胀式	玻璃液体	−50～600	利用液体体积随温度变化的性质	结构简单，使用方便，测量准确，价格低廉	测量上限和准确度受玻璃质量限制，易碎、不能记录远传
		双金属	−80～600	利用固体热膨胀变形量随温度变化的性质	结构紧凑，牢固可靠	准确度低，量程和适用范围有限
	压力式	液体	−30～600	利用定容气体或液体压力随温度变化的性质	耐振、坚固、防爆、价格低廉	准确度低，测温距离短，滞后大
		气体	−20～350			
		蒸汽	0～250			
	热电偶	铂铑—铂	0～1600	利用金属导体的热电效应	测温范围广，准确度高，便于远距离、多点、集中测量和自动控制	需冷端温度补偿，在低温段测量准确度较低
		镍铬—镍铝（硅）	0～900			
		镍铬—镍铜	0～600			

续表

测温方式	温度计种类		常用测温范围/℃	测温原理	优点	缺点
接触式测温仪表	热电阻	铂	−200～500	利用金属导体或半导体的热电阻效应	测温准确度高，便于远距离、多点、集中测量和自动控制	不能测高温，需注意环境温度的影响
		铜	−50～150			
		热敏	−50～300			

表 5-2 为温度测量仪表准确度等级和分度值。仪表准确度等级即最大引入误差去掉正负号及百分号，我国工业仪表等级分为 0.1、0.2、0.5、1.0、1.5、2.5、5.0 七个等级。等级越大允许误差占表盘刻度极限值越大；量程越大，同样精度等级的允许误差绝对值越大。等级为 0.1 的仪表比等级为 1 的仪表精确，一般等级数小于 1.0 的仪表就属于高精度仪表。分度值即为仪表刻度值，即相邻两个刻度线之间距离代表的物质值，因此分度值有单位，如 1℃、0.1K 等。

表 5-2　　　　　　　　　　　　　温度测量仪表准确度等级和分度值

仪表名称	准确度分级	分度值/℃
双金属温度计	1，1.5，2.5	0.5～20
压力式温度计	1，1.5，2.5	0.5～20
玻璃液体温度计	0.5～2.5	0.1～10
热电阻	0.5～3	1～10
热电偶	0.5～1	5～20
光学高温计	1～0.5	5～20
辐射温度计（热电堆）	1.5	5～20
部分辐射温度计	1～1.5	1～20
比色温度计	1～1.5	1～20

5.2　接触式温度测量方法

接触式测温基于热平衡后测温元件显示温度即为被测物体温度的原理，利用测温仪显示被测温度。下面具体介绍接触式测温计的结构及方法。

5.2.1　膨胀式温度计

利用测温元件或介质的热胀冷缩性质来测定温度的温度计即膨胀式温度计，按测温元件的相态一般可分为液体膨胀式和固体膨胀式温度计。

5.2.1.1　玻璃液体温度计

1. 玻璃液体温度的结构及工质

玻璃液体温度计是典型的液体膨胀体积与温度成正比的膨胀式温度计。由于液体的热胀冷缩系数大于玻璃的热胀冷缩系数，因此通过观察液体体积的变化即可感知温度的变化[4]。

如图 5-1 所示为玻璃液体温度计结构图，由玻璃温包、工作液体、毛细管、刻度标尺以及膨胀室五部分组成。当被测物体温度升高时，

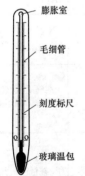

图 5-1　玻璃液体温度计结构示意图

（图标注：膨胀室、毛细管、刻度标尺、玻璃温包）

温包里的工作液体因膨胀而沿毛细管上升，根据刻度标尺可以读出被测介质的温度。为防止温度计内介质的分散以及尽力避免温度过高而导致液体膨胀胀破温度计，在毛细管顶部预留一膨胀室，并预充一定量的惰性气体。

玻璃液体温度计按用途分为标准温度计、实验室用精密温度计和工业用温度计。按液体不同又分为水银温度计、酒精温度计和甲苯温度计等。表 5-3 展示了不同液态工质温度计的测温范围，其中水银温度计的测温上限最高，也是应用最为广泛的液体膨胀式温度计。

表 5-3　　　　　　　　　　　　不同液态工质的温度计测温范围

工作液体	测温范围/℃
水银	−30～750
甲苯	−90～100
乙醇	−100～75
石油醚	−130～25
戊烷	−200～20

由于水银具有不易氧化，不沾玻璃，易获得较高纯度，熔点和沸点温度间隔大，能在很大的温度范围内保持液态，200℃以下的体积膨胀系数线性度好等诸多优势，使得水银温度计得到了广泛的应用。采用石英玻璃管，在水银上面空间充有一定压力的氮气，其上限温度可达 600～750℃；而普通水银温度计测量范围在−50～+300℃之间。

2. 使用玻璃液体温度计的注意事项

玻璃温度计遇到碰撞和震荡时容易损坏，信号难以远传；虽然缺点显著，但其读数直观、测量准确、结构简单、价格低廉，因此被广泛地应用于实验室以及工业生产各个领域，也是日常生活中接触最多的测温仪器。

玻璃液体温度计虽然是最简单的温度测量仪，但在实际使用中仍需注意以下三点：

（1）曲面读数：一般温度计毛细管较细不能显著区分出液柱的弯曲曲面，若能区分液柱弯曲曲面，读数时视线必须相切于液柱弯曲面底部，避免人为读数误差。两种情况：亲水工质液柱界面下凹，视线相切于液柱的下底面；疏水工质液柱界面上凸，视线相切于液柱的上顶面。

（2）垂直插入深度：温度计背面有"全浸"字样的称为全浸入式温度计，测温时须做到温度计上升液柱全部浸入被测液体；工业用的温度计一般为局浸式温度计，要求"局浸"，应将液包全部插入被测介质中或者将温度计插入到液面达到壁面处标志位置线的深度，否则将引起测量误差。局浸式因大部分液柱露出，受外界环境温度的影响较大，精度低于全浸式温度计。在精度要求高时，由于温度计未按要求浸入引起的误差需进一步校正。

（3）定期校核：由于玻璃热效应可使玻璃泡体积变化，引起温度计零点漂移，出现示值误差，因此需对温度计定期检查，偏移后尽快更换或者进行温度校核。

读数误差、体积漂移误差一般情况下可纠正和避免，而温度计插入深度往往被初级研究者所忽略。记录完整数据后才发现存在人为系统误差，此时可采用校正方法对其进行数据校正。

校正方法：选用一个略小的辅助温度计测出露出液柱部分的平均温度 t_0，同时记录温度

计示数温度 t、露出液面的刻度所占的温度度数 n，查询温度计测温液体工质的膨胀系数 K，则温度修正值为

$$\Delta t = nK(t-t_0) \tag{5-5}$$

修正值为正时，温度计示数大于温度计壁面温度，即环境温度低使温度计发生散热，此时，测量温度加上修正值为真实值（t'），$t'=t+\Delta t$。相反，修正值为负，即温度计测定温度低于环境温度，温度计从环境中吸热，测量值偏高，需减去修正值（绝对值）以获得真实准确的温度值，$t'=t-|\Delta t|$。

5.2.1.2 双金属温度计

双金属温度计的感温元件是焊接在一起的两种线膨胀系数不同的金属片或金属条。双金属在固定端受热后由于膨胀系数不同其伸长长度不同；膨胀系数大的一侧由于伸长长度大称为主动层，膨胀量小的一侧称为被动层，此时被动层跟随主动层向被动层侧弯曲；双金属片的弯曲直接连接指针式显示仪表，此时温度引起的双金属片偏转角度转换为指针指示的温度变化量，此为双金属温度计的测温原理[5]。

如图 5-2 所示，左侧为双金属片感温元件，右侧为双金属螺旋感温元件并通过芯轴带动指针指示温度的双金属温度计；可知双金属温度计结构简单，使用方便，且具有耐振动、耐冲击、维护容易、价格低廉的优势。目前国产的双金属温度计的适用温度范围为 $-80\sim500℃$，精度等级包含为 1.0 级，1.5 级和 2.5 级，型号记为 WWS。

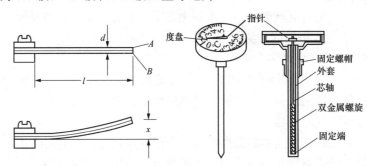

图 5-2 双金属温度计的原理及指针式温度显示示意图

需指出的是，双金属温度计最大的优势体现在可用于其他感温元件不能适合的振动场合。在振动较小的环境，由于纯机械式双金属温度计不能远传，所需测量接触面较大等原因，直接测量某点温度应用较少；但利用其弯曲位移可引起开、合的特征在开关控制上应用突出。如图 5-3 所示。它是由一端固定的双金属条形敏感元件直接带动电接点构成的。温度低时电接点接触，电热丝加热；温度高时双金属片向下弯曲，电接点断开，停止加热。温度切换值可用调温旋钮调整，也可调整弹簧片的位置改变切换温度的高低。金属温度开关广泛应用于各种温度控制系统中，如液压系统、散热器、换热器、家用电饭煲等系统内。

5.2.1.3 压力式温度计

压力式温度计测温也同样基于物质的热胀冷缩的原理，但其工质受热膨胀后不改变工质体积，而是工质气相浓度增大使压力发生变化促进腔体变形，从而带动指针指示温度[6]。图5-4 为一般压力式温度计的结构，其包含测温温包、压力变化系统以及将压力变化转变为温度刻度系统。三者内腔相通，共同构成一个封闭空间，内装工作物质。当温包受热后工作物质膨胀；由于容积固定，所以压力升高；压力的增大使弹簧管变形，自由端产生位移带动指针

转动指示温度。

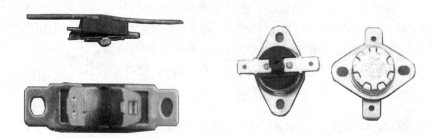

图 5-3　常见双金属片温控开关

　　根据工作物质的不同分为气体、液体（易挥发液体）和蒸汽式压力温度计。气体工质一般为氮气，温包体积大，线性度好。液体工质一般为甲苯或甲醇，温度计温包体积小，线性度好。蒸汽式压力温度计利用饱和蒸气压力与温度一一对应原理，其关系为非线性。

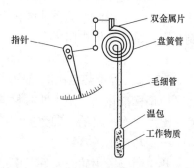

　　膨胀式温度计测温经典但不能远传，是在数控技术以及电气技术蓬勃发展以前的主要测温技术；其腔体要求是弹性金属，因此压力式温度计必须避免长时间后的老化，应定期更换。伴随数控、电气行业的飞速发展以及数据远传的迫切需求，电子远传测温方法成为主流测温技术。

图 5-4　一种压力式温度计的结构

5.2.2　热电阻温度计

　　热电阻温度表由热电阻温度传感器和显示仪表组成，是应用广泛的一种温度电测仪表[7]；它在中、低温下具有较高的准确度，通常用来测量 200～500℃范围内的温度。例如，火电厂的锅炉给水、排烟、轴瓦回油、循环水等的温度常用热电阻温度表测量。

5.2.2.1　热电阻的测温原理

　　金属或半导体本身的电阻值随温度变化而变化，称为热阻效应。利用热阻效应选择对温度敏感的热电阻元件，通过热交换使热电阻元件与被测对象达到热平衡后，最后根据热阻元件的电阻值确定被测对象温度的温度计称为热电阻温度计。

　　习惯上，常把其热阻元件称作热电阻。常用的热电阻元件有金属导体热电阻和半导体热敏电阻。实验证明，当温度升高 1℃，大多数金属导体的电阻值增加 0.4%～0.6%，而半导体的电阻值要减小 3%～6%；即半导体热敏电阻对温度更敏感。且对于金属导体，在一定的温度范围内其电阻与温度的关系为如下线性关系：

$$R_t = R_{t_0}[1 + \alpha(t - t_0)] \tag{5-6}$$

式中：R_t 为摄氏温度 t 时的阻值；R_{t_0} 为摄氏温度 t_0 时对应电阻值；α 为温度系数。

　　金属材料的纯度对电阻温度系数 α 的影响很大，材料纯度越高，α 值越大；杂质越多，α 值越小且不稳定。若用 R_0 和 R_{100} 分别表示 0℃和 100℃时的电阻值，则由式（5-6）可得

$$\alpha = \frac{1}{100}(R_{100}/R_0 - 1) \tag{5-7}$$

实际科研中此公式有两种应用：①可表征材料的纯度。当已知或可测定 R_{100}/R_0 时，可直接代入式（5-7）获得材料的温度系数 α。温度系数越大，材料纯度也就越高。因此常用 R_{100}/R_0 代表材料的纯度。②当金属导体热电阻在摄氏温度为 t_0 时的电阻值 R_{t0} 和电阻温度系数 α 都已知时，测量任意摄氏温度下的电阻 R_t，即可确定被测物体的温度。

半导体热敏电阻的阻值和温度通常为指数关系，如式（5-8）所示

$$R_t = Ae^{\frac{B}{t}} \tag{5-8}$$

式中：R_t 为摄氏温度为 t 时的阻值；A、B 为取决于半导体材料结构的常数。

近年来，半导体热敏电阻因具有显著的优缺点，越来越多地用于温度的测量。其显著优点为：①电阻温度系数大，灵敏度高；②由于电阻大，可以做成体积小而电阻很大的热敏电阻元件，且连接导线电阻变化的影响可以忽略不计；③热容量小，可以测量点的温度。

其缺点为：①性能不稳定；②同一型号热敏电阻的电阻温度关系分散性大，测量准确度低；③热敏电阻温度关系非线性严重，使用不方便。这些缺点使热敏电阻的应用受到一定限制，因此目前热敏电阻大多用于测量要求不高的场合，以及作为仪器、仪表中的温度补偿元件。其测量范围一般为 100～300℃。

5.2.2.2 标准热电阻的结构及种类

所谓标准化热电阻，即其材料性质满足行业规定的不同温度与电阻值的一一对应关系，测定温度时有严格的基础数据可参考。

一、热电阻基本结构

热电阻一般由感温元件、引出线、保护套管、接线盒、采集仪表组成。如图 5-5 所示。一般可分为普通型、铠装型和防爆型。①普通型，即直接用电阻的阻值反映温度的变化。其结构简单，但往往电阻引出线阻值随温度的变化会代入一定的误差，因此需考虑其接线方式。②铠装型，即在热电阻及引线外加装铠装套管，保护电阻及引线不断裂。一般铠装型可根据需求任意弯曲。③防爆型热电阻通过特殊结构的接线盒，把其外壳内部爆炸性混合气体因受到火花或电弧等影响而发生的爆炸局限在接线盒内，生产现场不会引发爆炸。其中，防爆型热电阻可用于具有爆炸危险场所的温度测量；科研实验中多用铠装型热电偶测温，当被测点为微小尺寸，利用普通热电偶丝进行测量。

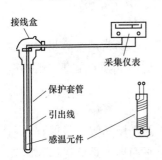

图 5-5 一种热电阻的结构图

二、热电阻材料及种类

并不是所有的金属材料都可以制作热电阻，制作热电阻的材料需满足四个基本要求：①电阻温度系数大，电阻和温度之间尽量接近线性关系；②电阻率高，以便把热电阻体积做得小些；③测温范围内物理、化学性质稳定；④工艺性好，易于复制，价格便宜。综合上述要求，比较适宜做热电阻丝的材料有铂、铜、铁、镍等。目前应用最广泛的热电阻材料是铂和铜，并且已制成标准化热电阻。

1. 铂标准电阻

铂电阻的主要优点是物理、化学性能稳定，测量准确度高。但它在还原性气氛中容易变脆，使电阻温度关系发生变化，因此不宜在还原性环境中用铂电阻测定温度。

铂热电阻具有准确的温度特性分区公式：

在 0～850℃范围内为

$$R_t = R_0(1 + At + Bt^2) \tag{5-9}$$

在 −200～0℃范围内为

$$R_t = R_0[1 + At + Bt^2 + C(t-100)t^3] \tag{5-10}$$

式中：A、B、C 为常数，其值分别为：A=3.908202×10^{-3}℃$^{-1}$，B=−5.802×10^{-7}℃$^{-2}$，C=−4.27350×10^{-12}℃$^{-4}$。R_0 为 0℃所对应的阻值，工业测温用的标准化铂电阻有 R_0=50.00Ω 和 R_0=100.00Ω 两种规格，其纯度均为 R_{100}/R_0 = 1.3910；分度号分别记为 Pt$_{50}$ 和 Pt$_{100}$。

标准测温材料均有其材料阻值与温度的对应数值的准确要求，即分度表。表 5-4 和表 5-5 分别列出行业规定中 Pt$_{50}$ 和 Pt$_{100}$ 电阻值和温度的一一对应关系。表中左侧测量端温度为温度值小数点左侧数值，顶部 0、10、20、30……为温度值小数点后两位数，两部分共同构成温度值；对应温度下的电阻值即为此温度下标准铂电阻的标准电阻值。

表 5-4   **Pt50 铂热电阻分度表**

A=3.96847×10^{-3}℃$^{-1}$ B=−5.847×10^{7}℃$^{-2}$ C=−4.22×10^{-12}℃$^{-4}$

测量温度 /℃	0	10	20	30	40	50	60	70	80	90
	热电偶阻值									
−200	8.64									
−100	29.82	27.76	25.69	23.61	21.51	19.40	17.28	15.14	12.99	10.82
−0	50.00	48.01	46.02	44.02	42.01	40.00	37.98	35.95	33.92	31.87
0	50.00	51.98	53.96	55.93	57.89	59.85	61.80	63.75	65.69	67.62
100	69.55	71.48	73.39	75.30	77.20	79.10	81.00	82.89	84.77	86.64
200	88.51	90.38	92.24	94.09	95.94	97.78	99.61	101.44	103.26	105.08
300	106.89	108.70	110.50	112.29	114.08	115.86	117.64	119.41	121.18	122.94
400	124.59	126.44	128.18	129.91	131.64	133.37	135.09	136.80	138.50	140.20
500	141.90	143.59	145.27	146.95	148.62	150.29	151.95	153.60	155.25	156.89
600	158.53	160.16	161.78	163.40	165.01	166.62				

表 5-5   **Pt100 铂热电阻分度表**

A=3.96847×10^{-3}℃$^{-1}$ B=−5.847×10^{7}℃$^{-2}$ C=−4.22×10^{-12}℃$^{-4}$

测量温度 /℃	0	10	20	30	40	50	60	70	80	90
	热电偶阻值									
−200	17.28									
−100	59.65	55.52	51.36	47.21	43.02	38.80	34.56	30.29	25.98	21.65
−0	100.00	96.03	92.04	88.04	84.03	80.00	75.96	71.91	67.84	63.75
0	100.00	103.96	107.91	111.85	115.78	119.70	123.60	127.49	131.37	135.24
100	139.10	142.95	146.78	150.60	154.41	158.21	152.00	165.78	169.54	173.29
200	177.03	180.76	184.48	188.18	191.88	195.56	199.23	202.89	206.53	210.17
300	213.79	217.40	221.00	224.59	228.17	231.73	235.29	238.83	242.36	245.88
400	249.38	252.88	256.36	259.83	263.29	266.74	270.18	273.60	277.01	280.41
500	283.80	287.18	290.55	293.91	297.25	300.58	303.90	307.21	310.50	313.79
600	317.06	320.32	323.57	326.80	330.03	333.25				

为提高金属铂电阻的测量准确度，增大电阻丝长度、减小横截面积即可相应减小其电阻率的影响。工业上常用的铂电阻的结构，常用直径为 0.03～0.07mm 的纯铂丝绕在云母制成的平板形骨架上，如图 5-6 所示。云母骨架边缘呈锯齿形，铂丝绕在齿隙间以防短路，绕好后的云母骨架两面覆盖云母片绝缘。为了增加机械强度，改善热传导性能，云母片两侧再用薄金属片铆合在一起，这样就构成了铂电阻元件。铂丝绕组的两个线端各由直径为 0.5mm 或 1mm 的银丝引出，并固定在接线盒内的接线端子上；引出线上套有绝缘瓷管。保护套管套在热电阻元件和引出线的外侧对热电偶起到保护作用。

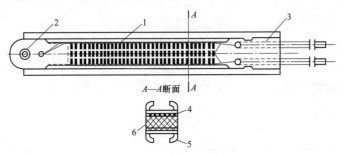

图 5-6　铂电阻结构

1—铂丝；2—铆钉；3—银引出线；4—绝缘片；5—夹持片；6—骨架

2. 铜标准电阻

铂是贵重金属，成本较高；而在测温准确度要求不高，温度又较低的场合，可采用铜电阻。铜电阻通常用于测量 50～150℃ 范围的温度，它的主要优点是电阻温度关系近似线性，电阻温度系数比较大，材料容易加工和提纯，价格也比较便宜。缺点是电阻率较小；另外，铜在高温下容易氧化，因此只能在低温和无腐蚀性介质中使用。

铜热电阻的温度和电阻在 50～150℃ 范围的关系可拟合为如下三次多项式。

$$R_t = R_0(1 + At + Bt^2 + Ct^3) \tag{5-11}$$

式中：A=4.28899×10^{-3}℃$^{-1}$；B=−2.133×10^{-7}℃$^{-2}$；C=1.233×10^{-9}℃$^{-3}$。由于 B、C 系数很小，在较小温度范围内电阻和温度的关系可近似为线性关系。其中 R_0 同样有 R_0=50.00Ω 和 R_0=100.00Ω 两种规格，其纯度为 $R_{100}/R_{50} \geq 1.425$；分度号分别为 Cu50 和 Cu100，相应的热电阻分度表见表 5-6 和表 5-7。表中温度的查法与铂电阻相同。

表 5-6　　　　　　　　　　　　　　　Cu50 铜热电阻分度表

温度/℃	0	10	20	30	40	50	60	70	80	90
−0	50.00	47.85	45.70	43.55	41.40	39.24	—	—	—	—
0	50.00	52.14	54.28	56.42	58.56	60.70	62.84	64.98	67.12	69.26
100	71.40	73.54	75.68	77.83	79.98	82.13				

表 5-7　　　　　　　　　　　　　　　Cu100 铜热电阻分度表

温度/℃	0	10	20	30	40	50	60	70	80	90
−0	100.00	95.70	91.40	87.10	82.80	78.49	—	—	—	—
0	100.00	104.28	108.56	112.84	117.12	121.90	125.68	129.96	134.24	138.52
100	142.80	147.08	151.36	155.66	159.96	164.27	—	—	—	—

铜电阻感温元件结构常用双线无感绕法绕制。将直径为 0.1mm 的绝缘铜丝绕在圆柱形塑料骨架上，构成铜电阻元件，如图 5-7 所示。为防止铜丝松散，提高其导热性和机械紧固程度，电阻元件经酚醛树脂（环氧树脂）浸渍处理。铜丝绕组的两个线端各由直径 1mm 的铜丝或镀银铜丝引出，并固定在接线盒内的接线端子上，引出线上套装绝缘瓷管。保护套管套于热电阻元件和引出线外，其形状和作用与铂热电阻相同。

图 5-7 铜热电阻结构图

1—塑料骨架；2—绝缘保护层；3—铜引出线

3. 不同热电阻性能对比表

表 5-8 展示了常用标准电阻以及几种低温金属热电阻的性能参数。

表 5-8 常用热电阻的技术性能

	名称	分度号	温度范围	温度为 0℃时阻值 R_0 /Ω	电阻比 R_{100}/R_0	主要特点
标准热电阻	铂电阻（WZP）	Pt10	−200～850℃	10±0.01	1.385±0.001	测量准确度高，稳定性好，可作为基准仪器
		Pt50		50±0.05	1.385±0.001	
		Pt100		100±0.1	1.385±0.001	
	铜电阻（WZC）	Cu50	−50～150℃	50±0.05	1.428±0.002	稳定性好，便宜；但体积大，机械强度低
		Cu100		100±0.1	1.428±0.002	
	镍电阻（WZN）	Ni100	−60～180℃	100±0.1	1.617±0.003	灵敏度高，体积小；但稳定性和复制性较差
		Ni300		300±0.3	1.617±0.003	
		Ni500		500±0.5	1.617±0.003	
低温热电阻	铟电阻	—	3.4～90K	100		复现性较好，在 4.5～15K 温度范围内，灵敏度比铂电阻高 10 倍；但复制性较差，材质软，易变形
	铑铁热电阻	—	2～300K	20、50 或 100	$R_{4.2K}/R_{273K}$ 约为 0.07	有较高的灵敏度，复现性好，在 0.5～20K 温度范围内可作准确测量；但长期稳定性和复制性较差
	铂钴热电阻	—	2～100K	100	$R_{4.2K}/R_{273K}$ 约为 0.07	热响应好。自发热少，机械性能好，温度低于 300K 时，灵敏度大大高于铂；但不能作为标准温度计

5.2.2.3 半导体热电阻的结构及种类

除上述标准电阻中介绍的金属导体外，半导体也是热电阻的一主要材料。半导体电阻值对温度变化更敏感，适应测量温度范围更窄、要求更高、反应更快的测温需求，通常用于测量与室温接近的温度。

半导体热电阻测温计又称半导体测温计，其结构与标准热电阻测温计相同，只是由热敏电阻代替金属标准电阻。半导体热电阻测温计具有灵敏度高、构造简单和体积小等优点，主要包含半导体热敏电阻温度计、PN 结半导体温度计两种类型。

一、半导体热敏电阻温度计

半导体热敏电阻与简单的放大电路结合，就可检测千分之一度的温度变化，所以和电子仪表组成测温计，能完成高精度的温度测量。其准确度大大推进了它在科学研究中的应用。半导体热敏电阻按温度特性可分为两类：随温度上升半导体电阻增加的为正温度系数热敏电阻，反之为负温度系数热敏电阻。

1. 正温度系数热敏电阻

正温度系数热敏电阻以钛酸钡（$BaTiO_3$）为基本材料，再掺入适量的稀土元素，利用陶瓷工艺高温烧结而成。纯钛酸钡是一种绝缘材料，但掺入适量的稀土元素如镧（La）和铌（Nb）等金属后，变成了半导体材料，称半导体化钛酸钡。

半导体化钛酸钡是一种多晶体材料，晶粒之间存在着晶粒界面，对于导电电子而言，晶粒间界面相当于一个位垒。当温度低时，由于半导体化钛酸钡内电场的作用，导电电子很容易越过位垒，所以电阻值较小；当温度升高到居里点温度（即临界温度，此元件的温度控制点，一般钛酸钡的居里点为 120℃）时，内电场受到破坏，不能帮助导电电子越过位垒，所以表现为电阻值的急剧增加。

半导体化钛酸钡具有未达居里点前电阻随温度变化缓慢，只发热不发红，无明火不易燃烧，交流/直流电压 3～440V 均可，使用寿命长等特征；具有恒温、调温和自动控温的功能，常用于电动机等电器装置的过热探测及保护。

2. 负温度系数热敏电阻

负温度系数热敏电阻是以氧化锰、氧化钴、氧化镍、氧化铜和氧化铝等金属氧化物为主要原料，采用陶瓷工艺制造而成。这些金属氧化物材料都具有半导体性质，完全类似于锗、硅晶体材料，由于体内的载流子（电子和空穴）数目少，电阻较高。

当其温度升高时体内载流子数目增加，自然电阻值降低；反之电阻值升高。其电阻与温度的变化方向相反，因此称为负温度系数热敏电阻。与正温度系数热敏电阻相比，正温度系数热敏电阻器要求实验温度应尽量在该元件居里点温度附近，而负温度系数热敏电阻器，因其随温度变化一般比正温度系数热敏电阻器易观察，电阻值连续下降明显；因此负温度系数热敏电阻为测量首选。

负温度系数热敏电阻类型很多，可按使用温度区分低温（–60～300℃）、中温（300～600℃）、高温（＞600℃）三种。负温度系数热敏电阻具有灵敏度高、稳定性好、响应快、寿命长、价格低等优点，广泛应用于需要定点测温的温度自动控制电路，如冰箱、空调、电饭煲、温室等的温控系统。

3. 半导体热敏电阻的型号规则

我国产热敏电阻是按标准《敏感器件及传感器型号命名方法》（SJ/T 11167—1998）来制定型号，其型号由四部分组成：

第一部分：主称，用字母"M"表示敏感元件。

第二部分：类别，用字母"Z"表示正温度系数热敏电阻器，或者用字母"F"表示负温度系数热敏电阻器。

第三部分：用途或特征，用一位数字（0-9）表示。一般数字"1"表示普通用途，"2"表示稳压用途（负温度系数热敏电阻器），"3"表示微波测量用途（负温度系数热敏电阻器），

"4"表示旁热式（负温度系数热敏电阻器），"5"表示测温用途，"6"表示控温用途，"7"表示消磁用途（正温度系数热敏电阻器），"8"表示线性型（负温度系数热敏电阻器），"9"表示恒温型（正温度系数热敏电阻器），"0"表示特殊型（负温度系数热敏电阻器）。

第四部分：序号，也由数字表示，代表规格、性能。

往往厂家出于区别本系列产品的特殊需要，在序号后加"派生序号"，由字母、数字和"–"号组合而成。

例：MZ11

四个部分分别依次代表：热敏电阻、正温度系数、普通用途、生产序号。

4. 半导体热敏电阻特征参数

热敏电阻的主要参数有十余项：标称电阻值、使用环境温度（最高工作温度）、测量功率、额定功率、标称电压（最大工作电压）、工作电流、温度系数、材料常数、时间常数等。

其中标称电阻值是在 25℃零功率时的电阻值。如，若热敏电阻标称电阻为 10kΩ 左右，可以选用 MF10 型万用表，将其挡位开关拨到欧姆挡 R×100，用鳄鱼夹代替表笔分别夹住热敏电阻的两引脚。在低于 25℃温度时读数为 102（10.2kΩ），用手捏住热敏电阻应看到表针指示的阻值逐渐减小；松开手后，阻值加大，逐渐复原。一般情况下标称电阻阻值误差应在±10%之内。

使用环境温度参数，在电阻选型时需与实际使用温度之间设置更大的余度。如 MF11 片状负温度系数热敏电阻器工作温度为+125℃，实际使用温度一般不超过 100℃；MF53-1 工作温度为+70℃，实际使用应一般不超过 50℃。

二、PN 结半导体温度计

PN 结是由一个 N 型掺杂区和一个 P 型掺杂区紧密接触所构成的，其接触界面称为冶金结界面。在一块完整的硅片上，用不同的掺杂工艺使其一边形成 N 型半导体，另一边形成 P 型半导体，称两种半导体的交界面附近的区域为 PN 结。PN 结具有单向导电性，是电子技术中许多器件所利用的特性，例如半导体二极管、双极性晶体管的物质基础。

晶体二极管或三极管的 PN 结的结电压是随温度而变化的。例如温度每升高 1℃，硅管的 PN 结的结电压下降 2mV；利用这种特性，一般可以直接采用二极管（如玻璃封装的开关二极管 1N4148）或采用硅三极管（可将集电极和基极短接）接成二极管来做 PN 结温度温度计。目前商品一般都将传感器及温度感应模块集成化，如非必要不用深入研究其电路原理图。下面仅介绍使用时的注意事项：

（1）通过 PN 结温度传感器的工作电流不能过大，以免二极管自身的温升影响测量精度。一般工作电流为 100～300mA。采用恒流源作为传感器的工作电流较为复杂，一般采用恒压源供电，但必须有较好的稳压精度。

（2）精确的校准非常重要，可以采用广口瓶装入碎冰碴（带水）作为 0℃的标准，采用恒温水槽或油槽及标准温度计作为 100℃或其他温度标准来进行两点或三点校核；数据偏差后需及时更换。

5.2.2.4　热电阻的选择及校检

一、热电阻选用原则

热电阻的选择遵从以下几点原则：

（1）适合的测温范围。根据温度变化范围，选用测温能力匹配的热电阻。

（2）满足要求的准确度。无须盲目追求高准确度使得成本增大，应选择既满足测量准确度要求又性价比高的热电阻。

（3）测温环境需求。明确场所的化学因素、压力、机械因素以及电磁场的干扰等，选用适宜的保护管材料、形状及尺寸，适宜的接线盒功效。在 500℃以下一般采用不锈钢金属保护管，十几个大气压以上一般选择防爆型接线盒，因此选择热电阻时需考虑安装场所的需求。

（4）适宜的安装方式。根据不同安装要求及连接密封方式，热电阻分为直插型、螺栓连接型和法兰连接型。

（5）低成本。在满足测温范围、测量准确度和使用寿命的情况下，成本越低越好。

二、热电阻测温系统的误差

热电阻温度计的测量准确度比热电偶的高，因此一般用标准电阻（尤其 Pt 电阻）用于非标热电偶的校核。但在使用中应注意产生误差的原因，防止因使用条件不当而降低测量准确度。

使用热电阻测温时要注意避免线路电阻的变化引起温度产生误差。避免线路电阻引起误差主要分两步：①首先准确测定导线电阻，绕制线路调整电阻使线路总电阻等于仪表的线路总电阻，使其在长度上可抵消。②为克服环境温度变化对导线电阻的影响，采用三线制或四线制接线方式，消除不同温度下的阻值变化率；具体连接方法见 5.2.2.4 安装方法。

在实际科学研究中，一些测量或采集仪器中已预设耦合了避免热电阻基本误差的电路或功能电气元件。如，用 XCZ-102 动圈式仪表或电子平衡电桥作为显示仪表时，流过热电阻回路的电流均小于 6mA；仪表设计时已考虑了把该电流所引起热电阻的自热误差限制在允许误差范围之内。因此若自己组合测量回路，并采用电位差计或手动电桥测量热电阻的阻值，则应限制热电阻回路电流不超过 6mA，以免增大自热误差。

三、热电阻的校核

热电阻在投入使用之前以及使用过程都需要定期校验，以检查和确定热电阻的准确度。标准铂电阻温度计一般需到官方检测机构（国家计量相关部门）作水相点、水沸点和锌凝固点的三定点校核，其他热电阻一般可在实验室中利用标准铂电阻进行校验。

实验室校核平台主要装置由恒温器、标准铂电阻和校核电阻、数据采集系统三部分组成。校核过程中需将标准铂电阻温度计与被校电阻温度计一起插入恒温器，在规定几个稳定温度下分别测量标准温度计和被校温度计的示值并进行比较，并满足其偏差不超过最大允许误差，进行校核。常用恒温器有恒温水槽、恒温油槽、金属柱体恒温器。恒温水槽易得且多适合 0～100℃范围的温度校核；恒温油槽可根据选择适合的油品提高所需校核的温度，一般温度校验范围为 100～400℃；金属柱体恒温器可校核温度范围更宽，其校核上限一般可至金属熔点以下。

数据采集系统可用电桥或直流电位差计测量恒电流（小于 6mA）流过热电阻和标准电阻的电压降 U_t 和 U_N，然后利用式（5-12）计算出热电阻的阻值 R_t：

$$R_t = \frac{U_t}{U_N} R_N \tag{5-12}$$

式中：R_N 为已知的标准电阻阻值。然后对应标准铂电阻分度表，查表获得 R_N 对应的准确温度值，建立准确温度与待测热阻值之间的数学关系式，以进行校正。

一般在实验温度范围内进行多点比较校核的称为比较法，简单的两点校核称为两点法。

1. 比较法

校验时需首先将所用设备连接。将电阻放在恒温器内，使恒温器达到校验点温度并保持恒温；然后调节分压器使毫安表指示电流约为 4mA（不超过 6mA）；测定相同电流下铂电阻和热电阻电势差，按式（5-12）求出 R_t。在同一校验点需反复测量几次，计算出几次平均值，与分度表 R_N 对应温度比较，如果误差在允许范围内，则认为该校验点的 R_t 值合格。再取被测温度范围内 10%、50% 和 90% 的温度校验点重复以上校验，如均合格，则此电阻校验完毕。

2. 两点法

比较法虽然可用恒温器对温度计整个测温范围内刻度值逐个进行比较校验，但所用的恒温器规格多，一般实验室多不具备。因此，工业电阻温度计可用两点法进行校验，即只校验 R_0 与 R_{100}/R_0 两个参数。这种校验方法只需简单制备冰点槽（冰水混合物）和水的沸点槽（开放槽中烧开水），分别在这两个恒温槽中测得被校验电阻温度计的电阻 R_0 与 R_{100}/R_0，然后检查 R_0 与 R_{100}/R_0 的比值是否满足技术数据指标（也可计算出与金属纯度对应的温度系数 α，按照金属电阻与温度的关系式及其原理校核热电偶，参见 5.2.2.1，确定温度计是否合并，并校核其与温度的关系曲线。需指出的是，两点法以电阻与温度呈线性变化规律为基础，适合温度范围不大、精度要求不高的实验需求。

5.2.2.5　热电阻的安装及故障诊断

一、热电阻引线连接

热电阻是把温度变化转换为电阻值变化的一次元件，通常需要把电阻信号通过引线传递到计算机控制的数据采集装置或其他仪表。工业用热电阻安装在生产现场，与控制室之间存在一定的距离，其引线电阻对测量结果会有更大的影响。为避免引线电阻造成的误差，热电阻测温时常采用能消除导线电阻的电路接线方式。

热电阻的引线接线方式主要有三种：

二线制：热电阻的两端各连接一根导线，从而引出电阻信号的连线方式为二线制。二线制引线方法简单，但由于连接导线必然存在引线电阻 r，r 大小与导线的材质和长度的因素有关，因此这种引线方式只适用于测量精度较低的场合。

三线制：在热电阻的一端连接一根引线，另一端连接两根引线的方式称为三线制。三线制接线通常与电桥配套使用，可消除引线电阻引起的测量误差；是工业控制过程中的最常用的一种接线方式。如图 5-8（a）所示为三线制接线电路图，除去 1、2、3 三个引线电阻外，是一个标准的惠斯通电桥。惠斯通平衡电桥（$U_0=0$）的特点是对应四个电阻比值相等，$R_1/R_2=R_4/R_3$；其能够实现即使电源发生波动，四个桥臂电压同时变化，惠斯通电桥仍平衡 U_0 仍保持 0V。此时若热电阻 R_t 接入 R_1 侧作为电桥的一个桥臂电阻，同时添加的引线电阻 3 也成为桥臂电阻的一部分；这一部分电阻是未知的且随环境温度变化，引起测量误差，为了保证平衡惠斯

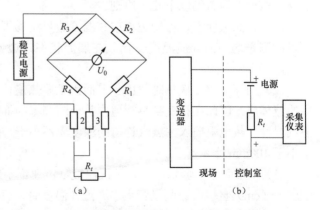

图 5-8　热电阻三线制接线图

（a）电路图；（b）接线图

通电桥测定准确且随温度变化的 R_t，R_4 桥臂侧需同样加入随温度变化相同的引线电阻 2。与此同时，引线电阻 1 接到电桥的电源端，只降低了惠斯通电桥部分的输入电压，即减小了稳压电源输出值；对于惠斯通电桥测定的电阻和温度的关系无影响，因此，三线制消除了引线电阻带来的测量误差。实验室连接时，可利用目前商品化的数字电桥仪测定，接线如图 5-8（b）所示。

　　四线制：在热电阻的根部两端各连接两根导线的方式称为四线制，其中两根引线连接恒流源，为热电阻提供恒定电流 I；经电阻 R 后转换成电压信号 U，再通过另两根引线把 U 引至二次仪表检测；从而获得准确的电阻值 $R_t=U/I$。可见这种引线方式可完全消除引线的电阻影响，主要用于高精度的温度检测。四线制原理是独立供给恒定电流，独立测定热电阻电压，最后计算的热电阻可完全消除引线电阻的影响，结果准确度高。

　　二、热电阻安装要求

　　热电阻的安装，应从有利于准确度的提高、安全可靠及维修方便几个方面进行思考，对热电阻的安装部位以及插入深度均有相应要求。

　　1. 安装位置要求

　　为使热电阻的测量端与被测介质之间进行充分热交换，应尽量避免在阀门、弯头及管道与设备的死角附近装设热电阻。

　　2. 插入深度要求

　　带有保护套管的热电阻存在传热和散热损失，为减少测量误差，热电阻应有足够插入深度。同时，插入的热电偶引起流场扰动，巨大的冲击作用下也可能引起热电偶的断裂，因此插入深度应根据被测流速、被测流体管道的管径尺寸等因素做适当调整。

　　管道内流动可根据流速不同形成层流和湍流两种状态。当流速较小时，流体分层流动、互不混合，称为层流；壁面底部存在较厚的流动和换热边界层。逐渐增加流速，流体的流线开始出现波浪状的摆动，摆动的频率及振幅随流速的增加而增加；此时为过渡流，边界层逐渐减薄。当流速增加到很大时，流线不再清楚可辨，流场中有许多小漩涡，层流被破坏，相邻流层间不但有滑动还有混合；这时垂直于流管轴线方向的分速度大幅度减薄边界层，这种流动称为湍流。无论哪种流动状态，均为管道中心处流速稳定且最大，近管壁处存在层流底层，流速最小；流动不均匀性同时引起温度的不均匀。结合实际管径尺寸及测定需求，热电偶插入深度一般遵循以下几个原则。

　　（1）在湍流状态，流动边界层和温度边界层均很薄，温度计只需穿过很薄的层流底层，即可以测量均匀的介质温度变化。在层流状态，边界层较厚，温度计需插入管道中心测定温度。

　　（2）当存在相变换热时，由于壁面为主要热量传递者，在近壁面形成沸腾的气体层或冷凝的液体层，因此在相变换热管道内热电阻测温的插入深度需要略深。如，对于高温高压主蒸汽温度，热电阻插入主蒸汽管道的深度应不小于 75mm；热套式热电阻的标准插入深度应不小于 100mm。

　　（3）一般科学实验情况下，工况温度、流速都不属于极高范畴，管径为厘米（cm）至几十厘米（cm）量级时。测量管道中心流体温度时，应将其测量端插至管道中心深度。如被测流体的管道直径是 20cm，那热电阻插入深度应选择 10cm。

　　（4）当被测管道管径极小时，可加装管径扩大管，热电偶插入深度约为热电阻套管管径的 10 倍。对于工业大口径的管道温度计的插入深度不一定都至管道中心，部分环境下插入 1/4 管径深度即可。如：测量烟道内烟气的温度，尽管烟道直径为 4m，热电阻仅需插入深度 1m 即可。

（5）当测量原件实际插入深度超过 1m 时，应尽可能垂直安装，或加装支撑架和保护套管。

3. 安装细节

热电阻安装位置和深度确定后，还有几个安装细节如下：

（1）热电阻应尽量垂直安装，安装时应有保护套管，以方便检修和更换。

（2）管壁开孔尺寸要合适，过大可引起密封问题以及散热问题。

（3）高温环境下需使用耐高温电缆或耐高温补偿线。

（4）根据不同温度要求选择不同的测量元件，热电阻测量温度小于 400℃。

（5）接线要正确，避免正负接反。

三、故障诊断

热电阻的常见故障是热电阻的短路和断路。断路和短路是很容易判断的，可用万用表的 "×1Ω" 挡，如测得的阻值小于 R_0，则可能有短路的地方；若万用表指示为无穷大，则可断定电阻体已断路。电阻体短路一般较易处理，只要不影响电阻丝的长短和粗细，找到短路位置加强绝缘即可。电阻体的断路修理必然要改变电阻丝的长短而影响电阻值，因此更换新的电阻体为好；若采用焊接修理，焊后需校验合格后方能使用。热电阻测温系统在运行中的常见故障及处理方法见表 5-9。

表 5-9　　　　　　　　　热电阻测温系统在运行中常见故障及处理方法

故障现象	可能原因	处理方法
显示仪表值比实际值低或示值不稳	保护管内有金属屑、灰尘，接线柱间脏污及热电阻短路（水滴等）	除去金属，清扫灰尘、水滴等，找到短路点，加强绝缘等
显示仪表无穷大	热电阻或引出线断路及接线端子松开等	更换电阻体，或焊接及拧紧线螺丝等
阻值与温度关系波动	热电阻丝材料受腐蚀变质	更换电阻丝（热电阻）
显示仪表指示为负值	显示仪表与热电阻接线有错，或热电阻有短路现象	改正接线或找出短路处，加强绝缘

5.2.3　热电偶温度计

热电偶温度计是目前应用最广泛的一种温度测量仪表，通常由热电偶、冷端温度补偿装置以及显示仪表三部分组成，三者之间用导线连接，其结构如图 5-9 所示[8]。

其中关键部件为热电偶，顾名思义，热电偶中所谓"偶"，即两个。热电偶是利用一端焊接的两根不同的均质导体或半导体线状材料 A 和 B 制成的测温元件。A、B 为热电极或热电偶丝；焊接起来的一端置于被测温度 t 处，称为热电偶的热端，或称测量端、工作端；非焊接端与温度补偿导线相连，并将补偿导线引入恒定温度为 t_0 的环境，称为冷端

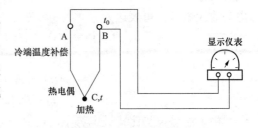

图 5-9　热电偶温度计

或参考端、自由端；冷端再利用导线与温度采集仪表连接。

补偿导线与连接导线不同，一般把在 0～100℃范围内与所配套使用的热电偶具有同样热电特性的廉价金属导线称为补偿导线。而连接导线则为回路中传输电信号的普通导线，连接热电偶及采集仪表；其连接方式与热电阻相同，主要为二线制、三线制、以及四线制的连接方式。

5.2.3.1　热电偶测温基本原理

1. 接触电势

两种均质导体 A 和 B 接触时，由于 A 和 B 中的自由电子密度不同，假设自由电子密度 $N_A > N_B$，导体 A 将通过接点向导体 B 进行自由电子扩散；则 A 失电子，B 积累电子，从而使接点两侧产生电位差，建立了静电场 E_{AB}，如图 5-10 所示。

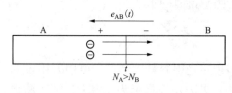

图 5-10　接触电势

静电场 E_{AB} 的存在将阻止自由电子继续扩散。当扩散力和电场力的作用相互平衡时，电子的扩散就相对停止，最终在接点两侧之间产生电势。此电势称为接触电势，用符号 $e_{AB}(t)$ 表示，其中 t 为接点处的温度。接触电势的大小与接触面温度 t 和两种导体的性质有关，方向如图 5-10 所示，由电子密度小的电极指向电子密度大的电极。

2. 温差电势

导体的自由电子密度随温度升高而增大，因此当同一导体两端温度不同时，温度高的一端自由电子密度将高于温度低的一端；在两端之间也会出现与接触电势中相似的自由电子扩散过程，最终在导体的两端间产生电位差，建立起电势。这种电势被称为温差电势，用符号 $e_A(t, t_0)$ 表示，如图 5-11 所示。这种受热物体中的电子、空穴随温度梯度由高温区向低温区移动时，所产生电流或电荷堆积的现象称为热电效应或塞贝克效应。温差电势的大小与导体两端温度 t、t_0 及导体性质有关，方向如图 5-11 所示，由低温端指向高温端。此温差电势可表达为

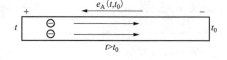

图 5-11　温差电势

$$e_A(t, t_0) = e_A(t) - e_A(t_0)$$

3. 热电势

若将热电偶的两个冷端也连接起来，则形成一个闭合回路，如图 5-12 所示。当 $t > t_0$，$N_A > N_B$ 时，回路内将产生两个接触电势 $e_{AB}(t)$ 和 $e_{AB}(t_0)$，两个温差电势 $e_A(t, t_0)$ 和 $e_B(t, t_0)$，各电势的方向如图 5-12 所示。这时，回路的总电势，即热电势 $E_{AB}(t, t_0)$ 是这些接触电势和温差电势的代数和，可表达为

$$\begin{aligned}
E_{AB}(t, t_0) &= e_{AB}(t) - e_A(t, t_0) - e_{AB}(t_0) + e_B(t, t_0) \\
&= e_{AB}(t) - [e_A(t) - e_A(t_0)] - e_{AB}(t_0) + [e_B(t) - e_B(t_0)] \\
&= [e_{AB}(t) - e_A(t) + e_B(t)] - [e_{AB}(t_0) - e_A(t_0) + e_B(t_0)] \\
&= f_{AB}(t) - f_{AB}(t_0)
\end{aligned} \tag{5-13}$$

由于温差电势比接触电势小，且由于 $t > t_0$，在总电势 $E_{AB}(t, t_0)$ 中，接触电势 $e_{AB}(t)$ 所占百分比最大，故总电势 $E_{AB}(t, t_0)$ 的方向取决于接触电势 $e_{AB}(t)$ 的方向。同时，因 A 的电子密度

大，所以 A 为正极，B 为负极；在正热电极里，电势的方向由热端指向冷端。

式（5-13）表明，当两个热电极的材料选定后，热电势即为两个分别与接点温度有关的函数之差。如冷端温度 t_0 保持不变，则 $f_{AB}(t_0) = C$（常数），$E_{AB}(t, t_0) = f_{AB}(t) - C$；热电势与热端温度 t 成一一对应关系。因此，测得热电势 $E_{AB}(t, t_0)$，就可以确定被测温度 t 的数值，这就是热电偶测量温度的原理。

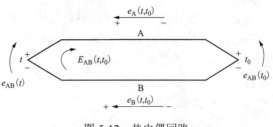

图 5-12　热电偶回路

为了使用方便，标准化热电偶的热端温度与热电势之间的对应关系都有函数表可查，这种表称热电偶分度表，具体数据将在 5.2.3.3 中介绍。

5.2.3.2　热电偶测温基本定律

1. 均质导体定律

由同一种均质材料（导体或半导体）两端焊接组成闭合回路，无论导体截面如何，温度如何分布，都不产生接触电势，同时温差电势相抵消，使得回路中总电势为零。这条定律为均质导体定律。由均质导体定律可获得的热电偶相关结论如下：

（1）热电偶必须由均匀的两种不同热电极材料组成；若热电极材料不均匀，由于温度梯度存在，将会产生附加热电势。

（2）热电偶测定的热电势与热电极的几何尺寸（长度、截面积）无关。

（3）两种均质导体组成的热电偶，其热电势只决定于两个接点的温度，与中间温度的分布无关。

（4）如一种导体组成的闭合回路中存在温差时，如果回路中产生了热电势，则可确定电极材料不均匀，由此可检查热电极材料的均匀性。

2. 中间导体定律

中间导体定律是指在热电偶回路中接入中间导体（第三导体），只要中间导体两端温度相同，中间导体的引入对热电偶回路总电势没有影响。由此定律可以得到如下结论：

（1）在热电偶回路中，接入第三、第四种或者更多种均质导体，只要接入导体两端温度相等，则对回路中的热电势无影响。其应用实例如图 5-13 所示，利用热电偶测温时，只要热电偶连接显示仪表的两个接点温度相同，可将仪表当作第三种导体 C，则图中 $e_{AC}(t_0) - e_{BC}(t_0) = e_{AB}(t_0)$，即仪表的接入对热电偶的热电势没有影响。

对图 5-13，可以写出回路热电势为

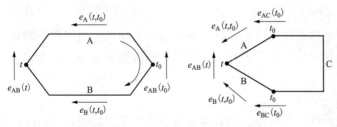

图 5-13　热电偶接入中间导体热电势

$$E_{ABC}(t, t_0, t_0) = e_{AB}(t) - e_A(t, t_0) - e_{AC}(t_0) + e_{BC}(t_0) + e_B(t, t_0)$$
$$= e_{AB}(t) - e_A(t, t_0) - e_{AB}(t_0) + e_B(t, t_0)$$
$$= E_{AB}(t, t_0)$$

（2）在保证所有热电偶接点接触良好时，若温度均匀即接点温度处处相等；不论用何种方法构成接点，都不影响热电偶回路的热电势。此时温度处处相等的接点可以看成第三种导体。

总之，根据中间导体定律，只要仪表处于稳定的环境温度中，在热电偶回路中可任意接入显示仪表、冷端温度补偿装置、连接导线；且可以用任何焊接方式，而不会影响回路的热电势。在测量一些等温导体温度时，甚至可以借助该导体本身连接作为测量端，焊接电偶回路测量热电势，反推其温度。

3. 中间温度定律

两种不同材料 A、B 组成的热电偶回路，其接点温度为 t、t_0 的热电势，等于在添加中间 t_n 后该热电偶接点温度 t、t_n 和 t_n、t_0 时的热电势的代数和，即保证热电偶材料不变的情况下测定热电势仅与两端温度有关，如图 5-14 所示，即

$$E_{AB}(t, t_0) = E_{AB}(t, t_n) + E_{AB}(t_n, t_0) \tag{5-14}$$

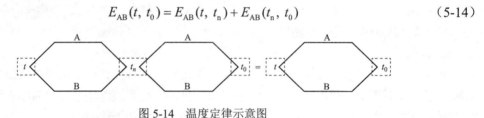

图 5-14   温度定律示意图

中间温度定律在实际测量中的应用如下：

（1）进行冷端补偿实验数据的校正。已知热电偶在某一冷端温度下的分度表数据，只要引入适当的修正，就可在其他冷端温度下测温。如，采集仪表内无冷端补偿功能、实验中无冷端归零举措（如冰桶），即采集系统未考虑冷端补偿，此时测定热电势为 $E(t_n, t)$；须再次测定冷端温度 t_n，结合分度表进行 E 的校零计算，获得真实 $E(0, t)$，如式（5-15）所示；最后根据计算出的 $E(0, t)$，利用分度表查获其所对应的准确温度，即

$$E(0, t) = E(0, t_n) + E(t_n, t) \tag{5-15}$$

（2）为使用补偿导线提供了理论依据。热电偶丝 A、B，其测量温度点分别为 t、t_0，当引入与材料 A、B 有同样热电性质的材料 A′、B′ 补偿导线时，只需保证两个待测量点温度 t、t_0 不变，无论 A′、B′ 接点温度 t_n 及接点位置如何变化，结合式（5-16）可知总热电势不变，此为补偿导线引入原理，即

$$E_{AB}(t, t_n) + E_{A'B'}(t_n, t_0) = E_{AB}(t, t_n) + E_{AB}(t_n, t_0) = E_{AB}(t, t_0) \tag{5-16}$$

热电偶测温定律中均质导体定律是热电偶测温的基础；中间导体定律是热电偶串接测量仪表以及连接的基础；而中间温度定律是利用分度表测量并获得准确温度的基础；三个定律保证了热电偶测温的准确性。

5.2.3.3 热电偶分类及特征

热电偶根据不同材料、不同精度标准、不同结构形式等可分为多种类型，因此在实际应用中需综合考虑测温范围、测温环境、测温精度以及所需安装方式等，并根据各种热电偶特点选择最适合的热电偶进行测温。当然，并不是任何两种导体都适用于制作热电偶，为保证测温具有一定可靠性，一般要求热电极材料在整个测温范围内满足下列基本要求。

（1）物理性质稳定，热电性能稳定，在测温范围内热电特性不随时间变化。

（2）化学性质稳定，不易被氧化和腐蚀。

（3）两种材料组成的热电偶应产生较大热电势，以得到较高的灵敏度；热电势与被测温度呈线性或近似线性关系。

（4）电阻温度系数及电阻率小，以免热电偶的内阻随温度变化误差影响测量精度。

（5）复制性好，即同样材料制成的热电偶，它们的热电特性基本相同。

（6）材料来源丰富，价格便宜。

热电偶的选择需根据具体要求、测温条件选择不同的热电偶材料；目前常用热电偶可分为标准热电偶和非标准热电偶两大类。所谓标准热电偶是指国家利用标准分度表严格规定其测量热电势与温度的关系以及允许误差；标准热电偶一般有与其配套的显示仪表可供选用。非标准化热电偶没有统一的分度表，在使用范围或数据精确度上均不及标准化热电偶，一般用于精度要求不高或某些特殊场合的测量。

1. **标准热电偶**

从 1988 年 1 月 1 日起，我国热电偶和热电阻全部按 IEC 国际标准生产；制定 S、B、E、K、R、J、T、N 八种不同材料的标准化热电偶分度号以及对应的分度表数据。分度表规定了热电偶、热电势与测量温度的一一对应关系，可用于表达热电偶的热电特性；为我国热电偶设计领域提供了统一标准及行业规范。表 5-10～表 5-14 展示了 S、R、B、K、E 几种科学实验中常用的标准热电偶分度表。如表头所示，分度表数据是在热电偶冷端温度为 0℃ 条件下，通过实验方法测定不同温度下对应标准化热电偶热电势；因此 t_n 不等于 0℃ 时，不能直接使用分度表中 $E_{AB}(t_n, t)$ 的数值直接查表获得 t 值，需根据中间温度定律，按照式（5-15）进行热电势对应数值的转换计算，进而获得真实热电势以及准确温度值。

标准化热电偶根据其允许误差还可以分为不同等级，同一标准热电偶在测定不同温度范围时，其测量偏差或精度不同。表 5-15 展示了不同标准热电偶对应分度号，以及不同等级对应温度测量范围下的允许偏差。较低温度时允许偏差可直接用温度的绝对值表示，而在温度较高或测量范围较宽时利用测量量程的百分数表示。标准热电偶等级越低其精度越高，一级精度标准热电偶最准确。

表 5-10　　　　铂铑 10—铂热电偶分度表（分度号为 S，冷端温度为 0℃，mV）

温度/℃	0	10	20	30	40	50	60	70	80	90
0	0.000	−0.053	0.103	−0.150	−0.194	−0.236				
0	0.000	0.055	0.113	0.173	0.235	0.299	0.365	0.433	0.502	0.573
100	0.646	0.720	0.795	0.872	0.950	1.029	1.110	1.191	1.273	1.357
200	1.441	1.526	1.612	1.698	1.786	1.874	1.962	2.052	2.141	2.232
300	2.323	2.415	2.507	2.599	2.692	2.786	2.880	2.974	3.069	3.164
400	3.259	3.355	3.451	3.548	3.645	3.742	3.840	3.938	4.036	4.134
500	4.233	4.332	4.432	4.532	4.632	4.732	4.833	4.934	5.035	5.137
600	5.239	5.341	5.443	5.546	5.649	5.753	5.857	5.961	6.065	6.170
700	6.275	6.381	6.486	6.593	6.699	6.806	6.913	7.020	7.128	7.236
800	7.345	7.454	7.563	7.673	7.783	7.893	8.003	8.114	8.226	8.337
900	8.449	8.562	8.674	8.787	8.900	9.014	9.128	9.242	9.357	9.472
1000	9.587	9.703	9.819	9.935	10.051	10.168	10.285	10.403	10.520	10.638

续表

温度/℃	0	10	20	30	40	50	60	70	80	90
1100	10.757	10.875	10.994	11.113	11.232	11.351	11.471	11.590	11.710	11.830
1200	11.951	12.071	12.191	12.312	12.433	12.554	12.675	12.796	12.917	13.038
1300	13.159	13.280	13.402	13.523	13.644	13.766	13.887	14.009	14.130	14.251
1400	14.373	14.494	14.615	14.736	14.857	14.978	15.099	15.220	15.341	15.461
1500	15.582	15.702	15.822	15.942	16.062	16.182	16.301	16.420	16.539	16.658
1600	16.777	16.895	17.013	17.131	17.249	17.366	17.483	17.600	17.717	17.832
1700	17.947	18.061	18.174	18.285	18.395	18.503	18.609			

表 5-11　　　　铂铑 13—铂热电偶分度表（分度号为 R，冷端温度为 0℃，mV）

温度/℃	0	10	20	30	40	50	60	70	80	90
0	0.000	−0.051	−0.100	−0.145	−0.188	−0.226				
0	0.000	0.054	0.111	0.171	0.232	0.296	0.363	0.431	0.501	0.573
100	0.647	0.723	0.800	0.879	0.959	1.041	1.124	1.208	1.294	1.381
200	1.469	1.558	1.648	1.739	1.831	1.923	2.017	2.112	2.207	2.304
300	2.401	2.498	2.597	2.696	2.796	2.896	2.997	3.099	3.201	3.304
400	3.408	3.512	3.616	3.721	3.827	3.933	4.040	4.147	4.255	4.363
500	4.471	4.580	4.690	4.800	4.910	5.021	5.133	5.245	5.357	5.470
600	5.583	5.697	5.812	5.926	6.041	6.157	6.273	6.390	6.507	6.625
700	6.743	6.861	6.980	7.100	7.200	7.340	7.461	7.583	7.705	7.827
800	7.950	8.073	8.197	8.321	8.446	8.571	8.697	8.823	8.950	9.077
900	9.205	9.333	9.461	9.590	9.720	9.850	9.980	10.111	10.242	10.374
1000	10.506	10.638	10.771	10.905	11.039	11.173	11.307	11.442	11.578	11.714
1100	11.850	11.986	12.123	12.260	12.397	12.535	12.673	12.812	12.950	13.089
1200	13.228	13.367	13.507	13.646	13.786	13.926	14.066	14.207	14.347	14.488
1300	14.629	14.770	14.911	15.052	15.193	15.334	15.475	15.616	15.758	15.899
1400	16.040	16.181	16.323	16.464	16.605	16.746	16.887	17.028	17.169	17.310
1500	17.451	17.591	17.732	17.872	18.012	18.152	18.292	18.431	18.571	18.710
1600	18.849	18.988	19.126	19.264	19.402	19.540	19.677	19.814	19.951	20.087
1700	20.222	20.356	20.488	20.620	20.749	20.877	21.003			

表 5-12　　　　铂铑 30—铂铑 6 热电偶分度表（分度号为 B，冷端温度为 0℃，mV）

温度/℃	0	10	20	30	40	50	60	70	80	90
0	0.000	−0.002	−0.003	−0.002	−0.000	0.002	0.006	0.011	0.017	0.025
100	0.033	0.043	0.053	0.065	0.078	0.092	0.107	0.123	0.141	0.159
20	0.178	0.199	0.220	0.243	0.267	0.291	0.317	0.344	0.372	0.401
300	0.431	0.462	0.494	0.527	0.561	0.596	0.632	0.669	0.707	0.746
400	0.787	0.828	0.870	0.913	0.957	1.002	1.048	1.095	1.143	1.192
500	1.242	1.293	1.344	1.397	1.451	1.505	1.561	1.617	1.675	1.733

续表

温度/℃	0	10	20	30	40	50	60	70	80	90
600	1.792	1.852	1.913	1.975	2.037	2.101	2.165	2.230	2.296	2.363
700	2.431	2.499	2.569	2.639	2.710	2.782	2.854	2.928	3.002	3.087
800	3.154	3.230	3.308	3.386	3.466	3.546	3.626	3.708	3.790	3.873
900	3.957	4.041	4.127	4.213	4.299	4.387	4.475	4.564	4.653	4.743
1000	4.834	4.926	5.018	5.111	5.205	5.299	5.394	5.489	5.585	5.682
1100	5.780	5.878	5.976	6.075	6.175	6.276	6.377	6.478	6.580	6.683
1200	6.786	6.890	6.995	7.100	7.205	7.311	7.417	7.524	7.632	7.740
1300	7.848	7.957	8.066	8.176	8.286	8.397	8.508	8.620	8.731	8.844
1400	8.956	9.069	9.182	9.296	9.410	9.524	9.639	9.753	9.868	9.984
1500	10.099	10.215	10.331	10.447	10.563	10.679	10.796	10.913	11.029	11.146
1600	11.263	11.380	11.497	11.614	11.731	11.848	11.965	12.082	12.199	12.316
1700	12.433	12.549	12.666	12.782	12.898	13.014	13.130	13.246	13.361	13.476
1800	13.591	13.706	13.820							

表 5-13　　　镍铬—镍硅（镍铝）热电偶分度表（分度号为 K，冷端温度为 0℃，mV）

温度/℃	0	10	20	30	40	50	60	70	80	90
−200	−5.891	−6.035	−6.158	−6.262	−6.344	−6.404	−6.441	−6.458		
−100	−3.554	−3.852	−4.138	−4.441	−4.669	−4.193	−5.141	−5.354	−5.550	−5.730
−0	0.000	−0.392	−0.778	−1.156	−1.527	−1.889	−2.243	−2.587	−2.920	−3.243
0	0.000	0.397	0.798	1.203	1.612	2.023	2.436	2.851	3.267	3.682
100	4.096	4.509	4.920	5.328	5.735	6.138	6.540	6.941	7.340	7.739
200	8.138	8.539	8.940	9.343	9.747	10.153	10.561	10.971	11.382	11.795
300	12.209	12.624	13.040	13.457	13.874	14.293	14.713	15.133	15.554	15.975
400	16.397	16.820	17.243	17.667	18.091	18.516	18.941	19.366	19.792	20.218
500	20.644	21.071	21.497	21.924	22.350	22.776	23.203	23.629	24.055	24.480
600	24.905	25.330	25.755	26.179	26.602	27.025	27.447	27.869	28.289	28.710
700	29.129	29.548	29.965	30.382	30.798	31.213	31.628	32.041	32.453	32.865
800	33.275	33.685	34.093	34.501	34.908	35.313	35.718	36.121	36.524	36.925
900	37.326	37.725	38.124	38.522	38.918	39.314	39.708	40.101	40.494	40.885
1000	41.276	41.665	42.053	42.440	42.826	43.211	43.595	43.978	44.359	44.740
1100	45.119	45.497	45.873	46.249	46.623	46.995	47.367	47.737	48.105	48.473
1200	48.838	49.202	49.565	49.926	50.286	50.644	51.000	51.355	51.708	52.060
1300	52.410	52.759	53.106	53.451	53.795	54.138	54.479	54.819		

表 5-14　　　　镍铬—康铜热电偶分度表（分度号为 E，冷端温度为 0℃，mV）

温度/℃	0	10	20	30	40	50	60	70	80	90
−200	−8.825	−9.063	−9.274	−9.455	−9.604	−9.718	−9.797	−9.835		
−100	−5.237	−5.681	−6.107	−6.516	−6.907	−7.279	−7.632	−7.963	−8.273	−8.561

续表

温度/℃	0	10	20	30	40	50	60	70	80	90
−0	−0.000	−0.582	−1.152	−1.709	−2.255	−2.787	−3.306	−3.811	−4.302	−4.777
0	0.000	0.591	1.192	1.801	2.420	3.048	3.685	4.330	4.985	5.648
100	6.319	6.998	7.685	8.379	9.081	9.789	10.503	11.224	11.951	12.684
200	13.421	14.164	14.912	15.664	16.420	17.181	17.945	18.713	19.484	20.259
300	21.036	21.817	22.600	23.386	24.174	24.964	25.757	26.552	27.348	28.146
400	28.946	29.747	30.550	31.354	32.159	32.965	33.772	34.579	35.387	36.196
500	37.005	37.815	38.624	39.434	40.243	41.053	41.862	42.671	43.479	44.286
600	45.093	45.900	46.705	47.509	48.313	49.116	49.917	50.718	51.517	52.315
700	53.112	53.908	54.703	55.497	56.289	57.080	57.870	58.659	59.446	60.232
800	61.017	61.801	62.583	63.364	64.144	64.922	65.698	66.473	67.246	68.017
900	68.787	69.554	70.319	71.082	71.844	72.603	73.360	74.115	74.869	75.621
1000	76.373									

表 5-15　　　标准化热电偶使用特性

分度号	热电偶名称	热电偶丝直径/mm	等级及允许偏差					
			I		II		III	
			温度范围/℃	允许偏差	温度范围/℃	允许偏差	温度范围/℃	允许偏差
S	铂铑10—铂	0.5~0.02	0~1100	±1℃	0~600	±1.5℃	0~1600	±0.5%t
			1100~1600	±[1+(t−1100)×0.003]℃	600~1600	±0.25%t	≤600	±3℃
							>600	±0.5%t
B	铂铑30—铂铑6	0.5~0.015	—	—	600~1700	±0.25%t	600~800	±4℃
							800~1700	±0.5%t
K	镍铬—镍硅	0.3、0.5、0.8、1.0、1.2、1.6	≤400	±1.6℃	≤400	±3℃	−200~0	±1.5%t
			>400	±0.4%t	>400	±0.75%t		
J	铁—康铜	0.3、0.5、0.8、1.2、1.6、2.0、3.2	−40~750	±1.5℃或（±0.4%t）	−40~750	±2.5℃或（±0.75%t）	—	—
R	铂铑13—铂	0.05~0.02	0~1100	±1℃	0~600	±1.5℃	—	—
			1100~1600	±[1+(t−1100)×0.003]℃	600~1600	±0.25%t		
E	镍铬—康铜	0.3、0.5、0.8、1.2、1.6、2.0、3.2	−40~800	±1.5℃或（±0.4%t）	−40~900	±2.5℃或（±0.75%t）	−200~+40	±2.5℃或（±1.5%t）
T	铜—康铜	0.2、0.3、0.5、1.0、1.6	−40~350	±0.5℃或（±0.4%t）	−40~350	±1.0℃或（±0.75%t）	−200~+40	±1℃或±1.5%t

注　1. t 为被测温度；
2. 允许偏差以℃值或实际温度的百分数表示，两者采用计算数值中的较大值。

2. 非标准热电偶

非标准化热电偶是除标准化热电偶之外，国家没有对电偶材料以及热电势与温度之间关系制定严格规定的热电偶的总称。因此非标准热电偶无分度号及对应的分度表，而是根据实际测温要求选择电偶材料，常见的非标准热电偶材料、测温范围及特征见表 5-16。

表 5-16   非 标 准 热 电 偶 概 况

名称	材料		测温范围/℃	允许误差/℃	特 点	用 途
	正极	负极				
高温热电偶	铂铑 3	铂	0～1600	≤600 为±10；>600 为±0.5%t	热电势较铂铑 10 大，其他一样	测量钴合金溶液温度（1501℃）
	铂铑 13	铂铑 1	0～1700		在高温下抗沾污性能和机械性能好	各种高温测量
	铂铑 20	铂铑 5	0～1700		在高温下抗氧化性能、机械性能好，化学稳定性好，50℃以下热电势小，冷端可以不用温度补偿	
	铱铑 40	铂铑 20	0～1850			
	铱铑 40	铱	300～2200	≤1000 为±10；>1000 为±0.5%t	热电势与温度线性好，适用于氧化、真空、惰性气体；热电势小，价格高，寿命短	航空和空间技术及其他高温测量
	铱铑 60	铱				
	钨铼 3	钨铼 25	300～2800	≤1000 为±10；>1000 为±0.5%t	上限温度高，热电势比上述材料大。线性较好，适用于真空、还原性和惰性气体环境	钢水温度测量及其他高温测量
	钨铼 5	钨铼 20				
低温热电偶	镍铬	金铁 0.07%	-270～0	±1.0	在极低温度下，灵敏度较高，稳定性好。热电极材料易复制，是较理想的低温热电偶	用于超导，宇航，受控热核反应等低温工程以及科研部门
	铜	金铁 0.07%	-270～196			
非金属热电偶	碳	石墨	测温上限 2400		热电势大，熔点高，价格低廉，但复现性和机械性能差	用于耐火材料的高温测量
	硼化锆	碳化锆	测温上限 2000			
	二硅化钨	二硅化钼	测温上限 1700			

注   t 为被测温度的绝对值。

在科学实验中优选标准热电偶进行测温；当在特殊环境或要求下需利用非标准热电偶进行测温时，除购置成品热电偶外，还可以购置电偶丝自制热电偶。如测量表面温度，选用平板热电偶；测量为微小结构夹角位置，需热电偶测温点尺寸小于 0.1mm，选用微细电偶丝自制热电偶等。使用非标准或自制热电偶时存在以下几点注意事项。

（1）热端焊接需牢固，即组成热电偶的两种材料作为测量端的焊接必须牢固；自制电偶丝焊接往往使用熔融点焊接。

（2）热端与补偿导线连接方式需方便可靠。

（3）两个热电偶材料彼此之间需绝缘良好以防短路。

（4）保护套管应能保证热电偶与有害介质充分隔离。

（5）自制热电偶需利用标准铂电阻进行校准方可使用。

3. 热电偶的结构形式

热电偶根据不同测温环境要求存在如下几种结构形式。

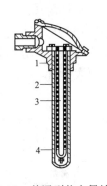

图 5-15　普通型热电偶结构

1—接线盒；2—保护套管；

3—绝缘套管；4—热电偶丝

（1）普通型热电偶。普通型热电偶通常由热电偶、绝缘材料、保护套管和接线盒等主要部分构成，其结构如图 5-15 所示。热电偶两根电偶丝套有绝缘瓷管以防止两极间短路，两个冷端分别固定于接线盒内的接线端子；外侧的保护套管则使热电极免受被测介质的化学腐蚀和外力的机械损伤。普通型热电偶一般直径较粗，主要用于工业中测量液体、气体、蒸汽等的温度。

（2）铠装热电偶。铠装型热电偶是将热电极、绝缘材料和金属保护套管三部分组合后，用整体拉伸工艺加工成一根很细的、可自由弯曲的电线式测量端；其外径一般为 0.25～12mm，其长度可根据使用需要自由截取。同时对于热电偶另一端的冷端也可根据需求进行加工，形成一支完整的铠装热电偶。铠装热电偶的测量端有多种结构形式，如图 5-16 所示，可根据具体要求选用。

铠装热电偶由于具有体积小、准确度高、动态响应快、耐振动、耐冲击、机械强度高、可挠性好、便于安装等优点，已广泛应用在航空、原子能、电力、冶金和石油化工等领域。

（3）套式热电偶。为了保证热电偶能在高温、高压及大流量条件下安全测量，同时保证数据测量的准确度及响应速度，在热电偶外设计套管制成热套式热电偶，如图 5-17 所示。热套式热电偶采用了锥形套管、三角锥支撑和保温的机构以及焊接式安装方式；这种结构既保证了热电偶的测温准确度和灵敏度，又提高了热电偶保护套管的机械强度和热冲击性能。热套式热电偶专用于测量主蒸汽管道的蒸汽温度以及工业大流量工质温度。

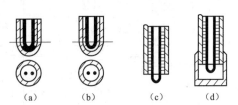

图 5-16　铠装热电偶测量端的不同形式

（a）碰底型；（b）不碰底型；（c）露头型；（d）帽型

（4）薄膜式热电偶。薄膜式热电偶是用真空蒸镀的方法，将热电极材料蒸镀到绝缘基板上而成的热电偶。其结构如图 5-18 所示。因采用蒸镀工艺，所以薄膜热电偶的尺寸和厚度可以做得很小。其特点是热容量小，响应速度快，适合测量微小面积上的瞬变温度。

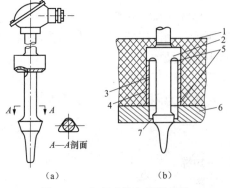

图 5-17　热套式热电偶的结构

1—保温层；2—传感器；3—热套；4—安装套管；

5—主蒸汽管壁；6—电焊接口；7—卡紧固定

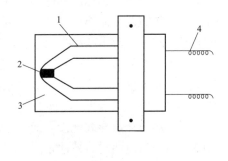

图 5-18　薄膜式热电偶的结构

1—热电极；2—热接点；

3—绝缘套片；4—引出线

（5）快速消耗型热电偶。一种专为测量钢水及熔融金属温度而设计的特殊热电偶，其结构如图 5-19 所示。热电极由直径 0.05～0.1mm 的铂铑 10～铂铑 30（或钨铼 6～钨铼 20）等材料制成，且装在外径为 1mm 的 U 形石英管内，构成测温的敏感元件。其外部有绝缘良好的直管、保护管及高温绝热水泥加以保护和固定。它的特点是：当其插入钢水后，保护帽瞬间熔化，热电偶工作端即刻暴露于钢水中，由于石英管和热电偶热容量都很小，因此能很快反映出钢水的温度，反应时间一般为 4～6s。在测出温度后，热电偶和石英保护管都被烧坏，因此它只能一次性使用。这种热电偶可直接用补偿导线接到专用的快速电子电位差计上，直接读取钢水温度。

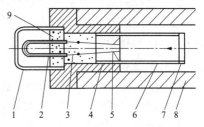

图 5-19　快速消耗型热电偶结构
1—保护帽；2—石英；3—正负偶丝；4—泥头；
5—补偿导线；6—小直管；7—支架；
8—大直管；9—耐火填充剂

5.2.3.4　热电偶安装及故障诊断

1. 热电偶安装及误差

为有利于测温准确，安全可靠及维修方便，且不影响设备运行和生产操作，对热电偶的安装及检测基本与热电阻相同，线路连接采用两线制、三线制及四线制；安装位置为直管段，避开进出口、阀门、弯道等；最小插入深度为热电偶直径的 8～10 倍；安装方向尽量垂直壁面安装，热端尽量处于迎流方向等。除此之外，热电偶安装还存在一些本身特色的注意事项及误差，具体如下：

（1）热电偶冷端引入误差。热电偶冷端太靠近被测温度，此时热电偶冷端不仅非 0℃，而且其温度容易受环境影响而发生波动，造成热电偶测温不准。

（2）热电偶的安装应尽可能避开强磁场和强电场，不应将热电偶信号线和动力电缆线（交流电或三相电）靠近，以免引入电磁场干扰造成误差。

（3）绝缘性降低引入误差。如热电偶保护管和拉线板污垢或盐渍过多致使热电偶极间与环境流体间绝缘不良，不仅会引起热电势的损耗而且会引入环境干扰，由此引起的误差在高温环境下有时可达上百度。

（4）本身结构引入热惰性误差。热电偶的热惰性使仪表的指示值落后于被测温度的变化，在进行快速测量时这种影响尤为突出；同时，存在测量滞后，热电偶检测出的温度波动的振幅较被测温度波动的振幅小。为了准确测量温度，应当选择时间常数小的热电偶。时间常数与传热系数成反比，与热电偶热端的直径、材料的密度及比热成正比；选择导热性能好的材料，减小热电偶热端的尺寸，采用管壁薄、内径小的保护套管可有效减小热惰性误差。在较精密的温度测量中，甚至可使用无保护套管的裸丝热电偶，及时校正及更换避免热电偶丝的断裂。

（5）环境引入热阻误差，恶劣环境容易在热电偶保护管上发生积灰，增大了换热热阻，造成温度指示值比被测温度真值低且其变化发生滞后。因此，应保持热电偶保护管外部的清洁。

2. 热电偶采集故障诊断

热电偶采集仪表测温故障的初步诊断及处理方法如下：

（1）仪表短接：把热电偶从仪表上拆下，用任何一根导线把仪表热电偶输入端短路。通电时仪表显示值约为室温时，说明热电偶内部断路，应更换同类型热电偶；若仍显示错误说明仪表侧损坏，要调换仪表。

（2）更换热电偶：用同种分度号热电偶换上接入采集仪表，通电后，仪表显示热点温度，说明原热电偶断路，需更换同类型热电偶。

（3）万用表测电阻：用万用表欧姆（"×1Ω"）挡测热电偶两端，若万用表上显示的电阻值很大，说明热电偶内部断路，需更换同类型热电偶；如有一定阻值，说明仪表输入端有问题，应更换仪表。

（4）正负接反：仪表显示有负值说明接入仪表的热电偶"+""−"接反。

（5）测温误差大：接线正确时，仪表显示的温度与实际测量的温度相差 40～70℃甚至更大，首先考虑仪表的设置分度号与热电偶的分度号不匹配。按热电偶分度号 B、S、K、E 等热电偶的温度与毫伏（mV）值的对应关系可知，同样温度的情况下，产生的热电势的值 B 分度号最小，S 分度号次小，K 分度号较大，E 分度号最大。当确定热电偶分度号设置匹配无误，则其他可能原因和处理方法见表 5-17。

表 5-17　　　　　　　　　　　热电偶常见故障及处理方法

故障现象	可 能 原 因	处 理 方 法
热电势比实际值小（显示仪表指示值偏低）	热电极短路	找出短路原因，如因潮湿所致，则需进行干燥；如因绝缘子损坏所致，则需更换绝缘子
	热电偶的接线柱处积灰，造成短路	清扫积灰
	补偿导线线间短路	找出短路点，加强绝缘或更换补偿导线
	热电偶热电极变质	在长度允许的条件下，剪去变质段重新焊接，或更换新热电偶
	补偿导线与热电偶极性接反	重新接正确
	补偿导线与热电偶不配套	更换相配套的补偿导线
	热电偶安装位置不当或插入深度不符合要求	重新按规定安装
	热电偶冷端温度补偿不符合要求	调整冷端补偿器
	热电偶与显示仪表不配套	更换热电偶或显示仪表使之相配套
热电势比实际值大（显示仪表指示值偏高）	热电偶与显示仪表不配套	更换热电偶或显示仪表使之相配套
	补偿导线与热电偶不配套	更换相配套的补偿导线
	有直流干扰信号进入	排除直流干扰
热电势输出不稳定	热电偶接线柱与热电极接触不良	将接线柱螺丝拧紧
	热电偶测量线路绝缘破损，引起断续短路或接地	找出故障点，修复绝缘
	热电偶安装不牢或外部振动	紧固热电偶，消除振动或采取减振措施
	热电极将断未断	修复或更换热电极
	外界干扰（交流漏电，电磁场感应等）	查处干扰源，采用屏蔽措施
热电偶热电势误差大	热电极变质	更换热电极
	热电偶安装位置不当	改变安装位置
	保护管表面积灰	清楚积灰

5.3　非接触式温度测量方法

接触式测温方法虽然被广泛采用，但其存在明显的不足，如不适用测量运动物体的温度，对测定流场扰动较大等，为此需大力发展非接触式测温方法[9]。非接触式测温仪表测量原理是基于物体辐射能随温度变化的规律，目前主要应用于冶金、化工、铸造以及玻璃、陶瓷和耐火材料等工业生产领域。

非接触式测量方法的特点有：①感温元件不与被测介质接触，因而不破坏被测对象的温度场，不受被测介质的腐蚀。②感温元件不用与被测介质进行热量传递达到热平衡，感温元件温度可以大大低于被测介质温度；因此，理论上这种测温方法的测温上限不受限制。③近年来随着红外技术的发展，测温下限已移到常温区，大大扩展了非接触式测温使用的范围。④它的动态特性好，可测量处于运动状态的对象温度和变化着的温度。

非接触式温度测量仪表分为两类：一类是光学辐射式高温计，包括单色光学高温计、单色光电高温计、全辐射高温计、比色高温计等；另一类是红外辐射仪，包括单红外辐射仪、比色仪等。本节主要介绍目前广泛应用的单辐射高温计、全辐射高温计、比色高温计、红外光电温度计、红外测温仪等。

5.3.1　热辐射基本定律

任何物体的温度高于绝对零度时，其内部带电粒子的运动都会以一定波长的电磁波的形式向外辐射能量，其中以热能方式向外辐射的那一部分能量称为热辐射。由于电磁波传播不需要介质，因此热辐射是真空中唯一的传热方式。辐射温度探测器所能接收的热辐射波长范围约为 $0.38 \sim 1000 \mu m$，包含可见光和红外线区域，如图 5-20 所示。

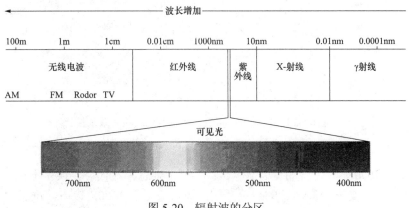

图 5-20　辐射波的分区

电磁波照射至物体表面会发生反射、透射、吸收等几个物理过程。根据不同物体表面上三个过程的占比可将物体分为黑体、白体和灰体。在任何条件下，对任何波长的外来辐射完全吸收而无任何反射的物体，即吸收比为 1 的物体为黑体；全部反射的物体为白体；全部透射的为透明体；灰体是对辐射波部分吸收、部分反射的物体，其吸收比等于发射率。黑体和白体为理想体，实际生活中大部分物体可近似为灰体；实际物体向外的辐射力和同温度下黑体的辐射力之比称为实际物体的黑度，黑度表现的是实际物体与理想黑体的差别。无论黑体、灰体，还是白体，经过反射、吸收以及透射几个过程对表面辐射能的协调分配后，均可获得稳定的温度。

利用非接触测温方法测定温度的基础即为黑体的三大辐射定律：普朗克定律、维恩定律以及全辐射定律。

1. 普朗克定律

普朗克定律定义了绝对黑体（又称全辐射体）的单色辐射力 $E_{0\lambda}$ 随单色辐射波长 λ 的变化规律，即普朗克定律体现的是单色辐射能与波长的数学关系。

$$E_{0\lambda} = c_1 \lambda^{-5} \left[\exp\left(\frac{c_2}{\lambda T}\right) - 1 \right]^{-1} \tag{5-17}$$

式中：c_1 是普朗克第一辐射常数，$c_1 = 3.742 \times 10^{-6} \mathrm{W \cdot m^2}$；$c_2$ 是普朗克第二辐射常数，$c_2 = 14388 \mathrm{\mu m \cdot K}$；$\lambda$ 为绝对波长，m；T 是绝对黑体温度，K。采用上述单位后，$E_{0\lambda}$ 单位为 $\mathrm{W/(cm^2 \cdot \mu m)}$。

普朗克公式的函数曲线如图 5-21 所示。从曲线可知，当温度升高时，单色辐射力随之增大，曲线的峰值随温度升高向波长较短方向移动，即由红色的红外线向紫外光方向靠拢，与光的颜色也具有相关性。普朗克定律是单色辐射高温计测量温度的理论基础，同时也说明，物体表面温度可通过测定其表面辐射能或表面发光的颜色来测定。

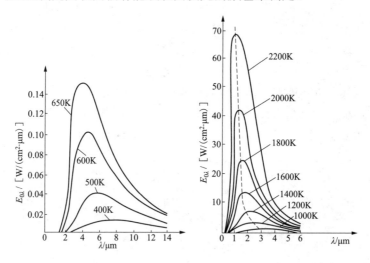

图 5-21　辐射强度与波长和温度之间的关系

2. 韦恩位移定律

在温度低于 3000K 时，普朗克公式（5-17）可用维恩公式代替，误差不超过 1%。维恩公式计算较为简便，是光学高温计的理论基础，但只适用于 3000K 以下。维恩公式为

$$E_{0\lambda} = cc_1 \lambda^{-5} \exp\left(-\frac{c_2}{\lambda T}\right) \tag{5-18}$$

通过对维恩公式求导，还可获得黑体表面温度 T 与黑体的光谱辐射力最大值所对应的波长 $\lambda_{\max}$ 的乘积，该乘积为常值，$T\lambda_{\max} = 2898 \mathrm{m \cdot K}$，此为维恩位移定律。根据维恩位移定律可知，当温度增加时，绝对黑体的最大单色辐射力向波长减小的方向移动，也反映了波长越短能量越高。

3. 全辐射定律

普朗克定律和维恩定律都与电磁波波长相关，建立的是单色光能量关系。若要波长 λ 从

$0\sim\infty$的全部辐射力的总和 E_0，可把 $E_{0\lambda}$ 对 λ 从 $0\sim\infty$进行积分，得到绝对黑体的全辐射定律，或称斯特藩—玻尔兹曼定律。

$$E_0 = \int_0^\infty E_{0\lambda} \mathrm{d}\lambda = \int_0^\infty c_1 \lambda^{-5} \left(\mathrm{e}^{\frac{c_2}{\lambda T}} - 1 \right)^{-1} \mathrm{d}\lambda = \sigma_0 T^4 \tag{5-19}$$

式中：σ_0 为斯特藩—玻尔兹曼常数，数值为 $5.67\times10^{-12}\mathrm{W/}$（$\mathrm{cm}^2\cdot\mathrm{K}^4$）。

它表明绝对黑体的全辐射力和其热力学温度的四次方成正比；从而获得全波长范围内光谱辐射能与温度之间的定量关系，由此可实现测温。全辐射定律是辐射高温计的理论基础[10]。

5.3.2　经典热辐射测温方法

根据黑体辐射定理可知，发射或检测物体表面温度所涉及的光谱有单色、双色以及全谱段光谱；据此可将辐射测温方法分为如下三类：

1. 单色亮度测温

通过测量目标在某一波长范围的辐射亮度来获得目标的亮度温度。按这种方法工作的测温仪表称作亮度测温计，所测温度为亮度温度。这种测温仪通常使用滤光片限定入射辐射波长，以达到接受特定波长范围内的目标辐射亮度。亮度测温仪的特点是结构简单、使用方便、灵敏度高，且能够抑制某些干扰；在高温或低温范围都有较好的使用效果；但亮度测温仪测出的亮度温度与真实的温度具有一定误差。

2. 全辐射测温

通过测量物体的全辐射能量来测量物体温度，所测出温度为辐射温度，在数值上完全遵守四次方定律，按此原理工作的测温仪器称作辐射测温计。实际全辐射测温仪，并非要求真正测量全部波长范围内的辐射能量，且全辐射测温仪的灵敏度较低，用这种测温仪得到的目标温度与实际的温度有较大的差值。

3. 比色测温

所谓比色测温，就是利用两组或者多组带宽很窄的单色滤光片，搜集两个或多个相近波长范围内的辐射能量，转换成电信号后在电路上进行比较，由比值确定目标温度的过程。比色测温仪的优点为灵敏度较高，测出的比色温度与实际温度偏差小，在中、高温度范围内测温效果好，抗干扰能力强。缺点为结构较复杂，价格昂贵。

5.3.2.1　单色辐射高温计

一、单色辐射高温计原理

当物体温度高于 700℃时，物体可明显发射可见光，具有一定的亮度。物体在对应于波长 λ 的辐射亮度 B_λ 和它的辐射力 E_λ 成正比；由普朗克定律可知，物体在某一波长下的单色辐射力 E_λ 与温度 T 有单值函数关系，耦合维恩公式的辐射力 E_λ 与温度 T 函数的简化表达，获得绝对黑体在波长 λ 的亮度 $B_{0\lambda}$ 与温度 T_s 的关系。

$$B_{0\lambda} = cc_1 \lambda^{-5} \mathrm{e}^{-c_2/(\lambda T_s)} \tag{5-20}$$

引入实际物体光谱发射率，又称单色黑度系数（ε_λ），则实际物体在波长 λ 的亮度 B_λ 与温度 T_s 的关系为

$$B_\lambda = c\varepsilon_\lambda c_1 \lambda^{-5} \mathrm{e}^{-c_2/(\lambda T_s)} \tag{5-21}$$

不同实际物体的单色黑体系数 ε_λ 不同，由式（5-21）可知，用同一测量亮度的单色辐射高温计来测量不同物体温度，因 ε_λ 不同实际温度也会不同；反之，相同亮度可对应多物体的

多个温度；因此可知，用于测定某一物体温度的单色辐射高温计，不能用来测量 ε_λ 不同的物体温度。

为了解决此问题，使光学高温计具有通用性，对这类高温计做这样的规定：单色辐射光学高温计的刻度按绝对黑体（$\varepsilon_\lambda=1$）的温度标定，用这种刻度的高温计去测量实际物体（$\varepsilon_\lambda\neq1$）的温度时，所得温度值为被测物体的"亮度温度"。亮度温度，即在单色辐射波长为 λ 时，若物体在某一温度的亮度 B_λ 和绝对黑体在温度为 T_s 时的亮度 $B_{0\lambda}$ 相等，则把绝对黑体温度 T_s 称为被测物体在波长为 λ 时的亮度温度。按此定义，根据式（5-20）和式（5-21）可推导出实际温度 T 和亮度温度 T_s 之间的关系。

$$\frac{1}{T_s}-\frac{1}{T}=\frac{\lambda}{c_2}\ln\frac{1}{\varepsilon_\lambda} \tag{5-22}$$

由此可见，单色辐射高温计测得物体的已知波长 λ 辐射下的亮度、温度后，必须同时已知物体在该波长下的黑度系数 ε_λ，方可用式（5-22）计算出实际温度。鉴于 ε_λ 数值恒小于 1，公式（5-22）左侧恒为正值，推出测得的理想的亮度温度 T_s 总是低于物体实际温度 T，且 ε_λ 越小，亮度温度与实际温度之间的差别就越大。

二、单色辐射高温计分类

1. 单色光学高温计

光学高温计是根据被测物体光谱辐射亮度随温度升高而增加的原理，采用亮度比较法来实现对物体的测温，其测量温度也称为亮度温度。光学高温计可测量 800～3200℃ 的高温，一般可制成便携式仪器。

由于直接测量光谱辐射亮度较难实现，光学高温计利用亮度比较的方法如隐丝法、恒定亮度法测定目标温度。其中由于隐丝式的光学高温计使用方法都优于恒定亮度法且结构简单，所以应用广泛；但其利用人工肉眼进行色度的比较判断，测量结果包含操作者主观误差，且不可连续测量。

如图 5-22 所示相同阻值的两电阻（感温电阻与标准 R_1）并联后与滑动电阻 7 进行串联构成整个原理电路。进行隐丝法测量时，通过滤光片 5 使得成像光源为单色光；通过调整目镜 4 的位置以清晰地看到灯丝；然后调节物镜 1 使被测物体在灯丝平面成像；通过调节滑动电阻 7 改变两个并联支路中的电压以及电流，使目镜中看到的灯丝隐灭在物像背景中，即灯丝与被测物体具有相同亮度；此时可从电表 6 中直接读取灯丝温度，即物体温度。若灯丝亮度比被测物体亮度低，则灯丝在背景上呈现暗的弧线，此时需要加大电流，调小滑动电阻 7；反之灯丝在背景上呈现亮的弧线，需增大滑动电阻 7 的阻值以减小电流至灯丝隐灭。

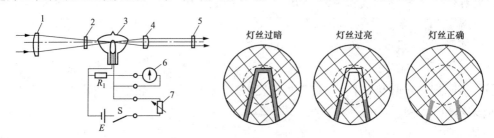

图 5-22　一种电压式光学高温计

1—物镜；2—吸收玻璃；3—标准灯；4—目镜；5—红色滤光片；6—测量电表；7—可调电阻

2. 单色光电高温计

如图 5-23 所示，光电高温计采用光敏电阻或光电池作为敏感元件代替人眼，分别感受被测物体及电路反馈灯辐射源的亮度差异，直接转化为电流；电流在磁场互感作用下自动调节电路中的电流至两种辐射源亮度相同；并根据电路中电流及电阻与温度的关系确定温度数值。光电高温计避免了人工误差，自动追踪并调节亮度，灵敏度高、准确度高、响应速度快；通过改变光电元件的种类，可以调节光电高温计的使用波长，使其适用于可见光或红外线等不同波长范围[12]。

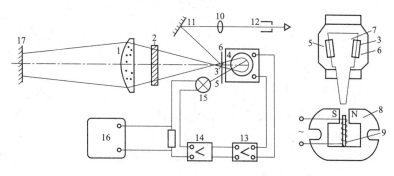

图 5-23　光电高温计的原理图

1—物镜；2—光栏；3、5—孔；4—光电器件；6—遮光板；7—调制片；8—永久磁铁；9—激磁绕组；
10—透镜；11—反射镜；12—观察孔；13—前置放大镜；14—主放大镜；
15—反馈灯；16—电位差计；17—被测物体

3. 使用单色辐射高温计的注意事项

单色辐射高温计测量温度过程受被测实际物体黑度的影响，测量准确度比热电偶、热电阻低；由光路和电路组成，构造复杂、价格昂贵；不能测物体内部点的温度，仅可测定物理表面温度；因此，在使用上受到一定的限制，必须注意如下四点。

（1）非全辐射的影响。理想辐射体为全辐射体，单色辐射高温计是利用滤波片分离部分波长的辐射光线，为非全辐射；同时，光谱发射率 ε_λ（又称单色黑度系数）不固定，与波长、物体的表面情况以及温度的高低有关，假定 ε_λ 为常数，测定温度时会引入测量误差。

（2）中间介质的影响。光学高温计与被测物体之间的介质，如灰尘、水蒸气、烟雾及二氧化碳等对被测物体辐射能有一定的吸收作用，造成一定量的能量损失，因而引入测温误差。

（3）反射光的影响。光学高温计不宜测量反射光很强的物体。

（4）光电高温计在更换反馈灯或光电器件时，必须对整个仪表重新进行刻度调整。

5.3.2.2　全辐射高温计

一、全辐射高温计测温原理

全辐射高温计是根据物体在整个波长范围内的辐射能与其温度之间的函数关系，即全辐射定律［又称四次方定律，见式（5-19）］测定温度[13]。适用于冶金，机械、硅酸盐及化学工业部门中连续测量各种熔炉、高温窑、盐浴池的温度，以及其他不适宜装配热电偶的场合，配合适当的显示仪表，可显示、记录甚至自控物体（流体）温度。

二、全辐射高温计的结构特点

辐射高温计属于透镜聚焦式感温器，结构如图 5-24 所示。具有铝合金外壳遮挡四周光

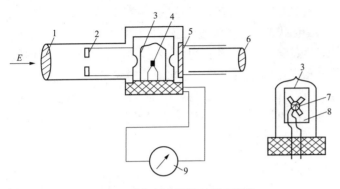

图 5-24 全辐射高温计的原理结构

1—物镜；2—光栏；3—透镜；4—光电阻；5—灰滤光片；6—目镜；

7—铂箱；8—云母片；9—显示仪表

线，使所有入射光谱通过前部物镜到达辐射感温器件，辐射感温器把被测物体的辐射能经过透镜聚焦在热敏元件上转变为电参数，形成一次仪表热电势数据；然后由已知的二次仪表测定热电势与物体温度之间的关系获得温度值。同时在可拆卸的后盖板上装有目镜，可用于观察被测物体的影像。

全辐射高温计相较于单色高温计不用分离单色光，设备简单；直接利用全辐射定律，计算简单；但其同样会由于入射光谱不确定且物体的黑体系数随温度变化引入系统误差，因此必须进行校核以获得准确的全辐射黑体系数。

（1）获得校核的黑体系数：将被测物体进行黑漆喷涂或机械加工，将其制作为人工黑体，同时利用标准热电阻及全辐射高温计测定物体黑漆表面温度，此时铂电阻测定的为实际温度；然后，通过高温计测量，利用全辐射定律计算该温度下实例物体表面的黑体系数。

（2）在全辐射黑体系数不明确时，可用标准铂电偶直接插入高温盐浴炉中，配以直流电位差计测量温度，获得温度，并和利用全辐射高温计测定温度数据一一对比，获得校核曲线，用以校准高温计测量温度的准确度。

三、全辐射高温计的安装及注意事项

辐射感温器的安装对测温的准确性影响很大，因此全辐射高温计的安装必须注意以下几点要求。

1. 安装位置

根据被测物体周围换热方式，考虑容易靠近、便于维护、选择非凸表面测量的原则确定其安装位置。如盐浴炉的加热介质为熔融液体，在保温良好的盐浴炉内主要靠对流传热使得炉膛温度均匀且炉膛温度可代表工件温度；即可选择炉顶壁安装辐射感温器，感温器的镜头与液面垂直安装。

2. 安装距离

被测物体与高温计之间的距离 L 和被测物体的直径 D 之比（L/D）有一定的限制。每一种型号的全辐射高温计，对 L/D 的范围都有规定；应按仪器详细说明和规定进行安装；并在仪器规定距离的范围内进一步调节最优距离，否则会引起较大测量误差。从辐射感温器的目镜中观察被测对象的影像，必须将热电堆完全盖上以保证热电堆充分接收被测对象辐射的能量；若被测对象的影像不正确时，可调整辐射感温器与被测对象之间的距离，以放大影像。

3. 安装方向

感温器的镜头与被测热源或液面正相对即垂直表面方向安装。辐射测温需重点关注周围环境有无机械振动，探头有无偏离；如存在及时处理，并定期对准，以保证正确反映炉温。

4. 导线连接

电路为基础简单电路，但由于有辐射感温原件、光电原件以及电磁场，需注意电路屏蔽。

从辐射感温器中引出的连接导线应通过金属屏蔽软管屏蔽，保持信号传输过程具有良好的电气屏蔽和可靠机械保护。

5. 参数设置

利用辐射高温计的二次仪表获得一次仪表侧物体温度，须要求二次仪表两侧辐射高温器的分度（热电势与温度）关系必须一致，定期检定。同时，全辐射体的发射率 ε 随物体的成分、表面状态、温度和辐射条件的不同而不同，因此应在测量温度之前，利用黑漆实验，在物体表面镀黑漆准确测定被测物体的全辐射发射率或黑度系数 ε，以提高测量的准确度。

6. 环境影响

全辐射高温计测温需利用范围内全部波长光谱，因此在辐射高温计固定安装时需考虑环境对测量光谱范围内光源的影响，在设备摆放安装需注意以下几点。

第一，高温计所处环境光的影响。

安装环境的外来光会对测量造成很大的影响。外来光的干扰是指从外来光源入射到被测表面上并且被反射混入测量光中。如室外测量时的阳光，室内测量时的照明光，附近加热炉和火焰等。对一些固定的难以避免的外来光源应设置遮蔽装置或改变测量方向，剥离外来光的影响。

第二，高温计所处环境温度的影响。

感温器可在 10～80℃ 的环境下使用，若环境温度超过 80℃ 时高温计的遮蔽装置会造成新的热源，需用水或空气对它进行冷却，减小其产生的热辐射。

第三，测温光路中的杂质含量。

被测表面和辐射温度计之间测量时光的行径称为光路。在生产环境的空气中，多存在水蒸气和二氧化碳气体介质，介质对辐射能的吸收具有选择性且不可忽略，此时多引入测量误差。介质对某些波长的辐射能有吸收能力，对另一些波长的辐射能则易透过，此称为介质的选择性。同时，当空气中含有浮渣、烟雾、油雾和粉尘等物质时，介质对辐射能的吸收是无选择性的，但伴有散射，减弱了入射到温度计中的辐射能，导致测量误差。因此在光路中存在上述杂质时，需用干净的压缩空气来清扫光路，消除空气中的介质影响。

5.3.2.3 比色高温计

单色高温计和全辐射高温计共同的缺点是受实际物体发射率的影响以及环境介质的选择性吸收辐射能的影响。根据热辐射基本定律中维恩公式（5-18）设计的比色高温计可较好地解决上述问题，比色高温计利用光谱同范围内两种波长测定比值的方法可抵消由于物体表面和光路校核形成的系统误差。

已知物体在对应于波长 λ 的辐射亮度 B_λ 与温度 T 存在一定关系；根据公式（5-21）测定两个波长 λ_1 和 λ_2 下的亮度比，即可获得物体温度。若温度为 T 的实际物体的两个波长下的亮度比值与温度为 T_s 的黑体在同样两波长下的亮度比值相等，则 T_s 被称为实际物体的比色温度。通过两个波长下的亮度比值相等的黑体温度确定实际物体温度，此为比色高温计的测温原理[14]。如式（5-23）所示

$$\frac{1}{T} - \frac{1}{T_s} = \frac{\ln(\varepsilon_{\lambda 1} / \varepsilon_{\lambda 2})}{c_2\left(\dfrac{1}{\lambda_1} - \dfrac{1}{\lambda_2}\right)} \tag{5-23}$$

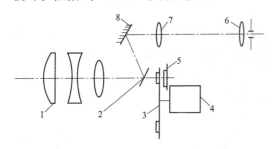

式中：$\varepsilon_{\lambda 1}$、$\varepsilon_{\lambda 2}$ 分别为实际物体在 λ_1 和 λ_2 时的光谱发射率。如已知 λ_1、λ_2、$\varepsilon_{\lambda 1}/\varepsilon_{\lambda 2}$ 和 T_s，就可以依据式（5-23）获得温度 T。

图 5-25 所示为比色温度计的工作原理图。测温时，通过目镜 6、反射镜 8 等组成的瞄准系统观察，使比色温度计对准测温物体。由调制盘调制不同过滤玻片可获得两种不同波长 λ_1、λ_2 的光线，将两束不同波长的光交替地投射到光电检测器（硅光电池）5 上，比值运算器计算出两束光辐射亮度的比值，最后由显示仪表显示出比色温度。

图 5-25　单通道光电比色温度计原理图

1—物镜；2—通孔成像；3—调制盘；4—同步电机；

5—光电检测器；6—目镜；7—倒像镜；8—反射镜

比色高温计通过两个波长的光谱对温度进行测定比较，避免了系统误差；同时利用电子元件自动校准计算，因此在非接触测温中是精确度最高的测温仪表，目前广泛应用到科学实验中温度测量。

5.3.3　红外热像仪测温方法

红外热像仪是一种非接触测温仪表；其利用红外热成像技术，通过对物体自身辐射的红外辐射能进行探测，并进行信号处理、光电转换，将物体表面温度精确地量化，转换成可视图像[15]。伴随图像技术及光电技术的快速发展，其实现了在无接触情况下监测物体或流体表面温度的分布情况及随时间的快速变化规律，此为其最大的优势。技术的提高也促进其不断向科研、民用、工业用领域进行扩展；如能够准确识别正在发热的故障区域，用于设备的监测与维护；能够耦合高速摄像的高速录制功能、耦合光学/数字微距镜头，对科学微结构表面瞬态过程的温度演变进行检测。

1. 红外热像仪分类

红外热像仪根据原理可分为单色红外热像仪和双色红外热像仪（比色测温仪），根据经典热辐射测温基础可知双色红外热像仪比单色红外热像仪更准确。

鉴于其优势特点，红外热像仪又可分为高速型和普通型，高速型主要测定高速运动物体或者温度变化速度快的目标，一般其机型如摄像机；普通型一般测定目标具有一定的热惯性或表面温度较稳定，此时对于红外热像仪的相应频率要求较低，一般为手持式。普通型红外热像仪在一般工业生产中应用较广泛，如用于工厂检漏，测定流水线或工件的热均匀性。高速红外热像仪多用于科学实验，甚至火箭升空等前沿领域。

2. 红外热像仪基本结构

红外热像仪其测温原理为非接触辐射测温原理，其主要优势特征即耦合了先进的光学系统、光电探测器、信号放大器及信号处理、显示输出等重要组件。光学系统可通过调节测温仪的光学零件及其位置调节视场的大小，在光电探测器上汇聚视场内目标物体表面的红外辐射能量，并转变为相应的电信号，经过放大器和信号处理电路，在设定算法和目标发射率后转变为被测精准目标位置处的温度值。目前红外热像仪一般均包含环境温度的温度补充模块，并通过信号处理进行了温度数值的矫正，因此可获得高精确度、高分辨率的温度分布；因此红外热像仪是非接触测温技术耦合其他光电技术快速发展的产物，其具体测温系统构成如图 5-26 所示。

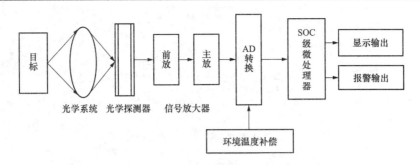

图 5-26　红外热像仪的测温原理及基本机型

3. 红外热像仪测温特点

红外热像仪测温的特点有：

（1）红外热像仪只测量表面温度，不能测量物体内部温度。

（2）红外热像仪可测量温度场，获得温度在空间上的分布。红外热像仪的空间分辨率越高，表面温度场的准确度越高。当待测温度场变化速度快时，需利用高速红外热像仪，其响应频率影响测定瞬态过程的快慢。如图 5-27 所示为利用高速红外热像仪测定核态沸腾表面温度场，其分辨率为 5μm，相应频率为 800Hz，可完整跟踪一个单气泡形成、生长以及脱离过程中壁面局部温度的演变过程。

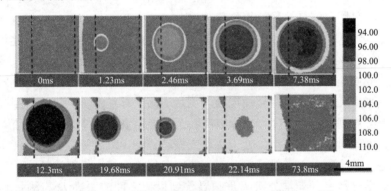

图 5-27　高速红外测定沸腾气泡的温度场变化规律[16]

（3）红外热像仪测温应尽量直接测量待测目标表面；若无法避免必须通过视窗等中间材质，须考虑视窗材质对红外辐射的吸收和透射特征。可根据视窗材料对不同波长的选择性，确定红外测定波长；如采用玻璃做可视实验台时，因玻璃对 3μm 波长的光谱透射率达 99%，因此设定红外热像仪发射接收光谱波段为 3μm。

（4）因表面对光线的反射率及发射率对辐射测温结果影响较大，红外热像仪测温最好不用于光亮的或抛光的金属表面的测温（不锈钢、铝等）。如图 5-28 所示抛光金属表面的法向发射率明显减小。利用红外测定温度时，粗糙物体表面发射率可通过喷漆的人工黑体实验预先测得并在仪器中设定，以通过辐射换热计算温度。

（5）环境温度波动的影响，若测温仪突然暴露在环境温差为 20℃或更高的情况下，需使仪器至少稳定 20min，以保障温度补偿模块稳定到新的环境温度后进行测温。

4. 红外热像仪选购或使用中的重点参数

在选购红外热像仪或者利用红外热像仪测温时，需考虑其重要性能指标，包括温度测量

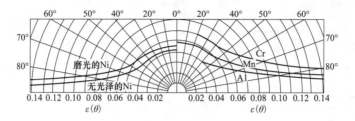

图 5-28　金属导体在不同方向上的法向发射率

范围、光斑尺寸、工作光谱波长、测量精度、响应时间等是否满足实验要求，同时需考虑目标表面和热像仪所在的环境条件，如温度、气氛、污染和干扰、窗口、显示和输出、保护附件等因素对性能指标的影响。除上述重要参数外，在选购时还需考虑使用方便、维修和校准性能以及价格等，另外随着技术的不断发展，红外热像仪最佳设计和新功能的增加，也扩大了选择余地。

下面具体介绍其主要性能指标：

（1）确定测温范围：测温范围是测温仪最重要的一个性能指标。如 INFR（红外时代）、Raytek（雷泰）产品覆盖范围为 -50～3000℃，但不能由单一种型号的红外热像仪来实现。每种型号的测温仪都有特定的测温范围。一般来说，测温范围越窄，监控温度的输出信号分辨率越高，精度可靠性高。测温范围过宽，会降低测温精度。

（2）确定目标尺寸：红外热像仪根据原理可分为单色热像仪和双色热像仪（辐射比色热像仪）。对于单色热像仪，在进行测温时，被测目标面积应充满热像仪视场。建议被测目标尺寸大于视场大小的 50%。如目标尺寸小于视场，背景辐射能量就会进入热像仪的收集范围干扰测温读数，造成误差。对于双色测温仪，其温度是由两个独立的波长带内辐射能量的比值来确定的，当被测目标很小，没有充满现场，测量通路上存在烟雾、尘埃、阻挡对辐射能量有衰减时，都不会对测量结果温度产生影响；甚至在能量衰减了 95% 的情况下，仍能保证要求的测温精度。因此对于目标细小，处于运动或振动之中，或者测温仪不可能直接瞄准目标之间，测量通道弯曲、狭小、受阻等情况下，使用双色热像仪为最佳选择。

（3）确定光学分辨率：光学分辨率是测温仪到目标之间的距离 D 与测量光斑直径 S 之比。光学分辨率越高，即 $D{:}S$ 比值越大热像仪的成本越高。如果热像仪由于环境条件限制必须安装在远离目标之处，而又要测量小的目标，就应选择高光学分辨率的测温仪。例如国产的手持式红外测温仪 Ti213，距离系数为 80:1，如果距目标 80cm 远，那么测量范围的直径是 1cm。

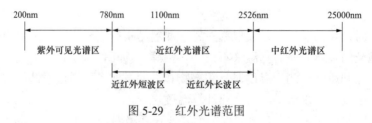

图 5-29　红外光谱范围

（4）确定波长范围：目标材料的发射率和表面特性决定热像仪的光谱响应。如图 5-29 所示为红外光谱范围。在高温区，测量金属材料的最佳波长是近红外，可选用 0.18～1.0μm 波长。其他温区可选用 1.6μm、2.2μm 和 3.9μm 波长。由于有些材料在一定波长下为透明，对这种材料应选择特殊的波长。如测量玻璃内部温度选用 10μm、2.2μm 和 3.9μm 波长（被测玻璃要很厚，否则会透过），测量玻璃表面温度选用 5.0μm 波长，测低温区选用 8～14μm 波长为宜；再如测量聚乙烯塑料薄膜选用 3.43μm 波长；聚酯类选用 4.3μm 或 7.9μm 波长，厚度超过 0.4mm 选用 8～14μm 波长；又如测火焰中的 CO_2 用窄带 4.24～4.3μm 波长；测火焰中的 CO 用窄带 4.64μm 波长；测量火焰中的 NO_2 用 4.47μm 波长。

（5）确定响应时间：响应时间表示红外热像仪对被测温度变化的反应速度，定义为到达最后读数的 95% 能量所需要时间，它与光电探测器、信号处理电路及显示系统的时间常数有关。新型红外热像仪响应时间可达 1ms，比接触式测温方法快得多。如果目标的运动速度很快或测量快速升温目标时，要选用快速响应红外热像仪，否则达不到足够的信号响应，降低测量精度。然而，并不是所有应用都要求快速响应的红外热像仪；对于静止物体或物体表面传热过程存在热惯性等情况，热像仪的响应时间可适当放宽。因此，红外热像仪响应时间的选择要和被测目标的情况相适应。

（6）信号处理功能：鉴于离散过程（如传送带上的连续通过的生产零件）和连续过程不同，所以要求红外热像仪具有多信号处理功能（如峰值保持、谷值保持、平均值）可供选用。如测定生产线传送带上的刚生产出的瓶子温度时，就要用峰值保持，设置热像仪响应时间稍长于瓶子之间的时间间隔，保证至少有一个瓶子总是处于测量之中，且获得瓶子温度；否则，若用热像仪同时测定低温值，读出瓶子之间的较低的温度值，并输出信号传送至控制器内，则达不到目的。

（7）环境条件考虑：①热像仪所处的环境条件对测量结果有很大影响，应予考虑并适当解决，否则会影响测温精度甚至引起损坏。当环境温度高，存在灰尘、烟雾和蒸汽的条件下，可选用厂商提供的保护套、水冷却、空气冷却系统、空气吹扫器等附件。②当在噪声、电磁场、震动或难以接近环境条件下，或其他恶劣条件下，烟雾、灰尘或其他颗粒降低测量能量信号时，光纤双色热像仪是最佳选择。③在密封的或危险的材料应用中（如容器或真空箱），热像仪通过窗口进行观测。窗口材料选择必须能通过所用热像仪的工作波长范围。还要确定操作过程是否也需要通过窗口进行观察，因此要选择合适的安装位置和窗口材料，避免相互影响。在低温测量中，通常用 Ge 或 Si 材料作为窗口，不透可见光，人眼不能通过窗口观察目标。如需要通过窗口观察目标，应采用既透红外辐射又透过可见光的光学材料，如 ZnSe 或 BaF_2 等作为窗口材料。④当热像仪工作环境中存在易燃气体时，可选用安全型红外热像仪，从而在一定浓度的易燃气体环境中进行安全测量和监视。

5.4 其他先进测温技术

目前，传统热电偶、金属热电阻、半导体热敏模块以及以其他感温元件为基础的测温技术已经很成熟。其敏感特性都是以电信号为基础，即温度信号转变为电信号，或称温度信号被电信号调制。而在特殊工况如易燃、易爆、高电压、强电磁场，具有腐蚀性气体、液体以及要求快速响应等环境下，利用其他信号如声波信号或光纤信号的测量技术具有其独到的优越性。

5.4.1 声波测温方法

声波是一种机械波，人耳能听到的声波为可闻声波，频率在 20Hz～20kHz 之间；频率低于 20Hz 的声波为次声波；频率高于 20kHz 称为超声波。声波可以在气体、液体、固体物质中传播；声波的传播可引起物质的光学、电磁、力学、化学等性质的变化，同样物质性质的变化也可反过来影响声波的传播特征。通过测量声波在媒质中传播时的声速、声衰减和声阻抗等声学量，即可获得媒质的特征参数及状态，包括温度，此为声波测量温度的基础。事实上，声波还可以测定固体的弹性模量、气体成分、液体的比重、液体的成分、浓度等；同时声波测量精度高、响应快、参数范围广，因此声波的测量技术应用非常广泛。

1. 声波测温原理

声波测温的基础是声波传播速度与介质温度具有单值函数关系[17]，当将声波发射器与声波接收器放置于被测流体或空间内，监测声波传输的距离和所需时间即可获得声波传播的速度，进而根据速度与温度的函数关系获得目标温度。其函数关系如下

$$c = \sqrt{\frac{\gamma R T}{M}} = \frac{s}{t} \tag{5-24}$$

式中：c 为声波在气体中的传播速度，m/s；γ 为气体绝热指数，即比定压热容与比定容热容之比；R 是气体常数 8.314J/（mol·K）；T 为气体热力学温度，K；M 为气体的分子量，kg/mol；s 为声波走过的距离，m；t 为声波走过距离所用的时间，s。

2. 声波测温方法及分类

在超声检测技术或检测设备中最主要的问题是超声波的产生和接收，即所谓的超声波换能器的性能。超声波换能器的功能是使其他形式的能量转换成超声波能量（发射换能器）以及将超声波能量转换成其他易于检测的能量（接收换能器）；一般应用电能和超声波能量相互转换，即电声换能器。用适当的发射电路把电能加到发射换能器上可使其作超声振动，如喇叭；即可在周围的介质中产生超声波。接收换能器是把接收到的超声波信号转换成电信号，采用相应的接收电路获得适当的电信号输出，如麦克风。超声波检测中往往用一个超声波换能器既作发射换能器又作接收换能器，最常用的是压电换能器。当同一换能器既用来发射脉冲波又用来接收回波时，为了缩小无法辨别接收信号和发射信号的区域，往往要求脉冲的持续时间越短越好，有的甚至是单个脉冲。为了改善效果，除在电路上采取措施外，也可在压电片的背后加上吸声块，减小向背后发射的能量以及回波。

在声波换能器的基础上，声波测温的方法可大致分为两类：一类是声波直接在被测介质中传播，测出声速即可获得被测介质的温度，即直接传播测量法，如图 5-30（a）所示炉膛内温度的测定。另一类是声波间接传播测量，即将声波置于待测介质环境中的另外一个容器或材料中传播并检测，如封装气体的薄管或者其他敏感元件等，如图 5-30（b）所示；此间接方法要求声波封装或检测容器必须与被测介质达到热平衡，才可将介质温度与管内或敏感元件的特征参数进行关联；各种超声速温度计就是基于这种测量方法。

目前声波测温多采用间接传播测量法，如测量气温、熔化温度乃至火箭发动机中的气体温度等；根据测试介质、环境条件以及测温范围的不同，目前已经开发出多种声学温度计，如用于测量高温的超声气温计，测量温度较低的电声气体温度计，以及石英温度计等。但需注意的是，此类测温方法由于封装气体的薄管或者敏感元件等要与被测气体介质直接接触，因此对其性能就有严格的要求，特别是在高温环境中。例如，温度在 900℃时，必须采用陶瓷材料的管材代替金属测量管；利用高熔点金属材料做管材时，需考虑其脆性以及声波信号随温度的升高而衰减等问题；而在腐蚀性环境中，检测元件必须加上合适的保护管套等。

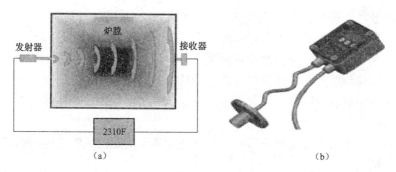

图 5-30 声波直接与间接测温示意图

(a) 直接测温; (b) 间接测温

3. 声波方法测定温度场

声波测定考虑其传播方向一般只能测定一点温度或一条线上的平均温度, 但在某些非均匀场合需要测定其温度的分布情况, 则可耦合多套声波测定装置错综分布从而测定整个区域的温度场。如图 5-31 所示为多组声波收发器形成的多路径测量图。通过在一个检测周期内, 顺序启、闭所有声波收发器, 或利用不同频率、不同波形的声波同时测定每一条声波路径的传播时间, 得到若干组声波传播时间值, 获得声波速度以及对应方向上的平均速度。至此, 利用声波测速可获得温度场中不同方向上的温度数值。

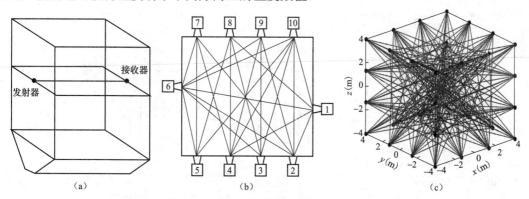

图 5-31 多组声波接收器测定温度分布

(a) 一点或一线温度测量; (b) 二维平面温度测量[18]; (c) 三维温度测量[19]

声波测温度场系统除声源、放大器、传声器、声波导管(间接式)等声波硬件外, 还包括数据采集分析的电气元件以及温度数据重构的计算软件, 整个系统中重点考虑测温系统的敏感度以及重构温度的准确度。声波测定温度后即需通过重建算法重现这个平面上的二维温度分布图, 获得其温度分布规律。目前科学实验监测中多利用基函数展开法, 基于级数运算用滤波反射投影的思路对温度场进行重建仿真。重建的算法是基于声波运动方程、连续性方程和物态方程以及声波在非均匀温度场中的传播路径模型等复杂高数方程的数据问题, 因此若利用声波获得二维温度分布, 其难点在于温度的重建[18]。目前国内很多学者对此重构算法进行了研究, 优化、设计成精准的声波温度场测量系统, 并应用到电场炉腔温度场的实际测量中, 其技术处于国际领先水平。

4. 声波测量系统的组成

声波测量系统包括声波测量硬件、数据分析硬件以及数据重构软件三部分, 或分为硬件以及软件两大部分。如图 5-32 所示为声波测定炉膛温度的系统框架图。

硬件系统主要包括：传声器（声传感器）、扬声器、信号调理器、功率放大器、数据采集卡、信号程序控制电路板、带声卡的计算机等。具体功能如下：

（1）传声器：将声信号转换成电信号的一种传感器，即通常所说的麦克风。但由于声波信号在飞渡的过程中有较大的衰减，对普通的麦克风灵敏度较低，往往选用专业的无指向性测量传声器。

（2）扬声器：将电信号转换成声信号的装置，即通常所说的喇叭。可根据需求选定其频段、峰值功能、阻抗等。

（3）信号调理器：一般包含信号放大功能，是将收集到的声波信号数据进行放大后再通过多针头电缆与数据采集卡相连。

（4）功率放大器：一般用于声波发生测的声波放大，并将声波供给发生端。一般放大器参数可调。

（5）数据采集卡：数据采集卡一般包含数据采集及 A/D 转换功能，常用数据采集卡可选用 Labviewer 或者 NI 系统。一般的数据采集系统无程序控制功能，需程序变化的输出信号时，可与具有程序控制的继电器串联。

（6）程序输出控制装置：可利用端子板与 I/O 电路板串联组合成声波信号的程序输出控制器。

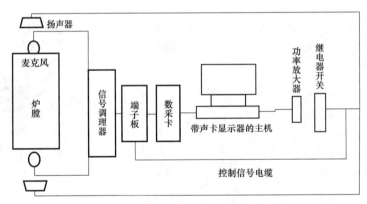

图 5-32　声波测定炉膛温度的系统框架图[18]

（7）软件系统的功能是控制声波信号的发射，控制声波测温信号的采集，运算声波传输时间 τ，借助重建算法实现温度场的重建；即软件系统的功能是声波信号的控制和大量数据的运算及图形显示。为获得更高精度的温度测量，科学中重建算法一直是研究者的重点关注研究领域。作为测量工具时选用商业测试平台，商业监测系统中一般自带商业软体，实现温度点、二维温度场甚至是三维温度分布的可视化测量。图 5-33 为目前研究者成功实现的二维以及三维超声测量的温度分布图[18]。

5.4.2　光纤式测温技术

光纤测温技术是近年才发展起来的新技术，并已逐渐显露出某些优异特性[20]。光纤温度传感器多采用石英光纤，传输信号损耗低；可以远距离传输，使得光电器件远离现场，避免恶劣环境的限制。同时，与非接触辐射测温相比，光纤代替了常规测温仪的空间传输光路，消除了干扰因素如尘雾、水汽等对测量准确度的影响。光纤温度传感器具有质量小，截面小，可弯曲传输，能够测定不可视工作区域内部温度，同时便于安装等优势。如图 5-34 所示为一种普通光纤式测温仪。

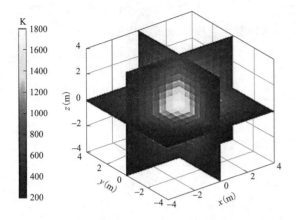

图 5-33　超声测定的二维及三维温度分布图[19]　　　　　图 5-34　一种光纤式测温仪

5.4.2.1　光纤式测温仪的分类

光纤测温传感器主要分为两类：一类光纤传感器的光纤只作为传输通道，将辐射能等量地传输到温感元件，经温感元件转换为可供记录及显示的电信号，此类被称为传光型光纤温度传感器。另一类是光纤本身为温度感应元件，通过测定光纤相位、光纤辐射等光纤特性参数变化反应温度的数值；此类光纤传递的直接是温度，称为传温型光纤测温仪。

1.　传光型光纤温度传感器

光纤传输的温度信号主要源于光的辐射或激发，因此温度敏感元件为光电式温度敏感元件，用于显示与温度具有函数关系的光电信号，从而反映测定温度；光纤仅作为光电信号的通道，不参与、影响温度信号的转换。此类传光型测温光纤有：

（1）半导体光吸收传感器：其原理是根据半导体禁带宽度随温度升高几乎线性变窄，使得透过半导体的光强随温度的升高线性减小，测定透射光强获得温度。

（2）荧光光纤温度传感器：荧光现象主要分两种，短波激发长波的下转换荧光现象，以及长波通过双光子效应激发短波的上转换荧光现象。荧光光纤测温主要利用在转换荧光时产生的余辉现象，激励光波停止后的余辉强度是温度和时间的函数，测量激励停止后的余辉强度即可获得测定温度。

（3）热色效应光纤温度传感器：某些波长的光透射率与温度具有线性关系，使得光透过某溶液后溶液颜色与温度有关；利用溶液作为温度敏感探头，通过测定透过光波长及溶液颜色确定溶液温度。

2.　传温型光纤温度传感器

（1）相位调制型光纤温度传感器：温度影响光纤长度以及折射率应变系统，进一步导致光束相位角的变化，此时利用光束相位角的变化规律测定温度变化的光纤为相位调制型光纤温度传感器。由于光纤对光束相位变化不敏感，需采用干涉技术将相位变化转化为强度变化或干涉条纹的运动。典型的相位调节干涉测量仪有如马赫—泽德尔（Mach-Zehnder）干涉仪，法布里—珀罗（Fabry-Perot）干涉仪，迈克尔逊（Michelson）干涉仪以及萨格纳克（Sagnac）干涉仪；干涉测量可直接测定干涉条纹位移，然后转变为光强的变化。

（2）热辐射光纤温度传感器：利用光纤内产生的热辐射来传感温度，它是以光纤纤芯中的热点本身所产生的黑体辐射现象为基础的，如蓝宝石光纤温度传感器等。

（3）光纤拉曼温度传感器（R-OTDR）：其原理是利用光束与光纤分子相互作用产生自发拉曼散射，通过散射光中的反斯托克光进行反向回传测定温度，通过测定返回光波的传输时间结合光速测定此接受光波强度对应的温度以及位置，如图 5-35 所示。光纤拉曼温度传感器可以连续测量光纤沿线多点温度，测量距离在几千米范围，空间定位精度达到米的数量级；能够进行不间断自动测量，多用于二维或多维的温度分布网络的测量；是目前使用最广泛的光纤拉曼温度测温技术。

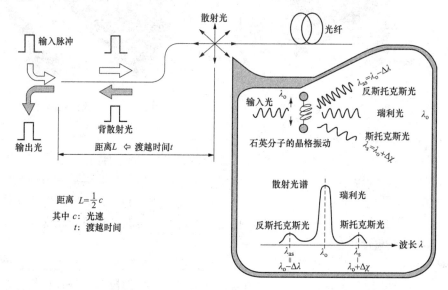

图 5-35　拉曼光纤式测温仪测量温度的原理图

光纤测温的具体原理及特征参数非常复杂，涉及光电子跃迁、光波的干涉、吸收、光波散射、光离子运动、相位角偏移等，其数学理论公式不一一介绍。

5.4.2.2　光纤式测温基本特点

伴随光电学及电气转换及控制技术的发展，光纤测量技术已相当成熟，监测设备也具有大量系列商品供科研工作者选择。光纤测温具有如下显著的优势。

（1）不受电磁干扰，耐腐蚀；

（2）无源实时监测，电绝缘，防爆性好；

（3）体积小，重量轻，可绕曲；

（4）灵敏度高，使用寿命长；

（5）传输距离远，维护方便。

5.4.2.3　光纤式测温的应用

基于上述优势，光纤测温技术越来越多地应用到实际生活或科学测量中的各种场合。

1.　强电磁场下的温度测量

高频与微波加热方法越来越多地应用到实际生产、生活中，如金属的高频熔炼、焊接与淬火、橡胶的硫化、木材与织物的烘干以及化工、制药，甚至家庭烹调等；在这些加热控温场合，光纤测温技术由于不受外电磁场的影响，无导电部分引起附加温度偏差，具有绝对优势。

2. 高压电器的温度测量

英国电能研究中心从 20 世纪 70 年代中期就开始研究光纤在高压变压器绕组热点处温度测量的课题。起初是为了故障诊断与预报，后来又基于对温度的测量，用于计算机电能管理、安全过载运行，使系统处于最佳功率分配状态等。总之，光纤被广泛应用于各种高压装置处温度的测量，如发电机、高压开关及过载保护装置，甚至架空电力线和地下电缆等。

3. 易燃易爆物的生产过程与设备的温度测量

光纤传感器在本质上是防火防爆器件，不需要采用隔爆措施，十分安全可靠。与电学传感器相比，既能降低成本又能提高灵敏度。例如，大型化工厂的反应罐工作在高温高压状态，反应罐表面温度特性的实时监测可确保其正确工作,将光纤沿着反应罐表面铺设成感温网格，这样任何热点都能被监控，可有效地预防事故发生。

4. 高温介质的温度测量

在冶金工业中，当温度高于 1300℃或 1700℃时，或者温度虽不高但使用条件恶劣时，尚存在许多测温难题。充分发挥光纤测温技术的优势，其中有些难题可望得到解决。例如，钢液、铁液及相关设备的连续测温问题，高炉炉体的温度分布等，有关这类研究国内外都还在进行之中。

5. 桥梁安全检测

国内在大桥安全检测项目中，采用了光纤光栅传感器，检测大桥在各种情况下的应力应变和温度变化情况。在大桥选定的端面上布设多个光纤光栅应变传感器和多个光纤光栅温度传感器，其中光纤光栅应变传感器串接为 1 路，温度传感器串接为 1 路，然后由光纤传输到桥管所，实现大桥的集中管理。

6. 钢液浇铸检测

连铸机在浇铸时，为防止钢液被氧化，提高质量，希望钢液在与空气完全隔绝的状态下，从大包流到中间包。但实际上，在大包浇铸完时，是由操作员目视来判断钢液是否流出，因而在大包浇铸结束前 5~10min，密闭状态已破坏。为了防止铸坯质量劣化及错误判断泄漏，研制出光纤泄漏检测装置。

目前，为了获得更高、更稳定的温度测定，光纤测温的科学研究从未停止，可结合第二章文献调研方法，查阅目前先进光纤测温的研究及光纤的特征参数。光纤除用于测温外还具有其他应用场合，如作为光源应用在高速摄像或显微镜系统中，各种应用都基于其显著的优势特征。

本章重点及思考题

*1. 简述温度的基本温标以及温标刻度之间的转换计算。

*2. 简述接触式测温和非接触式测温的优缺点及其原理。

*3. 从原理、结构及使用注意事项三个方面简述热电偶和热电阻的区别。

*4. 利用热电偶测量实验流体温度时，冷端温度为 10℃，采集电压为 E_1，并通过查分度表获得流体温度 t_1，请计算流体的真实温度。[注：利用分度表查询对应 t 时刻热电偶电势可写成 $E(0, t)$]

---

　* 为选做题。

5. 请列出非接触测温的三大基本定律表达式，并指出单色辐射高温计、全辐射高温计以及比色高温计各自是依据哪一定律而设计；以测定辐射波的种类数目为出发点简要回答三者基本原理的区别。

*6. 答温度和温度场的异同，并分别举例两种目前科学研究中常用的测量方法。

7. 声波测温及光纤测温在许多特定场合具有其优越性，请分别举 2 个应用实例。

*8. 简述利用红外温度仪测定温度场时，需注意那些事项。

*9. 阐述购置红外温度仪或实验开始设置红外温度仪时的重要参数。

*10. 利用第二章文献查阅方法，分别检索并下载目前科学研究领域声波测温及光纤测温的最新以及下载次数最多的两篇文献，并从中提炼目前研究的关键问题。

参 考 文 献

[1] 王魁汉. 温度测量技术 [M]. 沈阳：东北工学院出版社，1991.

[2] 石质彦. 温标 [M]. 北京：中国计量出版社，1985.

[3] 孙传友，翁惠辉. 现代检测技术及仪表 [M]. 北京：高等教育出版社，2006.

[4] 潘儒文. 玻璃液体温度计 [M]. 北京：中国计量出版社，1988.

[5] 冯思思. 浅析双金属温度计的特点及其检定方法 [J]. 中国石油和化工标准与质量，2016，36（10）：34-35.

[6] 白冰，高福生. 压力式温度计的原理和特性及使用注意事项 [J]. 轻工标准与质量，2017，（2）：70-71.

[7] 许小华. 热电阻温度计和热电偶温度计的比较与使用 [J]. 内蒙古石油化工，2009，（23）：56-57.

[8] 陆建东. 热电偶的测温原理及误差分析 [J]. 宁夏电力，2007，（s2）：76-81.

[9] 洪杰. 非接触式温度测量 [J]. 轨道交通装备与技术，1995，（7）：33.

[10] 蔡如华. 热辐射测温的理论与算法研究 [D]. 桂林电子科技大学，2005.

[11] R. E. Bedford，于勇. 光学高温计测量热力学温度间隔 [J]. 宇航计测技术，1984，（4）：71-72.

[12] 上海工业自动化仪表研究所. 光电高温计 [M]. 北京：中国质检出版社，1972.

[13] G. D. Nutter，刘宝明. 辐射测温评论 [J]. 现代测量与实验室管理，1975，（4）：14-18.

[14] 宋建国，李胜玉. 全数字光纤式双通道比色高温计的研究 [J]. 内蒙古科技大学学报，2000，19（2）：145-149.

[15] 晏敏，彭楚武，颜永红，等. 红外测温原理及误差分析 [J]. 湖南大学学报（自科版），2004，31（5）：110-112.

[16] H. X. Chen，Y. Sun，L. B. Huang，X. D. Wang. Nucleation and sliding growth of boiling bubbles on locally heated silicon surfaces [J]. Applied Thermal Engineering，2018，（143）：1068-1078.

[17] 王明吉，王瑞雪. 两类声速测温方法的研究与比较 [J]. 中国测试，2006，32（5）：20-21.

[18] 沈国清. 基于声波理论的炉膛温度场在线监测技术研究 [D]. 华北电力大学，2007.

[19] Xuehua Shen，Huanting Chen，Tien-Mo Shih，Qingyu Xiong & Hualin Zhang. Construction of three-dimensional temperature distribution using a network of ultrasonic transducers [J]. Scientific Reports 2019，9：Article number：12726. https：//doi.org/10.1038/s41598-019-49088-y.

[20] 李伟良，张金成. 光纤测温系统在电力系统的应用 [J]. 青海电力，2002，（4）：29-32.

---

* 为选做题。

第6章 压力及压力场的测量

压力是表征生产过程中系统状态的基本参数之一，只有通过温度以及压力的测量才能确定生产过程中各种工质所处相态。在发电厂中饱和蒸汽可以由压力直接确定其状态。在热力设备运行时，为了保证工质状态符合设计要求并取得最佳经济效益，压力和温度一样，都是不可缺少的监测变量；如除氧器、加热器等，均需结合管道的承压情况及内部的压力变化，防止设备超压爆破。因此无论对某一状态下的静态（或稳态）压力的测量还是对于某个压力的动态监测（变化过程），对于科学研究和实际工业生产都非常重要。压力是除温度外第二个重要热工参数。

6.1 压 力 的 概 念

1. 单位及定义

在物理学上，压力是以"牛顿"为单位，发生在两个物体的接触表面的作用力。物体单位表面积所承受的垂直压力，称为压强。在国际单位制（SI）及我国法定计量单位中，压强的单位是"帕斯卡"，简称"帕"，符号为"Pa"。$1Pa=1N/m^2$，即 $1N$ 的力垂直均匀作用在 $1m^2$ 的面积上所形成的压力是 $1Pa$。而在热能、供热等行业，工程压力严谨来讲是指流体对单位器壁面积上的压力，对应于物理学中的压强。工程压力单位为"工程大气压"（$1kgf/cm^2$）"毫米汞柱"（mmHg）"毫米水柱"（mmH_2O）等，均应换算为法定压强计量单位 Pa，其换算关系见表 6-1[1]。

表 6-1 　　　　　　　　　　　　压 力 单 位 换 算 表

单位名称	符号	与 Pa 换算关系
工程大气压	kgf/cm^2	$1kgf/cm^2=9.81\times10^4Pa$
毫米汞柱	mmHg	$1mmHg=1.33\times10^2Pa$
毫米水柱	mmH$_2$O	$1mmH_2O=9.81Pa$

2. 按数值分区

大气层是受地球引力包围在地球表面的一层大气，对地球表面形成一定的压力，称为一个大气压力，标准大气压力值为 $101.325\times10^5 Pa$。

以标准大气压数值为参照基础或参照零点，不同压力值可分别利用绝对压力、表压力、负压力（真空）等概念进行表示。绝对压力是地球上物体所受压力的绝对数值。

当绝对压力值大于一个大气压值，其压力为正，可用表压力表示

$$表压值 = 绝对压力 - 标准大气压力 \qquad (6-1)$$

当绝对压力值小于一个大气压，表压力为负时用真空度表示

$$真空度值 = 标准大气压 - 绝对压力 \qquad (6-2)$$

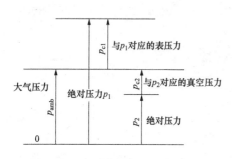

图 6-1　不同压力范围内的压力表达

这几个压力的数值相对关系如图 6-1 所示[1]。需指出的是实际差压测量时，习惯上把较高一侧压力称为正压，较低一侧压力称为负压。此负压不一定低于大气压，正压也不一定是高于大气压力，此处为相对概念，与前述的正压力、负压力概念不可混淆。

在工业生产中，根据生产工艺条件不同，所测定的压力数值各有不同；可按其绝对压力值所处压力范围分区：高真空（$<10^{-5}$Pa）、中真空（$10^{-5}\sim10^{-2}$Pa）、低真空（$10^{-2}\sim10^{-1}$Pa）、微压（5kPa 以下）、低压（0.1～1.6MPa）、中压（1.6～10MPa）、高压（10～100MPa）和超高压（100MPa 以上）。不同的研究领域具有不同压力范围特征，如燃煤电厂锅炉工作一般为超高压范围，食品速干为低真空范围，冷凝相变换热器为中真空或高真空环境等。

3. 按物理意义分类

当待测压力稳定或关注压力容器压力状态时，往往测定其静态压力数值，并根据其数值范围描述压力特征。除此之外，实际生产或生活中，某些情况下需重点关注压力的变化及分布，如管道内扰流流场压力分布、输油管管壁压应力分布等；此种运动流体不同位置处的压力状态必定与其流动特征相关，此时压力可根据测定流体物理意义分为动压、静压以及总压。

动压是单位体积流体运动所具有的动能，其恒为正且具有方向性，动压的方向为流体的运动方向。流体静止时或沿垂直于流体运动的方向上测定的不受流速影响的压力为静压。动压与静压之和即称为总压。在忽略流体流动引起的压力损失时，总压守恒。根据静压、动压定义可知其测定关键在于流动方向，测定动压时需测定流体流速。通过式（6-3）计算

$$p_m = \frac{mv^2}{2} \tag{6-3}$$

由管内流动速度分布可知，流体在壁面附近可近似为无滑移边界，即壁面处流体速度为零，动能为零，静压力最大；管道中心速度及动能最大，静压能减小。因此，如图 6-2 所示垂直于管道在管壁设置导压口测定压力为静压，流体迎风流测压口包含了流体的所有动能以及此液体深度下的静压能，因此测定压力为总压。当利用压差计同时测定总压和静压时，可利用"总压=动压+静压"获得某位置处动压；从而测定某位置处动压、静压以及总压的数值及变化规律。

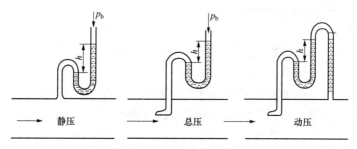

图 6-2　管道内动压、静压、总压的测定

无论是密闭容器内稳定的压力状态还是流动介质中不断变化的压力分布，可间歇测定压力数值，也可连续不间断地检测压力的变化，分别称为静态压力测量和动态压力测量。静压

和动压是两种压力，静态压力测量和动态压力测量是间歇测定压力和连续测定压力的两种测压方法。

6.2 常用静态压力测量仪基本原理及结构

静态或稳态情况一般只需要获得此状态下的压力值，可利用静态压力计直接原位、间歇测定并读取。动态压力过程要求获得更精准的压力变化规律，需利用动态压力监测传感器进行连续检测。一般静态压力监测仪器称为压力表或压力计，而动态压力监测仪器称为压力传感器；本小结主要介绍两种经典的静态压力计[2]。

6.2.1 液柱式压力计

1. 分类

液柱式压力计是利用液柱自身重力与被测压力平衡时液柱的高度来测定压力大小的静态压力计。其所用液体称为封液，常用的封液有水、酒精、水银等。液柱式压力按其形状可分为 U 形管压力计、单管压力计和斜管微压计等。

液柱式压力计的测压原理如图 6-3（a）所示。在 U 形玻璃管中充有一定数量的液体，两端压力相等时，液面高度相同，处于刻度 0 处。若其一端通以被测压力 p，另一端通大气，则左右液面将出现高度差 h，则所测压差 Δp 与 h 的关系式为

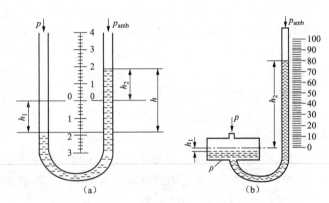

图 6-3　液柱式压力计原理图

$$\Delta p = p - p_{\text{amb}} = \rho g(h_1 + h_2) = \rho g h \qquad (6\text{-}4)$$

式中：$h = h_1 + h_2$ 为左右支管中液面的高度差；ρ 为液体的密度；g 为重力加速度；p_{amb} 为当地的大气压。

由于 ρ 和 g 为常数，故被测表压力与液面高度差成正比。在玻璃管外设置刻度标尺，将视线与液柱曲面相切便可直接读出表压力的值，可记为 mmHg 或 mmH$_2$O [3]。

为了简化读数方法，将 U 形管的一侧管径改大，成为杯形，另外一侧管径不变，出现了单管压力计，如图 6-3（b）所示。设杯的内径为 D，管的内径为 d，则表压力 Δp 如式（6-5）所示。如 $D = 31.6d$，即截面积之比可达 1000 倍，只读出 h_2 计算压力，误差不超过 0.1%；可继续把式（6-5）中括弧内的数作为修正值，使误差更小，因此单管压力计测量压力的误差明显小于 U 形管[2,3]。

$$\begin{aligned}\Delta p = p - p_{\text{amb}} &= \rho g(h_1 + h_2) \\ &= \rho g\left(\frac{d^2}{D^2}h_2 + h_2\right) = \rho g h_2\left(1 + \frac{d^2}{D^2}\right) \approx \rho g h_2\end{aligned} \qquad (6\text{-}5)$$

在此基础上，为了使测定压差时读数更准确，可以把单管改为斜管，如图 6-4 所示。利用斜边大于垂直高度的关系，将读数标尺成比例放大，使读数误差进一步减小。

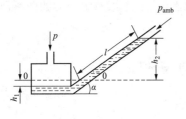

图 6-4　斜管压力计

2. 测压原则

液柱式压力计测压原理简单，使用容易；使用时需将液柱式压力计两侧与两压力区相连。除此之外还需注意以下几个方面。

（1）气体重力可忽略：液柱式压力计常用于测气体压力，气体的密度远小于液体，故管内气柱的重力影响可以忽略。

（2）管壁膨胀系数可忽略：因固体管壁的膨胀系数远小于液体，如需进行温度修正，一般只考虑液体密度随温度变化，而不考虑固体管壁随温度的变化。

（3）分别读取两侧液位变化：考虑管的内径可能不均匀，故必须分别读出两侧距离 0 刻度水平线的液柱高度 h_1 和 h_2，再相加获得液位高度差 h，不可用 $2h_1$ 或 $2h_2$ 代替 h。

（4）表面张力影响液位读数：注意读数时液体毛细作用和表面张力的影响。对凹形弯月面（如玻璃压力计内的水工质）以液面最低点为准，视线应与液面最低点曲线界面相切；对凸形弯月面（如玻璃压力计内的汞界面），则以弯曲液面最高点的切线为准。

实际使用液柱式压力计过程中需注意读数，否则容易引起第三、第四条误差。

3. 缺点[2]

液柱式压力计也具有如下一些局限。

（1）压力计量程受内部工质密度的限制。常用水银有毒，而除水银外目前尚无密度大而化学稳定性好的液体。

（2）不适合测量剧烈变动的压力。U 形管两端分别与被测压力及大气相通，压力突变时可使液体冲出管外。且管内液体阻尼系数小，虽然测定微小变化的压力相当灵敏，但遇到压力的扰动会反复振荡许久方能静止。

（3）对安装位置和角度有要求。静态液柱式压力计是通过液柱的重力测定压力，即压力计中心线必须与重力加速度方向吻合，使得液柱式压力计占用空间较大，不够紧凑。

由于上述固有缺陷，液柱式测压仪表在工业中的应用日益减少，特别是水银仪表已趋于淘汰；但在科学实验中，由于其具有简单、灵敏、准确等优点，仍存在使用空间。

6.2.2　弹性式压力计

用弹性敏感元件来测量压力的仪表称为弹性式压力计。弹性式压力计基于弹性元件的变形，通过传动机构或某种电子变送技术，实现压力或差压的直接指示或远距离传输。弹性压力计的组成机构如图 6-5 所示。弹性元件是仪表的核心部分，其作用是感受压力并产生弹性变形，弹性元件采用何种形式要根据测量要求进行选择和设计；在弹性元件与指示机构之间的变换放大机构，

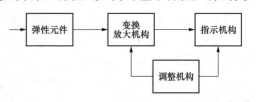

图 6-5　弹性压力计组成框图

其作用是将弹性元件的变形进行变换和放大；指示机构主要是指针与刻度标尺，用于给出压力指示值；调整机构适用于调整仪表的零点和量程[1]。根据弹性敏感元件的类型不同，弹性压力计通常可分为弹簧管压力计、膜盒差压计、电接点压力计等几种类型[1][2]。

1. 弹簧管压力计

弹簧管压力计是最常用的直读式测压仪表，它可用于测量真空或 $0.1 \sim 1 \times 10^3$MPa 的压

力[2]。弹簧管压力计主要由弹簧管、齿轮传动机构、示数装置（指针和分度盘）以及外壳等几个部分组成，其结构如图 6-6 所示。

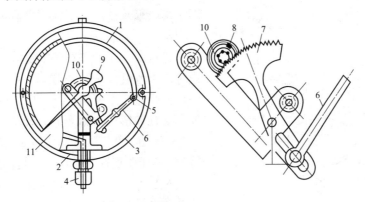

图 6-6　弹簧管压力计结构图

1—弹簧管；2—支管；3—外壳；4—接头；5—带有铰轴的销子；6—拉杆；

7—扇形齿轮；8—小齿轮；9—指针；10—游丝；11—刻度盘

弹簧管又称为波登管，由一根扁圆形或椭圆形截面的弹性金属管弯成圆弧形而制成，弹簧管椭圆截面长短轴的比值一般为 2～3。管子开口端固定在仪表接头座上，并与管接头 4 相通，称为固定端；管子的另一端封闭，称为自由端。弹簧管自由端借助于拉杆 6 和扇形齿轮 7 以铰链的方式相连，扇形齿轮 7 和装有指针的小齿轮 8 啮合；齿轮 8 上安装固定指针 9；为了消除扇形齿轮 7 和小齿轮 8 之间的间隙活动，在小齿轮的转轴上安装了螺旋形的游丝 10[4]。当管接头 4 与待测压力空间相连接后，介质由所测空间通过细管进入弹簧管内腔，弹簧管承受内压使弯曲的弹簧管伸展使中心角 α 变小，封闭的自由端外移带动齿轮传动机构（7 和 8），使固定在齿轮 8 上的指针 9 相对于分度盘 11 旋转，指示被测压力；指针旋转角的大小正比于自由端位移量及待测压力大小[5]。

根据弹簧管测定压力原理可知，圆形截面的弹簧管在压力增加时其自由端不会发生移动，只有弹簧管截面不对称才可拉动指针的旋转；且在相同的角度 α 之下，弹簧管椭圆形截面的短轴越小灵敏度越高。在一定压力下，弹簧管的输出位移除了和弹簧管的原始中心角 γ、截面形状等参数有关外，还与弹簧管的材料性质（弹性模量 E 和泊松系数 μ）、壁厚 h、圈径 R 等有关。经分析可知，弹簧管中心角 γ 越大，椭圆形截面的短轴越小，角位移 $\Delta\alpha$ 就越大；因此增加弹簧管圈数，做成螺旋型或涡卷型多圈弹簧管，可加大灵敏度和测量范围，但具体弹簧管所受压力与输出位移之间的关系，目前仍需通过实验获得经验公式[2][4]。

一般使用弹簧管压力计多为上述的单管弹簧管结构，其压力测量准确度等级分为 0.35、0.5、1.0、1.5、2.0、2.5 级，要求一般准确度时选择 1.0～2.5 级，要求精准度更高时选择 0.35、0.5 等级。

2. 膜盒压力计（微压计）

膜盒压力计采用膜盒作为测量微小压力的敏感元件，膜盒由弹性金属构成，其材质多用铜合金；膜盒耦合联动机构以及指示机构构成整个膜盒压力计。膜盒压力计一般精度较低，准确度等级一般为 2.5 级，较高的可达到 1.5 级。测量压力范围在百帕、千帕内，多用于测定低压场合，不能测量高压；且对环境要求较高，如相对湿度不大于 80%，无腐蚀作用，无爆炸危险，环境振动小，一般膜盒抗振动等级为 V.H.3 级以下。膜盒压力表属于就地指示型仪表，不带远程传送显示和调节功能。常用于火电厂锅炉风烟系统的风、烟压力测量及锅炉炉膛负压测量。

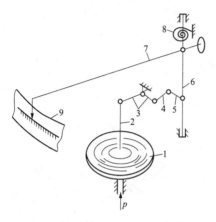

图 6-7　膜盒式微压计结构图

1—膜盒；2—推杆；3—铰链块；4—拉杆；5—曲柄；

6—转轴；7—指针；8—游丝；9—刻度盘

膜盒压力计工作原理如图 6-7 所示。仪表工作时，压力信号 p 从引压口、导压管引入膜盒 1 内，使膜盒产生变形。膜盒中心向上的位移通过推杆 2 使铰链块 3 做顺时针转动，从而带动拉杆 4 向左移动。拉杆又带动曲柄 5，使转轴 6 逆时针转动，从而使指针 7 也逆时针转动进行压力指示。游丝 8 也是必不可少部件，它可消除转轴 6 与指针 7 传动间隙带来的误差[2]。它与弹簧管压力计相似，均为耦合联动部件，利用指针指示待测压力的变化；不同的是膜盒的指针变化起因于膜盒在微小压差作用下的向上膨胀。

膜盒压力计的结构形式可按膜盒受力方向分为径向直接式和轴向直接式，按安装方式还可有轴向嵌装式、径向凸装式等多种。它与设备的连接方式一般为螺纹结构连接，无论如何变换，但其结构组成及原理不变。

3.　电接点压力计

电接点压力计是用做电气信号设备连锁装置和压力自动操纵装置的控制仪表，控制容器内部压力在设定压力范围内。例如，锅炉汽包压力、蒸汽罐内的蒸汽压力等，当压力低于或高于给定值时，提醒运行人员及时进行操作，以免影响机组的安全运行[2]。

电接点压力计测量工作原理和一般弹簧管压力计完全相同，只是增加一套发信号的控制机构。在实际压力指针下部增加两个指针，一个为高压给定指针，一个为低压给定指针；利用专用钥匙在表盘的中间旋动给定指针，设定所要控制的压力上、下限值。在高低压给定值指针和实际压力指示指针上各带有电接点。电接点式压力计的结构图如图 6-8 所示，当指示指针位于高、低压给定指针之间时，三个电接点 1、2、4 彼此断开，不发信号。当指示指针位于低压给定位指针的下方时，低压接点 1 接通，低压指示灯报警。当压力高过压力上限时，即指示指针指示大于高压给定指针所限定压力，高压接点 4 接通，高压指示灯报警。因此电接点压力计可理解为具有最大和最小压力限定报警的弹簧管压力计。

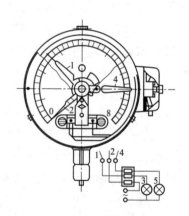

图 6-8　电接点压力计

1—低压给定指针及接点；2—指针及接点；

3—绿灯；4—高压给定指针及接点；5—红灯

电接点压力计除作为高、低压报警信号灯和继电器外，还可与其他继电器组合起连锁和自动操纵作用。这种仪表的优势在于警告压力的高低设置，但不能远传压力的准确数值，且其压力数据准确度较低，一般准确度为 1.5～2.5 级。如日常生活中高压锅的压力控制，即利用电接点压力开关控制；当锅内压力超过所设定的限压值时，机器自动断电，在压力降低后再重新加热，确保锅内的压力保持在一定的范围内。

触点控制部分需注意触点烧毁危险；其供电电压交流最大 380V、直流最大为 220V；触点的最大容量为 10V·A，通过的最大电流为 1A；使用中不能超过上述电功率，以免将触头烧坏。

用于测量正压的弹簧管压力计，常称为压力表；用于测量负压的，则称为真空表。

4. 安装、维护注意事项

弹性式压力计中，电接点弹性压力计虽然添加了电路控制，但其原理仍是弹性元件的变形机械联动指示压力数值，因此上述三种弹性式压力计，包括弹簧管式、膜盒式以及电接点式均为较经典的机械式测压仪表。

机械式测压仪表一般更适宜就地测量，为保证仪表压力数值的正确显示，在仪表的安装与维护中需注意以下几点[2]。

（1）选用弹性式压力计时需注意被测工质的物性。测量爆炸、腐蚀、有毒气体压力时应使用特殊仪表；氧气压力表严禁接触油类，以免发生爆炸。

（2）注意弹性式压力计的量程范围。仪表应工作在正常允许的压力范围内，待测压力比较稳定，操作指示值一般不应超过量程的 2/3，待测压力波动较大，则应使待测压力值约为压力计量程 1/2；具体情况选择适宜量程。

（3）使用条件的限制。工业用压力计应在环境温度为 40～60℃、相对湿度不大于 80% 的条件下使用。

（4）为便于检验，在仪表下方应装有切断阀；在振动情况下使用仪表时需装减震装置；测量压力波动较大时需装缓冲器；测量结晶或黏度较大的介质时，要加装隔离器；当介质较脏时需在仪表前采用过滤器。

（5）仪表安装处保证密封性，不能出现泄漏现象；且与测定点间距离应尽量短，以免指示迟缓。

（6）仪表必须垂直安装，且仪表的测定点与仪表的安装处应处于同一水平位置，否则产生附加高度误差，须加以修正。

（7）仪表必须定期校验。保证无设备泄漏、指针偏移现象。

6.3　常用动态压力传感器基本原理及结构

为适应热工保护、自动调节、连续在线监测等热工测量和自动化控制的需要，通常希望将测压弹性元件输出的代表压力的位移转换成统一的电信号，并进一步远传，以方便信号的监测转换及控制；为此产生了压力感应元件与电信号元件共同作用的压力传感器[2]。相对于液柱式、弹性式压力计，压力传感器的显著优势在于精度高，可动态监测，可远传，自动化程度高。

动态压力传感器根据压力、电信号的转换原理可分为压阻式、压电式、电容式、电感式、霍尔式等几种，本节主要介绍几种动态压力传感器的特点及原理。

6.3.1　压阻式压力传感器

6.3.1.1　原理及结构

待测压力作用于弹性敏感元件上，使之变形，在其变形的部位粘连有电阻应变片，电阻应变片感受被测压力的变化显示不同的阻值,这种压力敏感应变片或元件称为压阻式传感器。传感器感应到的应变量,再经过数据采集装置采集并传输至电脑或显示端,即可完成变量的监测。

　　压力敏感应变片一般由电阻应变元件、基片和覆盖层、引出线几部分组成,如图 6-9 所示。应变元件是压力传感器的核心部分,其材料可为金属丝、金属箔或半导体材料,对应不同压力时具有不同电阻值;基片和覆盖层起固定和保护应变元件、传递应变量以及电气绝缘的作用。伴随材料和半导体电控技术的发展,目前压阻式压力传感器多为单晶硅的半导体压阻式压力传感器。对于独立半导体应变片或固态单晶硅应变式压力传感器,单晶硅膜片将压敏元件和转换元件合二为一,简化了结构。

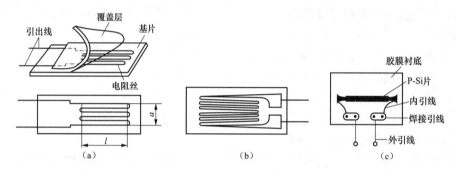

图 6-9　压阻应变片的三种结构
(a) 丝式;(b) 片式;(c) 半导体式

　　压阻式压力传感器的工作原理为"压阻效应",压阻效应内容为当金属材料或半导体在受到压力发生机械变形时,其固有电阻值发生变化。金属材料电阻与电阻率、长度成正比,与材料横截面成反比,记为 $R = \rho \dfrac{l}{s}$。当金属应变片受到压力所发生电阻的变化率与金属材料几何形变（轴向形变以及径向形变）以及其电阻率的变化率相关,如式（6-6）所示;进一步利用金属材料泊松比可将径向形变变形简化,使得金属材料电阻变化率可表示为轴向应变 ε 与轴向应变灵敏度 k 的乘积。

$$\frac{\mathrm{d}R}{R} = \frac{\mathrm{d}l}{l} - 2\frac{\mathrm{d}r}{r} + \frac{\mathrm{d}\rho}{\rho} = k\varepsilon \tag{6-6}$$

　　对于半导体上式中前两项很小,而电阻率的变化较大,故半导体电阻的变化率主要由第三项引起:

$$\frac{\mathrm{d}R}{R} = (1 + 2\mu + \pi E)\varepsilon \approx \pi E\varepsilon = k\varepsilon \tag{6-7}$$

式中:ε 为应变片轴向应变位移量,mm/mm;k 为应变丝的灵敏度,对于一般金属丝 $k=1\sim2$,对于半导体材料通常在 $k=60\sim170$,可知半导体应变片的灵敏度比金属丝灵敏度高 $50\sim80$ 倍;π 为半导体的压阻系数;E 是半导体弹性模量;μ 为材料的泊松比,均为无量纲。

　　经实验证明,半导体电阻随压力的变化率表达式第三项的系数 πE 比第一、二项至少大上百倍,可简化与金属相同形式,如式（6-7）。因此,当测定应变片的电阻变化率时即可获得应变片的形变位移量,进而通过不同压力下材料的变形量获得压力数值。

需指出的是，压阻效应具有各向异性，沿不同方向上施加压力或沿不同方向上施加电流，同一材料的电阻率变化不同。同时，需注意压阻效应与压电效应不同，压阻效应只改变了材料的电阻，改变其阻抗性能，但不产生电荷；压电效应是通过压力的作用使材料内部形成运动的电荷。

6.3.1.2　压阻材料

单晶硅是具有代表性的半导体压阻材料，可选为压阻元件的金属材料则需具备灵敏系数大、电阻值大、电阻温度系数小、与铜线焊接性能好、机械强度高等性质。表 6-2 展示了常用的金属压阻材料及其具体性质。

表 6-2　　　　　　　　常用于压阻应变片的金属电阻丝材料及其性质

材料	成分		灵敏系数 k	电阻率 /（$\mu\Omega\cdot mm$，20℃）	电阻温度系数 ×10^{-6}/℃	最高使用温度/℃	对铜的热电势/（μV/℃）	线膨胀系数 ×10^{-6}/℃$^{-1}$
	元素	%						
康铜（常用）	Ni Cu	45 55	1.9～2.1	0.45～0.25	±20	300（静） 400（动）	43	15
镍铬	Ni Cr	80 20	2.1～2.3	0.9～1.1	110～130	450（静） 800（动）	3.8	14
镍铬铝（6J22）	Ni Cr Al Fe	74 20 3 3	2.4～2.6	1.24～1.42	±20	450（静） 800（动）	3	13.3
镍铬铝（6J23）	Ni Cr Al Cu	75 20 3 2	2.4～2.6	1.24～1.42	±20	450（静） 800（动）	3	
铁镍铝	Fe Cr Al	70 25 5	2.8	1.3～1.5	30～40	700（静） 1000（动）	2～3	14
铂	Pt	100	4～6	0.09～0.11	3900	800（静） 100（动）	7.6	8.9
铂钨合金	Pt W	92 8	3.5	0.68	227		6.1	8.3～9.2

6.3.1.3　误差及校正

压阻式压力传感器利用了压力引起金属或半导体应变片的电阻值变化的特点，但不能忽略温度的变化同样可引起金属或半导体的电阻值改变，因此应变丝和应变片感应温度变化时会引入阻值随温度的漂移，即温度误差。

测量压力时温度误差分两类：

（1）温度形变引起自身附加阻值：金属片或金属丝在测定压力时，本身阻值随环境温度变化引起的数值变化。

（2）形变差异引起的附加阻值：压力应变元件由应变片、试件基片、覆盖层三种不同材料组成，各种材料具有不同的线膨胀系数（线膨胀系数是单位长度的材料温度每升高 1℃发生的伸长量，是材料的热物性参数）。当温度变化时，三种不同材料具有不同的伸长量，不同的膨胀位移量引起应变片产生附加形变，从而造成电阻测量误差。

对于温度引起两种的误差，需利用如下方法进行校核。

1. 惠斯通电桥法校正自身温度误差

如图 6-10 所示，应变丝被三根导线分为两段电阻 R_1 和 R_b，当温度变化时两电阻具有相同的电阻增量 ΔR，引起应变丝阻值变化或应变片形变。利用惠斯通电桥法校正温度误差的原理，即在两段电阻基础上添加两个可调已知电阻 R_3、R_4，组成四电阻并联电路；测定 R_1 和

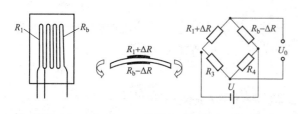

图 6-10　惠斯通电桥法消除温度引起的
阻压应变边的形变误差

R_b 中间点及两已知电阻中间点两点之间电压 U_0 或电流 I_0，构成惠斯通电桥，如图 6-10 所示。通过调节已知电阻的阻值 R_3、R_4，使得连接点测定电压为 $U_0=0$，获得平衡惠斯通电桥；此时压力应变片上两段压阻材料的电阻值之比等于已知两电阻的阻值比，$R_1/R_b=R_3/R_4$。如图 6-10 所示，当温度变化引起应变片变形，且引起 R_1 和 R_b 相同

的变化率 ΔR 时，惠斯通电桥中显示仍可获得 $(R_1+\Delta R)/(R_b+\Delta R)=R_3/R_4$，即仍可保障 $U_0=0$，从而消除温度引起的压力应变片形变引入的电阻误差 ΔR 的影响。

2. 自补偿法校正由性能差异引起的附加温度误差

顾名思义，自补偿法即选用与应变丝或应变片线膨胀系数相同的应变栅格材料做基片、覆盖材料以及导线，使其成为均值材料，便可避免附加变形量；因此目前多直接选用单晶硅作为压阻材料，消除由于差异引起的附加温度误差。

压阻式压力传感器可精确测定密闭管道内流体对壁面的压力，也可用于测定敞开环境中固体对压感表面的作用力；如图 6-11 所示常见的货车过泵或电子秤等均为压阻原理测量的应用。

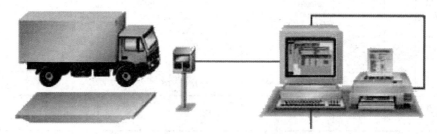

图 6-11　压阻式压力传感器测定货车重量

6.3.2　压电式压力传感器

1. 压电原理

凡在外电场作用下产生宏观上不等于零的电偶极矩，从而形成宏观束缚电荷的现象称为电极化，能产生电极化现象的物质统称为电介质。电介质的带电粒子被原子力、分子力或分子间力紧密束缚，粒子所带电荷为束缚电荷，在外电场作用下束缚电荷只能在微观范围内移动，依靠极化、感应而非传导的方式在内部形成电场，呈现电学性能，因此电介质电阻率一般大于 $10\Omega \cdot cm$。

电介质的形态可以是气态、液态、固态，以及真空。固态电介质包括晶态电介质和非晶态电介质两大类。部分晶体电介质具有压电效应，部分电介质单独或兼具热电效应、光电效应、铁热效应。非晶态电介质包括玻璃、树脂和高分子聚合物等绝缘材料。严格讲，压电效应是以部分晶体电介质材料为基础的；虽然近年来在医学研究中也有研究者提出非晶体的各

向异性介质也可有压电效应，如生物体骨骼受应力作用发生形变产生电位差，但这并不能更改压电效应以晶体电介质材料为基础的正确性。

压电效应是指在一定条件下，物体表面压力与电荷相互转换的过程。可分为正压电效应和负压电效应。

如图 6-12 所示，部分晶体电介质当受到一定方向外力作用而发生变形时会发生极化现象，释放电子，在垂直于受力方向的两个相对表面上出现正、负相反电荷，电介质内部的电子运动方向为使材料变形复原的方向；当外力消失后电介质回归为不带电的状态，此压力转换为电荷的现象

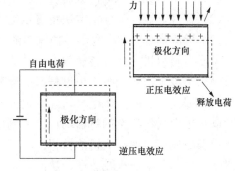

图 6-12　压电效应

称为正压电效应。相反，当沿垂直于电介质两个表面方向上施加电场时电介质发生极化，极化使电介质变形，变形方向与电子运动方向相反；电场消失后电介质的变形随之消失，此电荷转换为压力及形变的过程称为逆压电效应。压电效应可在晶体的三个方向（x、y、z 轴）发生，各向异性晶体使得晶体在不同方向上的压电转换性能不同。

压电转换关系表达式

$$Q = dF \tag{6-8}$$

式中：Q 为压电效应产生电荷量，C；d 为不同压电作用晶格方向上的压电常数，C/N；F 为作用在压电材料表面的压力，N。

以压电效应为基础，由压电元件为核心元件结合电信号传输测量压力的传感器称为压电式压力传感器。

2. 压电式压力传感器结构

压电式压力传感器由感压弹性膜片、支持片、压电晶体及引出线、绝缘套管等组成。由于由晶体引出导线连接难度很大，因此压电传感器中一般存在两块以上的压电晶体，晶体之间用导电金属（多选铜）连通，进一步从金属铜块引出导线，如图 6-13 所示。同时，为避免压电材料产生电荷的外泄与短路，压电组件及铜块首先由不锈钢垫块支撑，然后与膜片接触，并保持绝缘。压电式压力传感器等效电路图可简化为一个电容和电阻加交流电源作用的部件，然后可耦

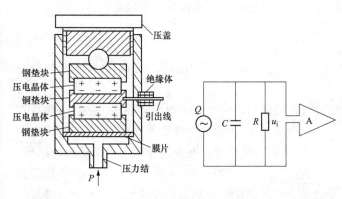

图 6-13　压电式压力传感器结构图及其等效电路图

合不同需求的信号放大器，放大信号进行输出、控制。

3. 压电材料

常见的压电材料可分为三类：①单晶压电晶体，如石英、酒石酸钾钠等。②多晶压电陶瓷，如钛酸钡、锆钛酸钡、铌镁酸铅，同时有一元、二元、三元……多元混合物以降低单元组分缺陷，引入多元性交互作用。③高分子材料晶体，典型的如聚偏二氟乙烯。

表征压电材料性能的重要参数有：

（1）压电常数：压电常数可衡量材料压电效应的强弱，直接关系到压电输出的灵敏度。

（2）弹性常数：弹性常数决定着压电器件的变形时固有频率和动态特性。

（3）机械耦合系数：等于转换输出能量（如电能）与输入能量（机械能）之比的平方根，是衡量压电材料机电能量转换效率的重要参数。

（4）绝缘电阻：减少压电过程中的电荷泄漏。

（5）居里点温度：压电材料开始丧失压电特性的温度。

满足压电材料特性的材料均可应用到压电传感器中。日常生活中到处存在压电材料的各种传感器或应用。如打火机的按钮：其结构为一根钢柱在压电陶瓷上施加机械力，压电陶瓷即产生高电压，形成火花放电，从而点燃可燃气体。这种打火机中采用直径为 2.5mm，高度为 4mm 的压电陶瓷，就可以得到 10～20kV 的高电压。当电压升高到该间隙的放电电压时，间隙中就产生放电火花。压电陶瓷在把机械能转换为电能放电时，陶瓷本身不会消耗，也几乎没有磨损，可以长久使用。这种正压电效应（压转电）还被应用在军事反坦克炮弹、原子武器的引爆以及其他一些机械冲击波下需引燃的场合。

相比于正压电效应的应用，逆压电效应的应用更为广泛，电压转换结合弹性材料的弹性频率可利用到声波发生装置，如扬声器、声呐测试设备、超声医疗仪、振荡雾化加湿器、微型马达等，日常生活中的门铃、呼叫机、音乐卡片等比比皆是。理解后的科学技术，是否可触发具有活跃思维的你的创新想法？

6.3.3 电容式压力传感器

6.3.3.1 原理及结构

1. 电容式压力传感器

电容式传感器测量压力的原理是将待测压力转变为电容信号，而后再采集及传输。电容器所带电容量由两极板大小、形状、相对位置和电解质的介电常数决定，如式（6-9）所示；可知，电容器元件能够更直接地将待测压力通过两极板的位移转变为电信号。

$$C = \frac{\varepsilon S}{d} \tag{6-9}$$

式中：ε 为电解质介电常数，$C^2/(Nm^2)$；S 为电容两极板相对面积，mm^2；d 为两极板相对距离，m。

当电解质介电常数 ε 以及极板相对面积 S 确定后，将一个极板固定不动，另一个极板随压力变化而改变两极板间距 d 使得电容量变化，此为电容式压力传感器的原理。

如图 6-14 所示为电容压力传感器结构图，可知感压弹性元件——金属膜片为电容器的活动极板，与固定在传感器壳体上的另一个极板形成电容器，从而通过电容的变化感知压力的变化。与其他传感器相同，电容式变送器由测量和转换两部分串联构成，由测量电路和放大输出电路将电容量的变化转换为标准电流信号。电容

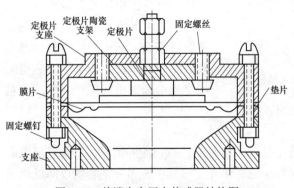

图 6-14 单端电容压力传感器结构图

式压力变送器常用于连续测量流体介质的压力、差压、流量、液位等热工参数，将它们转换
成直流电流信号。

2. 电容式差压传感器

基于电容式压力传感器原理，膜片受到压力的形变直接影响其电信号的输出。而温度、
压力以及模板的弹性和挠性都会影响膜片的形变量，因此需避免测量过程中膜片在非压力作
用下引入的系统误差。因此，实际应用中电容式传感器结构被设计为差动电容式结构，即

电容式差压传感器；电容式差压传感器由两
组电容式感应组件组成，继承了求差方法可降
低系统误差的原则，可实现消除材料的弹性、
挠性等随温度或其他非压力因素引起的电容量
误差。

如图 6-15 所示为典型的双凹曲面电容式差
压传感器基本结构。固定电极为在两个凹曲的
玻璃表面上镀金属层而制成，两个固定电极中
间为受压变形膜片，受压膜片与两侧的固定电
极构成两个电容。当两个电容均连通压力，在
压差的作用下受压膜片弯曲，一个电容器的电
容量增大而另一个则相应减小。设高压侧和低
压侧与平膜片分别构成球面电容 C_H 和 C_L。由
于固定电极球面的球体半径较大，固定电极与

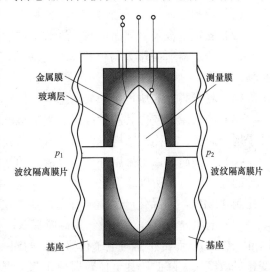

图 6-15　电容式差压传感器结构原理图

可动电极间距离较小，球面容器的特性可近似于平行板电容器特征。中间测量膜片发生的偏
移位移 Δd 与被测压差为 Δp 关系[1] 为

$$\Delta d = K_1 \Delta p \qquad (6\text{-}10)$$

式中：K_1 为与膜片结构尺寸和材料性质有关的比例系数。

差动电容器电容量进一步可表示为[2]

$$C_H = \frac{\varepsilon A}{d_0 + \Delta d}, \ C_L = \frac{\varepsilon A}{d_0 - \Delta d} \qquad (6\text{-}11)$$

式中：ε 为极板间介质的介电常数；A 为电容极板的有效面积；d_0 为极板间的初始距离。

由式（6-11）可知，电容 C_H 和 C_L 与可动膜片电极位移 Δd 之间呈非线性关系。利用变量
转换方法取电容之差比电容之和可得

$$\frac{C_L - C_H}{C_L + C_H} = \frac{\Delta d}{d_0} = K_2 \Delta d \qquad (6\text{-}12)$$

将式（6-10）代入式（6-12），可得

$$\frac{C_L - C_H}{C_L + C_H} = K_1 K_2 \Delta p \qquad (6\text{-}13)$$

式（6-13）即为差压—电容转换关系式。若将比值 $\frac{C_L - C_H}{C_L + C_H}$ 定义为新参数 C，其与被测差压 Δp
成正比；且 C 值与介电常数 ε 无关；即电容式差压传感器不仅具备压差和采集变量良好的线
性关系，还同时消除了介电常数变化带来的误差[2]。

由上述测量原理可知，电容式差压传感器具有更高的灵敏度和准确度，因此发展较快，品种更多，应用更加广泛。其中双曲面结构可在压力过大、膜片过载时使膜片受到凹面的保护而不致破裂，但完全对称性的要求也增大了加工难度。

6.3.3.2 特点及注意事项

电容式差压变送器采用 24V（DC）集中供电、4～20mA（DC）电流输出信号、两线制传输式仪表。作为一种新型差压变送器具有以下显著的优势[2]。

（1）感测零部件少，结构简单，体积小，重量轻。

（2）固定电极采用球面形状，过载保护性能好。

（3）变送器所受压力与位移呈线性关系，故准确度高（±0.2%～±0.5%），且可两线制传输。

（4）测量膜片的质量小，故动态响应快。

（5）测量原理使得其测量准确度受环境温度以及介质温度、环境静压影响小。且敏感部件采用全焊接、对称式结构，可承受压力急剧变化。

（6）结构简单，可采用外形尺寸统一的结构模块，对于不同的测量范围，只需改变测量膜片的厚度即可；所以通用化、系列化程度高；且测量范围广。测量范围小到 0.123kPa，高可达到 42MPa，商品化产品信号齐全，调整仪表方便。

（7）电缆分布电容对测量结果影响显著，必须考虑。传感器两极板间电容仅几至几十 pF（$1pF=10^{-9}F$），而传感器与电子仪器之间的连接电缆电容为几至几百 pF，使传感器待测电容变化灵敏度大大降低，甚至使数据规律完全错误。须利用集成电路设置前置放大器，使传感器的输出直接变为直流电压信号；并采用双屏蔽传输线，降低分布电容的影响，提高被测电容变化灵敏度。

由此可见，电容式变送器优点很多，能满足绝大部分现代工业生产以及科学实验对检测、变送仪表提出的高准确度、高稳定性、高可靠性的要求；在几种新型微位移式变送器中，它以结构简单，测量范围较宽，技术性能好而得到广泛的应用[2][7]。目前科学研究中压力测定场合，一般情况下优选电容式压力传感器。

6.3.3.3 传感器校核

电容式差压变送器是无整机负反馈回路的开放式仪表，其输出信号为直流电流信号，4～20mA，对应其压差量程；因此其传感器的校核只需外部施加对应量程内的不同压差，测定并校核对应输出电流。将被测差压范围分为四等分，按 0%、25%、50%、75%、100%逐点输入相应的差压值，则变送器输出电流为 4、8、12、16、20mA，其误差应小于基本允许误差。

如果超差，应重新进行上述各项的调整，必要时应进行线性调整。

具体步骤如下[2][4][5]：

（1）按图 6-16 所示的校验线路图接好线路，经检查无误后接通电源。毫安表准确度为 0.2 级，即其允许误差为量程的 0.2%。

（2）在变送器输入差压为零时，调节零点。调整电位器，使输出电流 I_0 为 4mA。

（3）将变送器加满量程，调节量程。调整电

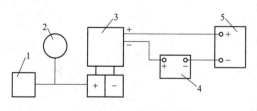

图 6-16　电容差压变送器校检线路图

1—施加差压设备；2—差压显示仪表；3—变送器；

4—0.2 级直流毫安表或数字毫安表；5—24V 直流电源

位器，使输出电流 I_0 为 20mA。

（4）反复进行零点和量程的调整，直至零点和量程均满足准确度要求为止。

无论低、中、高压电容式传感器，其误差主要包括线性、变差和重复性误差三部分，其中线性误差一般为调校量程的±0.1%，变差为调校量程的±0.5%，重复性误差为调校量程的±0.5%；因此校核后应保证其误差不大于调校量程的 0.2%[2][8]。

6.3.4　电感式压力传感器

电感式压力传感器的工作原理是以电磁感应原理为基础，利用磁性材料和空气的磁导率不同，把具有弹性的磁性元件（如衔铁或电线圈）受压力引起的位移量 $\Delta \delta$ 转换为电路中电感量的变化或互感量的变化；再通过测量线路转变为相应的电流或电压信号。为抵消系统误差，与电容差压传感器同理，电感式压力传感器也可分为单电感压力传感器和差动式电感压力传感器两种。

1. 单电感式压力传感器

电感的大小与互感两个导体之间的空隙宽度 d 成反比，与电感线圈匝数的平方 W^2、空气的磁导率 μ_0、空隙截面积 S 成正比；利用电感计算公式（6-14）可得伴随磁性元件对应位移下引起的电感值。

$$L = \frac{W^2 \mu_0 S}{2d} \qquad (6-14)$$

图 6-17 为单电感式压力传感器基本结构原理，当衔铁受到压力使得衔铁和线圈之间的距离发生变化时，电感强度发生变化；通过测定电感的变化获得衔铁移动位移，进而获得压力变化规律。同理，两个带有线圈的金属芯可以做互感传感器，同样一个线圈固定，另一个线圈随压力而发生位移变化，使得两个线圈之间空隙距离发生改变，进而使得电感强度变化。

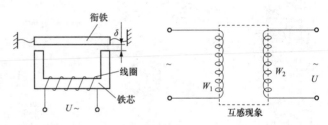

图 6-17　单电感式压力传感器工作原理

2. 差动式电感压力传感器

差动式电感传感器由一个公共衔铁 p、初级线圈 W 和两个参数完全相同的次级线圈 W_1、

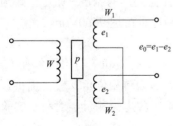

图 6-18　差动式电感压力
传感器工作原理图

W_2 组成，如图 6-18 所示。两个次级线圈反极性串联，当衔铁切割磁力线运动在电路中产生电流时，两个次级线圈内部电流的流动方向相反，采集电路中的电动势（采集电势）$e_0 = e_1 - e_2$。无测定压力时，衔铁所谓位置距离两个次级线圈距离相等，使得采集电势 $e_0 = 0$；当铁芯感应到压力的变化而发生位移时，由于切割磁力线的两对电感相对面积发生变化，使得一侧电信号增大，另一侧减小，e_1 不再等于 e_2，从而测定 e_0 反应压力对衔铁的推动力。差动式电感压力传感器与单电感式压力传感器相比，能消除系统误差，具有精度高的优点。

6.3.5　霍尔式压力传感器

霍尔式压力传感器表是利用霍尔效应将压力信号转换为电信号的一种可远传的压力测量仪表。

霍尔片是一种半导体或化合物半导体转换元件，如锗片。而霍尔效应是把一块霍尔元件（半导体）置于均匀磁场中，并使厚度为 d 的霍尔片与磁感应强度 B 的方向垂直；再沿霍尔片的左右两个纵向端面上通入恒定电流 I；这时由于受电磁力的作用，电子的运动轨迹发生偏移，造成霍尔片的一个端面上发生电子积累，另一个端面上发生正电荷过剩。于是，在霍尔磁力线方向上即在霍尔片的两个横向端面之间形成电位差，这一电位差称为霍尔电势，这一物理现象称为霍尔效应[6]。霍尔电势值可通过公式计算

$$U_H = \frac{R_H I B}{d} = K_H I B \tag{6-15}$$

式中：R_H 称为霍尔常数，与半导体材料本身有关；K_H 为霍尔元件的灵敏度常数。

霍尔式压力传感器耦合弹性测压元件，将压力的变化转化为弹性元件的伸缩运动；弹性元件的远端封闭端与一霍尔片固定，当霍尔片随弹性元件在磁场内部伸缩运动即在横向端面之间形成霍尔电势；测定霍尔电势即可计算弹性元件位移，进而获得待测压力数值。

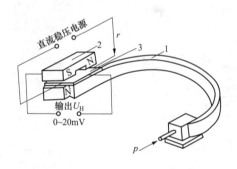

图 6-19　霍尔式压力传感器元件
1—弹簧管；2—磁钢；3—霍尔片

利用霍尔片式传感器（根据半导体材料的霍尔效应的原理）实现压力—位移—霍尔电势的转换，即可通过测定电压表征待测压力的变化，如图 6-19 所示。

科学研究中应用霍尔压力传感器，具有以下特点：

（1）霍尔压力传感器是与电气元件耦合监测压力的仪器，可实现数据远传；同时可在线监测压力的变化过程，并通过电信号的记录进行压力变化过程的跟踪，因此属于动态压力测量设备。

（2）普通互感器一般只适用于测量 50Hz 正弦波；而霍尔传感器的副边电流忠实地反映原边电流波形，可以测量任意波形的电流和电压，如直流、交流、脉冲波形等，甚至可测量瞬态峰值。

（3）精度高：在工作温度区内精度优于 1%，该精度适合于任何波形的测量；原边电路与副边电路即供给电路和输出电路之间具有良好的电气隔离，隔离电压可达 9600Vrms。

（4）线性度好：优于 0.1%。

（5）实际应用中，对于需要准确测量交流电功率的场合，交流电有效功率与相位角有关，因此应对相位角及角差指标进行验证；由于实际角差指标（电流的偏转相位角）较少提供，使得霍尔电压传感器和霍尔电流传感器多用于工业控制领域的电压和电流测量，对科学实验中精准功率控制应用较少。

（6）霍尔原理在科学实验中多应用于新型半导体材料研究领域。在已知电流、磁场以及固定厚度弹性元件的霍尔实验中直接测定霍尔电势，通过式（6-12）可计算获得霍尔常数 R_H，而霍尔常数与半导体电导率的乘积为载流子的迁移率；载流子迁移率是研发新型半导体材料的主要考察参数，因此在材料制备及改性研究中可利用霍尔原理进行科学实验。

6.4 压力测量仪表的选择与安装

选用适当测压仪表并注意安装事项，才能最大限度地降低测量误差，获得准确的压力值。压力表的选择需从被测压力的范围（压力、负压和压差）、待测介质的物理化学性质和用途（标准表、指示表、记录表和远传表等）以及生产过程的技术要求等几个方面综合考虑，同时兼顾测量准确度以及经济性原则，才能最终确定合理的压力仪表或传送器型号、量程和准确度等级[1]。

6.4.1 测压仪器的选择

一般稳态压力值或压力储罐的监测选用静态压力表直接显示某点压力值；而复杂压力场内压力的波动或压力随某一过程的演变规律，则需要数据连续的采集、传输并保存，因此一般选用压电原理的传感器测定压力的变化。

6.4.1.1 静态压力测量仪表的选择

根据被测压力要求，可选用弹性感压式压力计或非弹性感压式压力计；就地读数的仪表选用直读式，连续控制、采集读数的可选用传感仪表；根据压力数值选择压力表、真空表或差压仪表，并确定其仪表量程；根据使用场合、管道尺寸，选用不同外径接口$\phi 100$、$\phi 150$、$\phi 200$、$\phi 250$（mm）；根据安装条件不同选用不同外壳连接结构，如不带边、径向接头适合就地安装，轴向接头适合盘式安装，带前边接头适合控制盘安装，带后边适合就地安装等[2]。下面列出几点重要原则：

1. 恶劣环境确定仪表防护要求

在大气腐蚀性较强、粉尘较多、易喷淋液体等环境恶劣的场合，应根据环境条件，选择合适的外壳材料及防护等级[4]。

全球关于工业仪表防护标准有两个。一个是 IEC 国际电工技术委员会的标准 IEC 60529，主要用于欧洲地区，其对于仪表防护等级是指不同级别的防尘、防水能力；另一个是 NEMA 美国电气制造商协会的标准 NEMA ICSI-110，主要用于美国及北美地区，其仪表防护等级除防尘、防水之外还包括防爆。我国国家标准 GB 4208 外壳防护等级等同采用 IEC 标准，使用 IP 代码来表示外壳防护等级。IP 代码由两位特征数字组成：第一位表示防尘，第二位表示防水；也可加入其他意义的附加字母，补充字母。

第一位特征数字（防尘）意义：

- 0——无防护；
- 1——防止 $d>50\text{mm}$ 的固体异物；
- 2——防止 $d>12.5\text{mm}$ 的固体异物；
- 3——防止 $d>2.5\text{mm}$ 的固体异物；
- 4——防止 $d>1.0\text{mm}$ 的固体异物；
- 5——不能完全防止尘埃进入，但进入的灰尘量不影响设备正常运行；
- 6——无灰尘进入。

第二位特征数字（防水）意义：

- 0——无防护；
- 1——垂直方向滴水无害；

- 2——当外壳的各垂直面倾斜小于 15°范围垂直方向滴水无害；
- 3——各垂直面在 60°范围内淋水无害（防淋水）；
- 4——向外壳各方向溅水无有害影响（防溅水）；
- 5——向外壳各方向喷水无有害影响（防喷水）；
- 6——向外壳各方向强力喷水无有害影响（防强力喷水）；
- 7——浸入规定压力水中经规定时间后进水量无害（防短时间进水影响）；
- 8——按生产和用户双方同意的更严酷条件持续潜水后进水无害。

选择仪表外壳防护等级不仅要考虑仪表安装环境，同时也要考虑工艺装置正常生产或事故时环境条件对仪表的影响。一般情况下静态压力测量仪表，如压力表、双金属温度计等可选用 IP54。压电仪表防护等级一般不低于 IP55。室外仪表井里安装的电动仪表防护等级应选用 IP68。大多数仪表制造商为了减少品种规格，压电仪表通常都是 IP65，或少量 IP66、IP67、IP68。

防护等级要求一般主要针对环境的防尘、防水要求，一旦环境中还包含有重油、腐蚀组分时，仪表外壳需选用不锈钢材质。

2. 内部测量介质特性确定仪表种类及安装结构

（1）一般介质的压力范围确定测量仪表。

- 压力在–40～+40kPa 时，压力范围适中，宜选用膜盒压力表。
- 压力在+40kPa 以上时，一般选用弹簧管压力表或波纹管压力计。
- 压力在–100～2400kPa 时，压力范围大且存在负压，应选用压电真空表。
- 压力在–100～0kPa 时，负压范围适中，宜选用弹簧管真空表。

（2）特殊介质耦合复杂环境的确定原理、材质及连接。

- 强腐蚀性介质应选用膜片压力表或隔膜压力表。如稀硝酸、醋酸、稀盐酸、盐酸气及其他类似具有强腐蚀性介质，应选用不锈钢膜片压力表。
- 内部为腐蚀介质同时外部环境还含固体颗粒、黏稠液如重油类等介质时，不仅选择膜片压力表，还要根据测量介质的特性对膜片及隔膜的材质进行选择，如选择不锈钢材质膜片及隔膜。
- 测压介质存在结晶、结疤及高黏度等物理、化学性质时，应选用法兰式隔膜压力表，其连接结构便于拆卸。

3. 根据工作状态确定仪表附加功效

- 机械振动较强的场合，从测量原理、连接方式以及结构考虑均需选用耐震压力表；此时优选压阻式、带缓冲法兰的不锈钢材质压力仪表。
- 易燃、易爆场合需电接点信号时，应选用防爆压力控制器或防爆电接点压力表。
- 测量高、中压力或腐蚀性较强的介质压力，需选择壳体具有超压释放功能的防爆型接线盒的压力仪表。

4. 某些介质选择选专属压力表

- 气氨、液氨：氨压力表、真空表、压力真空表；
- 氧气：氧气压力表；
- 氢气：氢气压力表；
- 氯气：耐氯压力表、压力真空表；

- 乙炔：乙炔压力表；
- 硫化氢：耐硫压力表；
- 二氧化碳：二氧化碳压力表。

5. 差压测量仪表的选择

差压测量应选用差压压力计，一般优先电容式压力测量仪表，并注意磁场屏蔽。

6.4.1.2　动态压力传感器的选择

监测动态压力的变化需选用压力传感器并耦合变送器进行快速反应并检测。传感器是将压力、流量等物理量转换成电信号输出，输出信号是"可用的"；而变送器是将这些电信号按符合一定标准的电流信号或电压信号输出，一般为 4～20mA 和 1～5V，输出信号是"符合一定标准的"。大部分变送器需要配合传感器才能发挥作用；传感器将信号整合为符合一定标准时称为变送器。目前购置采集器时其采集信号多按一定的标准输出，即可称为变送器，可直接测定温度、压力、流量等物理量。因此，在科学实验中选购及使用变送器时需注意以下几点。

1. 结构选择

选择动态压力传感器和静态压力测量仪考虑因素及原则类似。具体如下：

（1）使用环境较好、测量精确度和可靠性要求不高的场合，可选用直接安装型变送器，如电阻式、电感式远传压力表或霍尔压力变送器。当测量点位置不宜接近或环境条件恶劣时，宜选用远传型智能式变送器。

（2）易燃、易爆场合，应选用气动变送器或防爆型电动变送器。

（3）结晶、结疤、堵塞、黏稠及腐蚀性介质，应选用法兰式变送器。与介质直接接触结构的材质，必须根据介质的特性选择。

2. 测量压力要求

测量小于 500Pa 微小压力或压差时，可选用微差压变送器；同时测量设备或管道内差压时，应选用差压变送器。

3. 输出信号要求

优先选择标准信号传输变送器，而不是选择非标准信号的传感器；适当地选择电压输出或电流输出。

4. 精度要求

高精确度要求时变送器精确度一般选择优于 0.2 级以上；此时模拟信号仪表一般难以达到精度要求时，宜选用智能式变送器。

6.4.2　测量仪表的量程及等级确定

我国的测压仪表按系列生产，其标尺上限的刻度值为 1.0，1.6，2.5，4.0，6.3×10^n MPa，其中 n 为 0 或正整数。为了减小相对误差，选择仪表的标尺上限值不宜过大，考虑到弹性元件有滞后效应，仪表的标尺上限又不宜太小。通常被测压力 p 应满足下列范围[2]。

测量平稳压力：
$$\frac{1}{3}p_m < p < \frac{2}{3}p_m \tag{6-16}$$

测量波动压力：
$$\frac{1}{3}p_m < p \approx \frac{1}{2}p_m \tag{6-17}$$

式中：p_m 为选用仪表的标尺上限值。具体工况下平稳压力最大使用范围可调至 3/4。

测压仪表的准确度等级是按国家标准系列化规定和仪表的质量确定的。目前我国规定的准确度等级，标准仪表有 0.05、0.1、0.16、0.2、0.25、0.35 等，工业仪表有 0.5、1.0、1.5、2.5、4.0 等。实际选用时应按被测参数的测量误差要求和仪表的量程范围来确定。

6.4.3　压力仪表的安装

压力仪表或变送器的安装方式如图 6-20 所示。安装时必须满足以下要求[1][2]。

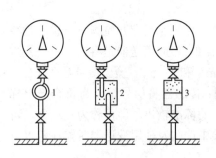

图 6-20　压力表安装示意图
1—环形圈；2—凝气管；3—隔离器

（1）取压管位置及方向。测点选择在其前后存在足够长直管段的位置，避开拐弯、分叉结构，测定稳定流动压力；同时取压管垂直于工质流速方向，应与设备内壁平齐，不应有凸出物和毛刺，以保证仪表所测的是介质的静压力。

（2）取压管深度。为避免扰动流体流场改变压力场，一般设计为壁面取压；此时测定的是流体动压为零、静压最大处的总压。若需获得管道压力分布或某位置处压力，测压管需深入管道内部，要求管道细小，直径约管道 1/10；此时注意区分迎风测压口为总压口，"避风口"为静压口，测压口距管端大于 3 倍测压管管径长度；然后利用静压、动压、总压关系获得不同压力分布。

（3）取压口的位置。对于测量气体介质的压力表，一般位于工艺管道上部；对于测量蒸汽的压力表，取压口应位于工艺管道的两侧顶部，这样可以保持测量管路内有稳定的冷凝液，同时防止堵塞蒸汽流动通道，防止工艺管道底部液滴内存在杂质进入测量管路和仪表；测量液体的压力表，应位于工艺管道的侧下部，可以让液体内析出的少量气体顺利地返回工艺管道，也可避免液体内固体杂质堵塞。

（4）根据工质要求添加附件。为防止仪表传感器与高温或有害的被测介质直接接触，测量高温蒸汽压力时，应加装冷凝盘管；测量含尘气体压力时，应装设灰尘捕集器；对于有腐蚀性的介质，应加装充有中性介质的隔离容器；对于测量高于 60℃ 的介质时，一般加环形圈（又称冷凝圈）。

（5）添加隔离阀便于检修。取压口与压力计之间应加装隔离阀，以备检修压力仪表用。

6.5　压力场的测量

2000 年以来，多点压力测量及传输技术促进了机器人领域多触点控制以及自动化的发展。同时科学研究中环境压力影响及某局部点压力变化规律的研究为多点压力检测以及压力场的测量提出了重大需求。

20 世纪 50 年代以前，几乎所有的风洞实验或流体动力学实验中都采用液体排管进行多点压力测量，由于所测量的压力值可多达数百个点，数据处理工作量非常巨大[9]。20 世纪 60 年代出现各种类型的压力传感器，将压力信号转变为电信号，使压力测量技术呈现很大进步。采用大量的压力传感器组成系统进行多点压力测量，虽然可获得一定的采集速度，但费用高，校准及维护工作繁重。尽管采用了周期校准的办法，其精度一般为 0.2%～0.3%，且难以保证。机械压力扫描阀的出现是多点压力测量技术发展中的重要进展，它以机械扫描的方法，用一只高精度的压力传感器轮流测量各个待测压力。其扫描速率一般为 5～10 点/s，但仍难以满足高速风洞实验对多点压力测量的要求[9][10]。

20 世纪 80 年代初出现的电子扫描压力测量系统，充分利用电子技术的新成果而研制，系统中的每一只压力传感器对应一个待测压力。为了降低成本，采用易于大量生产的硅压阻传感器；为了提高扫描速率，采用电子扫描；为了修正传感器的误差和提高测量精度，采用联机实时校准技术等[11][12]。电子扫描压力测量系统，不仅在多点压力测量中实现了高扫描速率、高精度，而且还具有以下优点。

（1）承受较大过压的能力，最高可达规定量程的 300%。

（2）维修更换传感器可在现场很方便地进行。

（3）易于扩展压力测量通道。

（4）电子压力扫描器可做成小压力模块，便于放在模型内部，从而可减小传压迟滞。

（5）在电子压力扫描器中，将各传感器的信号经前置放大输出，所以在长线传输中具有较强的抗干扰能力。

（6）由于采用了联机实时校准技术，从而使系统具有非常好的短时间、高精度特性。

（7）充分利用电子和微处理机新技术，以及采用并行等工作方式，使采集数据的速率高达 40 万测量点/s。

近年来生产的多点压力测量系统，不仅能测量气体的压力，而且还配有液体、固体的压力传感器；同时，也能检测温度、流量、频率等信号；且其结构更加紧凑，从而使它的适用范围更加广泛，除风洞、发动机实验外，还被用于飞行实验、汽车行业、轮胎、医用等工业测试及过程控制中[13]。

本章重点及思考题

*1. 压力按其数值大小可分为正压力和负压力，对应选用表压表和真空表测定其压力；其显示的数值为表压或真空度，而区分表压和真空度的压力为绝对压力，请指出统一读数为 a Pa 的表压和真空度，其真实压力值为多少。

*2. 管内压力存在静压、动压和总压，分别指出其测量位置及相互关系。并指出下图中分别测定的是什么压力。

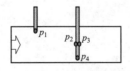

3. 分别列举四种典型的静态压力测量仪表和动态压力测量传感器，并阐述静态压力测量及动态压力测量的特点及区别。

*4. 对于 U 形管压力计（两侧管径相同均为 d）、单管压力计（管侧直径为 d，管侧液位无变化）以及斜管压力计（斜管直径为 d，倾斜角为 α），分别计算在液位读取时存在相同的单侧读数误差 b 水柱时造成的相对误差（%）。

---

*5. 简述弹性式压力计，压阻、压电、电容、电感压力传感器的结构和工作原理。

6. 霍尔式压力传感器是利用霍尔片运动产生的霍尔电势，绘制霍尔效应中霍尔片及磁场、电场的相对位置和方向。同时简答如何利用霍尔效应评价半导体性质。

*7. 简述压力表选择的基本原则及安装的注意事项。

*8. 简述压力变送器和压力传感器的区别，并简述压力传感器的选择原则。

参 考 文 献

[1] 张华，赵文柱. 热工测量仪表 [M]. 北京：冶金工业出版社，2013.

[2] 潘汪杰，文群英. 热工测量及仪表 [M]. 北京：中国电力出版社，2010.

[3] 刘文鹏，朱宝志. 液柱式压力计的使用和误差 [J]. 电站系统工程，1997，（05）：61-62.

[4] 梁国伟，蔡武昌. 流量测量技术及仪表 [M]. 北京：机械工业出版社，2002.

[5] 宋祖涛. 热工测量和仪表 [M]. 北京：水利电力出版社，1991.

[6] 王俊. 霍尔传感器及其性能优化 [J]. 电子产品可靠性与环境实验，2008（02）：10-14.

[7] 朱用湖. 热工测量及自动装置 [M]. 北京：中国电力出版社，2000.

[8] 张子慧. 热工测量与自动控制 [M]. 北京：中国建筑工业出版社，1996.

[9] 杨埜，浦甲臣. 多点压力测量系统综述 [J]. 气动实验与测量控制，1995，（02）：38-44.

[10] 邵进魁. 多点压力自动监测系统的研究与设计 [D]. 华中科技大学，2005.

[11] 钟诚文，杨小辉，浦甲臣. 电子扫描测压系统的研制 [J]. 测控技术，2005（03）：6-9.

[12] 邹琼芬，林敬周，梁洁. 电子扫描压力测量系统设计 [J]. 江汉大学学报（自然科学版），2010，38（01）：43-46.

[13] 杨埜，浦甲臣. 多点压力测量系统综述 [J]. 气动实验与测量控制，1995（02）：38-44.

---

* 为选做题。

第7章 流量、流速、流场的测量

7.1 流 量 测 量

流量可以反映生产过程中物料、工质生产和传输的量，很多场合需连续监测。监视的目的有多方面，例如：为了进行经济核算，需测量锅炉原煤消耗量及汽轮机蒸汽消耗量；锅炉汽包水位的调节应以给水流量和蒸汽流量的平衡为依据；监测锅炉每小时的蒸发量及给水泵给水流量，判断设备是否在经济、安全的状况下运行等。可见连续监测流体的流量对于热力设备的安全、经济运行有重要意义[1]。

7.1.1 流量测量基础

本节从基本概念、基本方程以及流量测量主要仪表介绍流量测量的基础知识。

7.1.1.1 基本概念

单位时间内通过管道横截面的流体数量，称为瞬时流量 q，简称流量。即

$$q = \frac{\mathrm{d}Q}{\mathrm{d}t} \tag{7-1}$$

式中：$\mathrm{d}Q$ 为 $\mathrm{d}t$ 时间内流过管道横截面流体的流量；$\mathrm{d}t$ 为时间间隔。

按物理量单位的不同，流量有"质量流量 q_m"和"体积流量 q_V"之分，它们的单位分别为 kg/s 和 m³/s。上述两种流量之间的关系为

$$q_m = \rho q_V \tag{7-2}$$

式中：ρ 为被测流体的密度。

瞬时流量是判断设备工作能力的依据，反映设备某时刻下的工作负荷。一般流量监测的内容主要在于监督瞬时流量。

从 t_1 至 t_2 时间内通过管道横截面的流体数量称为流过的流体总量。检测流体总量，可以为热效率计算和成本核算提供必要的数据。显然，流体流过的总量可通过在该段时间内瞬时流量的积分得到，所以流体总量又称为积分流量或累计流量，单位是 kg/m³。流体总量除以间隔时间即为该段时间内的平均流量[1]。

$$Q = \int_{t_1}^{t_2} q\mathrm{d}t \tag{7-3}$$

测量瞬时流量的仪表称作流量表或流量计；测量总量的仪表称为计量表，它通常由流量计再加积分装置组合而成。在表示流量大小时应注意单位。由于流体的密度受压力、温度的影响，所以在用体积流量表示流量大小时，必须同时指出被测流体的压力和温度的数值。当流体的压力和温度参数未知时，体积流量的资料只"模糊地"给出了流量，所以严格而言"标准体积流量"指在标准状况即温度为 20℃（或 0℃）、压力为 1.013×10⁵Pa 下的体积流量数值。在标准状态下，已知介质的密度 ρ 为定值，所以标准体积流量和质量流量之间的关系是确定的，能确切地表示流量[1]。

7.1.1.2　基本方程

1. 连续性方程[2]

工程流体力学中，流体被认为是由无数流体微团连续分布而组成的连续介质，代表连续介质属性的密度、黏度、速度、压力等物理量均为连续变化，利用连续性物理量表达运动流体中的质量守恒定律，即最基本的连续性方程。

流动规律随时间变化的流动称为非定常流动，随时间不发生规律变化的流动称为定常流动。

对于可压缩流体定常流动，连续性方程为

$$\rho_1 u_1 A_1 = \rho_2 u_2 A_2 = q_m = 常数 \tag{7-4}$$

对于非定常流动，连续性方程为

$$\rho_1 u_1 A_1 = \rho_2 u_2 A_2 = q_m(t) \tag{7-5}$$

式中：ρ_1、ρ_2 是管道截面 1、2 上的平均密度，kg/m^3；u_1、u_2 是管道截面 1、2 上的平均流速，m/s；A_1、A_2 是管道截面 1、2 上的截面面积，m^2；$q_m(t)$ 是随时间变化的质量流量，kg/s。

对于不可压缩流体，密度为常值，其定常流动连续性方程为

$$u_1 A_1 = u_2 A_2 = 常数 \tag{7-6}$$

2. 伯努利方程[1][2]

伯努利方程实际可理解为能量守恒定律在运动流体中的具体应用。可证明，当无黏性正压流体在外力的作用下做定常运动时，其总能量，包含位置势能、压力能和流体动能沿流体流线方向守恒。

对于不可压缩流体，伯努利方程可用如下表达式表示：

$$gz + \frac{p}{\rho} + \frac{u^2}{2} = 常数 \tag{7-7}$$

或

$$z + \frac{p}{\rho g} + \frac{u^2}{2g} = z + \frac{p}{\rho g} + \frac{u^2}{2g} = 常数 \tag{7-8}$$

式中：g 是为重力加速度，m/s^2；z 是垂直位置高度，m。

式（7-7）表示单位质量流体的总能量（位置势能、压力能和流体动能之和）沿流线守恒，左边三项分别表示单位质量流体的位置势能、压力能和流体动能。而式（7-8）的形式具有明显的几何意义。左边第一项代表流体质点所在流线的位置高度，称位势头；第二项相当于液柱底面压力为 p 时液柱的高度，称压力头；而第三项代表流体质点在真空中以初速度铅直向上运动所能达到的高度，称为速度头。按照式（7-8），位势头、压力头和速度头之和沿流线不变；不同的流线，其总能量可以不同。将伯努利方程用于流量测量领域时，位置高度往往基本不变，因此不可压缩流体的伯努利方程简化为

$$\frac{p}{\rho} + \frac{u^2}{2} = 常数$$

或

$$\frac{p}{\rho g} + \frac{u^2}{2g} = 常数 \tag{7-9}$$

从上式可以得出，不可压缩流体在流动过程中，流速增加必然导致压力的减小；相反，

流速减小也必然导致压力的增加。如果流管的横截面积沿流动方向不变或变化比较缓慢，则在工程应用中常常可对流管的平均速度和平均压力应用伯努利方程。采用这样的近似处理再加上流管的连续性方程，常常能够非常简单地得到一些有用的结果，这在流量测量中是经常采用的[3]。

对于可压缩绝热流体，伯努利方程可用如下表达式表示：

$$\frac{\kappa}{\kappa-1}\cdot\frac{p}{\rho}+\frac{u^2}{2}=\text{常数} \tag{7-10}$$

$$\kappa = c_p/c_V$$

式中：κ 为等熵指数；c_p 和 c_V 分别为气体的质量定压热容和质量定容热容。

和不可压缩流体的情形相比，可压缩流体的总能量中增加了内能；内能与压力能 p/ρ 之和为 $\frac{\kappa}{\kappa-1}\cdot\frac{p}{\rho}$，可用单位质量流体的焓表示为

$$\frac{\kappa}{\kappa-1}\cdot\frac{p}{\rho}=c_pT$$

式中：T 为流体的热力学温度。

即可压缩流体的伯努利方程反映了内能和动能的守恒定律。

需要注意的是，在实际流体流动中，因为流动中黏性摩擦力所做的功将转变为热能而损失在流体中，机械能沿流线并不守恒。因此，在黏性流体中使用伯努利方程，必须考虑由于阻力造成的能量损失[3]，即表达为第一位置处机械能之和等于位于下游第二位置处的机械能与阻力损耗能之和。其阻力损耗与流体物性、流动状态、管道情况等多因素有关，可进一步学习工程流体力学或化工原理。

7.1.1.3　流量计分类

测量流量的方法很多，方法的选用应考虑流体的种类（相态、参数、流动状态、物理化学性能等）、测量范围、显示形式（指示、报警、记录、计算、控制等）、测量准确度、现场安装条件、使用条件、经济性等。目前工业上常用的流量测量方法大致可分为速度式、差压式、容积式和质量式四类[4]。

1. 速度式流量计

以测量流体在管道内的流速作为测量依据。在已知管道截面积 A 的条件下，流体的体积流量 $q_V=vA$，而质量流量由体积流量乘以流体密度 ρ 得到，即质量流量 $q_m=q_V\rho=vA\rho$。属于这一类的流量仪表很多，例如涡轮式流量计、涡街流量计、超声波流量计以及电磁流量计等。

2. 差压式流量计

以测量流体通过安装在管道中的节流元件时产生的差压来反映流量的大小。利用局部阻力压降公式可获得压降与流量之间的关系式，从而获得流量。属于这一类的流量计有节流式流量计、孔板流量计、均速管式流量计以及转子流量计等。实际科学实验中常需要根据孔板流量计的设计原则设计两个孔板，结合差压传感器构成差压流量计。

3. 容积式流量计

以单位时间内所排出流体的固定容积 V 作为测量依据。如果单位时间内排出次数为 n，则体积流量 $q_V=nV$，而质量流量则是 $q_m=nV\rho$。属于这一类的流量计有椭圆齿轮流量计、腰轮流量计等。

4. 质量式流量计

直接测量所流过流体的质量 m。流体质量具有不受流体的温度、压力、密度、黏度等变化的影响的特点，因此，这种质量流量计测定结果准确。目前质量式流量计有补偿式和直接式两种。补偿式测量质量流量计是测定流体的温度、压力、密度和体积等参数后，通过修正、换算和补偿等方法间接得到流体的质量。这种测量方法，中间环节多，质量流量测量的准确度难以得到保证和提高。直接测量质量流量计的计量方法是感热式测量，通过流体分子带走的分子质量多少来测量流量，不受其他条件的影响，如科里奥利质量流量计。质量流量计可与电磁调节阀或压电阀连接构成闭环系统，用于控制流体的质量流量，此闭环系统可称为质量流量控制器。

流量仪表的结构和原理多种多样，型号繁多，严格给予分类比较困难，大致分类可见表 7-1[1]。一般在火电厂中，以速度式测量方法中的差压式流量计使用较为广泛。

7.1.2　差压式流量计

差压式流量计是工业生产过程中使用最多的流量计，也是目前生产较为成熟的流量测量仪表之一。其基于流体流动的节流原理，利用流体流经节流装置时产生的压力差与其流量存在定量关系而实现流量测量。就显示仪表而言，差压和流量标尺的刻度值中，任何一个值不匹配，仪表即无对应定量关系。尽管如此，它仍是目前热力设备中使用较广的流量测量仪表[1][2]。

差压式流量计的特点是：方法简单，仪表无可动部件，工作可靠，寿命长，量程比大约为 3:1，管道内径在 50～1000mm 范围内均能应用，几乎可测各种工况下的单相流体流量。不足之处是对小口径管的流量测量有困难，压力损失较大，非线性明显，测量准确度降低。

表 7-1　　　　　　　　　　　　　　　流量测量仪表的分类

类型	典型产品	工作原理	主要特点
差压式流量计	标准孔板式流量计	流体通过节流装置后，其流量与节流装置前后的压差有一定的关系；差压变送器将差压信号转换电信号送到智能流量计进行显示	技术比较成熟，应用广泛，仪表出厂时不用标定
	标准喷管式流量计		
	差压变送器		
	智能流量计		
容积式流量计	椭圆齿轮流量计	椭圆形齿轮或转子被流体冲转，每转一周便有定量的流体通过	准确度高，灵敏，但结构复杂
	腰轮流量计		
	刮板流量计		
速度式流量计电磁流量计	超声波流量计	超声波在流动介质中传播时的速度与在静止介质中传播的速度不同，其变化量与介质的流速有关	非接触式测量，对流场无干扰、无阻力，不产生压损，安装方便，可测量有腐蚀性和黏度大的流体，输出线性信号
	电磁流量计	导电性液体在磁场中运动，产生感应电势，其值和流量成正比	适于测量导电性液体
质量流量计	直接式质量流量计	利用流体在振动管内流动时所产生的与质量流量成正比的科氏力的原理来制成的	测量范围大、准确度高；测量管内无零部件，可测量其他流量计难以测量的含气流体、含固体颗粒液体等；可同时测量流体的质量、密度、温度等

7.1.2.1　测量原理

差压式流量计是基于流体流动的节流原理设计的，如图 7-1 所示。在流体管道内加一孔径较小的阻挡件，当流体通过阻挡件时，流体产生局部收缩，收缩截面处流体的平均流速即动能增加，静压力随之减小。在阻挡件前后产生静压差，这种现象称为节流，阻挡件称为节流件[5]。对于一定形状和尺寸的节流件以及物性稳定的流体，节流件前后产生的压差值与流量存在数学关联。因此，可通过测量压差来测量流量。

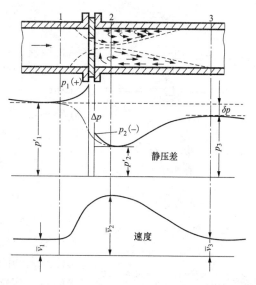

图 7-1　流体经过节流件时的情况

从图 7-1 可知，沿管道轴向连续向前流动的流体，在管道截面 1 处流体未受节流件影响，流束充满管道，流束直径为 D，流体压力为 p_1'，平均流速为 $\overline{v_1}$，流体密度为 ρ_1。由于遇到节流装置的阻挡，且近管壁处的流体受到节流装置的阻挡最严重，流体的一部分压头转化为静压头，节流装置入口端面近管壁处的流体静压 p_1 比管道中心处的静压力 p_1' 大。这一径向压差使流体产生径向附加速度 v_r，从而改变流体原来的流向，流束呈现收缩运动。由于流体惯性作用，流束收缩最严重，最小截面的位置不在节流孔中，而位于节流孔之后的截面 2，并且此位置随流量大小而改变。对于孔板，它在流出孔以后的位置；对于喷管，在一般情况下，该截面的位置在喷管的扩散区域之内。此处流束中心压力为 p_2'，平均速度为 $\overline{v_2}$，流体密度为 ρ_2，流束直径为 d'。

由于节流装置造成流束局部收缩，同时流体保持连续流动状态，根据伯努利方程和位能、动能的互相转化原理，在流束收缩截面积最小处流速最高、静压力最低。涡流区的存在，导致流体能量损失。因此，在流束充分恢复后，静压力不能恢复到原来的数值 p_1'，而是存在一定的压力损失 δp。从上述可看出节流装置入口侧的静压力 p_1 大于出口侧的静压力 p_2，在测定两点压差时，前者称为正压，以"+"标记，后者称为负压，以"–"标记。通过节流装置的流量 q 越大，流束局部收缩以及势能与动能的转化越显著，节流装置两端的压差 Δp 也越大。通过监测节流装置前后的压差获得流量数据。假设流经水平管道的流体为不可压缩性流体，忽略流动阻力损失，截面 1 和截面 2 可写出下列伯努利方程和流动连续性方程[1][2]：

$$\frac{p_1'}{\rho}+\frac{\overline{v_1}^2}{2}=\frac{p_2'}{\rho}+\frac{\overline{v_2}^2}{2} \tag{7-11}$$

$$\rho\frac{\pi}{4}D^2\overline{v_1}=\rho\frac{\pi}{4}d'^2\overline{v_2} \tag{7-12}$$

结合质量流量定义式 $q_m=\rho\dfrac{\pi}{4}d'^2\overline{v_2}$，将式（7-11）代入式（7-12）可以得到

$$q_m=\sqrt{\frac{1}{1-\left(\dfrac{d'}{D}\right)^4}}\,\frac{\pi}{4}d'^2\sqrt{2\rho(p_1'-p_2')}=\sqrt{\frac{2\rho}{1-\left(\dfrac{d'}{D}\right)^4}}\,\frac{\pi}{4}d'^2\sqrt{(p_1'-p_2')} \tag{7-13}$$

经过简化推导，在节流装置、显示仪表以及流体性质确定以后，上述各项系数均为常数，因此式（7-13）可变为

$$q_m = K\sqrt{\Delta p} \tag{7-14}$$

由式（7-14）可知，流量与压差的平方根成正比，K 为与流体性质有关的流量系数。

科学实验中常将上述差压式流量计的原理公式用于对流量计的设计与校核。设计或购置压差流量计后，通过初步实验可获得一系列流量条件下测定的压降数据，根据式（7-14）建立压降与流量的对应关系，对比标准流量计获得系数 K，即可在后续实验中利用此系数测定流量。

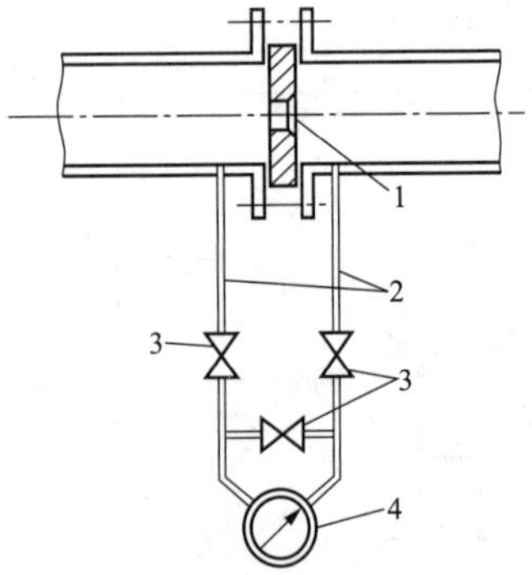

7.1.2.2 差压式流量计结构

图 7-2 所示为差压式流量计的结构示意图，主要由节流元件、引压管以及差压计等组成。工质流过节流装置产生差压信号，通过引压管引至差压计，并转换成电信号，基于压力信号与流量之间的关系获得流量数据。差压计可选择第 6 章压力测量的各种传感器。本节重点介绍差压式流量计的特征部件节流元件及引压管。

图 7-2　节流式流量计的组成

1—节流元件；2—引压管路；

3—三阀组；4—差压计

一、标准节流件

标准节流装置包括标准节流件、取压装置和前后直管道。节流件的形式有很多，有标准孔板、标准喷管、文丘里管、1/4 圆喷管等，如图 7-3 所示[7]。

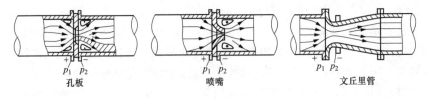

图 7-3　标准节流装置示意图

目前使用最为广泛的差压式流量计为标准孔板式和标准喷管式差压流量计。行业内孔板及喷管两种节流件的外形、尺寸已标准化，其取压方式和前后直管段和法兰在内的整套装置的参数有相关规定，且具有标准节流装置流量与压差的关系的国家标准。凡按照标准设计、制作和安装的节流装置，不必经过个别标定即可应用，测量准确度一般为±（1%～2%），能满足工业生产的要求。

需注意的是，标准节流装置的使用有几点条件：①只适用于测量直径大于 50mm 的圆形截面管道中的单相、均质流体的流量。②要求流体充满管道。③在节流件前后一定距离内不发生流体相变或析出杂质现象。流体在流过节流件前，其流束与管道轴线平行，不得有旋转流[2]。④流速小于音速。⑤流动属于非脉动流。

1. 标准孔板

标准孔板是用不锈钢或其他金属材料制造的具有圆形开孔的薄板。图 7-4 为标准孔板的结构，各部件尺寸要求需遵循如下要求（参见 GB/T 21446—2008）。

（1）孔板在测量管内的部分应该为圆形，孔板两端面平整、平行。

（2）孔板上游端面与垂直于轴线的平面之间的斜度小于 0.5%，且表面应抛光处理。下游端面的表面粗糙度可比上游端面低一级，一般可通过目测判断。同时孔板应标注明显的流动方向，由上游指向下游。

（3）孔板厚度 E 应在孔板开孔厚度 e 到 $0.05D$ 之间。

（4）孔板开孔与测量管轴线需同轴，孔板开孔直径与管道直径之比应大于 0.1 且小于等于 0.75。

（5）孔板开孔厚度 e 应在 $0.005D$ 与 $0.02D$ 之间。在孔板开孔厚度上各点测定的 e 值之差不得大于 $0.001D$。

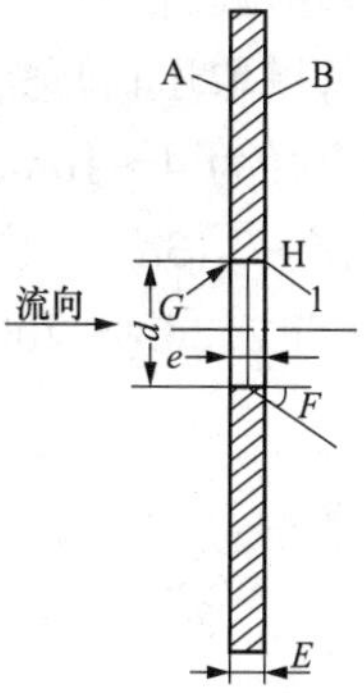

图 7-4 标准孔板的结构

（6）当孔板厚度 E 大于开孔厚度 e 时，需在孔板下游设计扩散的圆锥表面，该表面应精加工抛光处理，倾角为 $45°\pm15°$。

标准孔板的结构最简单，体积小，加工方便，成本低，按标准进行设计加工后经压降和流量关系的校核，获得式（7-14）中的 K 即可测定流量。但由于孔板节流压力损失较大，其压降测量准确度较低，且只能用于清洁的流体，因而在工业领域应用最多。

2. 标准喷管

标准喷管是由圆弧曲面构成的入口收缩部分和与之相接的圆柱形喉部组成，如图 7-5 所示。其中孔径尺寸 d 是喷管的关键尺寸，标准喷管的取压方式可采用角接取压及径距取压。根据不同的取压方式，喷管其他尺寸按图中标注设计，图中 E、r_1、r_2 以及端面 A、B 粗糙度等均须符合标准 GB/T 2624.3—2006 中流量测量节流装置的规定。

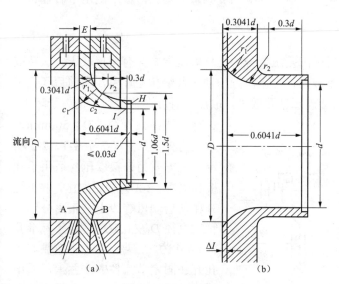

图 7-5 不同取压方式的标准喷管设计要求
（a）角接取压；（b）径距取压

标准喷管的形状适应流体收缩的流型，所以压力损失较小、测量准确度较高。但与孔板相比，其结构比较复杂、体积大、加工困难、成本较高。由于喷管的坚固性，喷管多用于高速的蒸汽流量测量。而具体选择标准孔板还是标准喷管，除了应考虑加工难易、静压损失 δp（孔板比喷管大）多少外，尚需考虑测量管道附近空间等使用条件是否满足。

3. 文丘里管

文丘里管具有圆锥形的入口收缩段和喇叭形的出口扩散段，如图 7-6 所示。一般由入口圆筒段、圆锥收缩段、圆筒形喉部、圆锥扩散段组成。圆筒段的直径为 D，其长度也等于 D；收缩段为圆锥形，具有 $21°\pm1°$ 的夹角；喉部为直径 d 的圆筒形，其长度等于 d；扩散段为圆锥形，扩散角 7°～15°。标准文丘里管的上游取压口和喉部取压口做成几个（不少于 4 个）单独的管壁取压口形式，用均压环把几个单独管壁取压连接起来。当 $d \geqslant 33.3$mm 时，喉部取压口的直径为 4～10mm，上游取压口直径应不大于 0.1D；当 $d < 33.3$mm 时，喉部取压口直径为 0.1d～0.13d，上游取压口的直径为 0.1d～0.1D。标准文丘里管其他参数和内表面要求按国标 GB/T 2624.4—2006 设计，按《差压式流量计检定规程》（JJG 640—2016）检定。

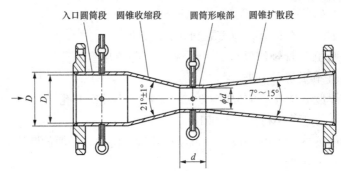

图 7-6　文丘里管接结构示意图

在标准节流装置中，文丘里管流道连续变化使流动压力损失显著减少，并具有较高的测量准确度；所要求的上、下游直管道最短、压力损失最小、性能稳定、维护方便；其绝对优势在于可以用于脏、污流体的流量测量，在大管径流量测量方面应用较多[5][6]。但其加工困难，成本最高，一般用在有特殊要求如低压损、高准确度测量的场合，被广泛用于石油、化工、电力、冶金行业。

二、取压结构及位置

标准节流装置规定了由节流件前后引出差压信号的几种取压方式，有角接取压、法兰取压、径距取压等。图 7-7 中 1-1 为环室取压，上下游静压通过环缝传至环室，由前后环室引出差压信号，故可以得到均匀取压。2-2 表示钻孔取压，取压孔开在节流件前后的夹紧环上，这种方式在大管径（$D > 500$mm）时应用较多。图 7-7 中 1-1、2-2 所示取压方式为角接取压，适用于孔板和喷管。3-3 为径距取压，取压孔开在前后测量管段上，距离分别为管道直径 D 及 0.5D，适用于标准孔板。4-4 为法兰取压，上下游侧取压孔开在固定节流件的法兰上，适用于标准法兰孔板。取压孔大小及各部件尺寸均有相应规定，可以查阅有关标准及设计手册。

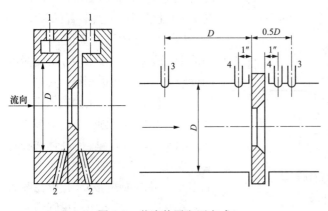

图 7-7　节流装置取压方式

为了确保流体流动在节流件前达到充分发展的湍流速度分布，要求在节流件前后有一段足够长的直管段。节流装置的测量管段通常取节流件前 10D，节流件后 5D 的长度，以保证节流件的正确安装和使用条件。整套装置事先装配好后整体安装在管道上。

7.1.2.3　差压式流量计的安装

标准节流装置的流量系数是在节流件上游侧 D 处稳定流速分布的状态下取得的。如果节流件上游侧 D 长度以内有旋涡或旋转流等情况，则引起流量系数的变化，故安装节流装置时必须满足规定的直管段条件。

1. 节流件上下游侧直管段长度[1]

安装节流装置的管道上如果出现拐弯、扩张、缩小、分岔及阀门等局部阻力件将严重扰乱流束状态，引起流量系数变化。因此在节流件上下游侧与阻力件之间必须设置足够长度的直管段。如图 7-8 所示，在节流件 3 的上游侧有两个局部阻力件 1、2，节流装置的下游侧也有一个局部阻力件 4。在各阻力件之间的直管段的长度分别为 l_0、l_1 和 l_2，$l_0 \geq d$，$l_1 \geq 11d$，$l_2 \geq 5d$。如果在节流装置上游侧只有一个局部阻力件 2，就只需 l_1 和 l_2 直管段。直管段必须是圆形截面的，其内壁要清洁，并且尽可能光滑平整。

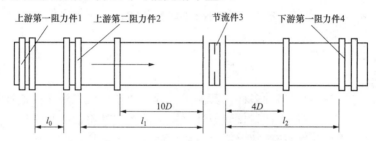

图 7-8　阻力件与差压流量计安装的相对位置要求

2. 节流件的安装要求

安装节流件时必须注意它的方向性，不能装反。例如，孔板以直角入口为"+"方向，扩散的锥形出口为"−"方向，安装时必须使孔板的直角入口侧迎向流体的流向。节流件安装在管道中时，要保证其前端面与管道轴线垂直，保证开孔中心轴与管道同轴。夹紧节流件中包括环室或法兰与节流件之间的垫片，夹紧后不允许凸出管道内壁，要保持管道内径光滑。在安装之前，最好对管道系统进行冲洗和吹灰[1]。

3. 差压计信号管路的安装[1]

流量测量时使用的差压计与节流装置之间用差压信号管路连接，信号管路应按最短的距离敷设，一般总长应不超过 60m。差压信号管路敷设主要满足以下条件：①所传送的差压，不因信号管路而发生额外误差；②信号管路应带有阀门等必要的附件，确保能在生产设备运行条件下冲洗信号管路，以及在信号管路发生故障情况下与主设备隔离；③信号管路与水平面之间应有不小于 1:10 的倾斜度，能随时排出气体；④为了防止具有腐蚀性的物质等有害物质进入差压计，在测量腐蚀性介质时应使用隔离容器；⑤如信号管路中介质有凝固或冻结的可能，应沿信号管路进行保温或电加热，此时应特别注意防止两信号管路加热不均匀，或局部汽化造成误差。

下面介绍几种不同工质情况下信号管路安装的一般原则。

（1）测量液体流量：防止液体中存在的气体进入信号管路内造成误差。出口最好在节流装置取压室的中心线下方 45° 范围内，以防止气体和固体沉积物进入。如差压计比节流件高，则在取压口处最好设置一个 U 形水封。信号管路最高点要装有阀门，以便定期排出气体。

（2）测量蒸汽流量：主要需保持两信号管路中凝结水的液位在同样高度，并防止高温蒸汽直接进入差压计。因此在取压口处一定要加装凝结容器，容器截面需稍大（直径约 75mm）。取压室到凝结容器的管道应保持水平或向取压室倾斜，凝结容器上方两个管口的下缘必须在同一水平高度上，以使凝结水液面等高。其他如排气等要求与测量液体时的相同。

（3）测量气体流量：测量气体流量时，主要是防止被测气体中存在的凝结水进入并存积在信号管路中，因此取压口应在节流装置取压室的上方，并希望信号管路向上斜向差压计。如差压计低于节流装置，则要在信号管路的最低处设置集水器，并装设阀门，以便定期排水。

差压计一般都装有五只阀门。其中两只做隔离阀，一只做平衡阀，打开平衡阀可检查差压计的零点，另两只是用于冲洗信号管路和现场校验差压计。操作阀门时应特别注意防止差压计单向受压而造成损坏。

7.1.3 容积式流量计

容积式流量计，在流量计中是准确度最高的一类仪表，广泛应用于测量原油、汽油、柴油、液化石油气等石油类流体，酒类、食用油等饮食类流体，空气、低压天然气及煤气等气体，以及液体水的流量。

7.1.3.1 测量原理及特征

1. 测量原理

容积式流量计的结构形式多种多样，其测量原理是通过机械测量元件把被测流体连续不断地分割成具有固定已知体积（计量单元或计量室）的多流体份数，知道计量室的体积和测量元件的动作次数，便可以由计数装置给出流量，如下式所示[8]：

$$Q_V = kNV_0 \tag{7-15}$$

式中：N 为测量元件的转速，1/s；k 为测量元件旋转一周所排出单元体积流体的个数，不同类型的容积式流量计 k 值不同；V_0 为各种不同容积式流量计结构的单位计量容积，m^3。

2. 容积式流量计测量流量的特点

（1）容积式流量计所具有的显著优点。

1）测量准确度高。容积式流量计是所有流量仪表中测量准确度最高的一类仪表。其测量液体的基本误差一般在 0.1% 左右，甚至更小。

2）不受流动状态的影响。容积式流量计的特性一般不受流动状态的影响，也不受雷诺数大小的限制。除脏污介质和特别黏稠的流体外，它可用于各种液体和气体的流量测量。

3）安装管道条件对流量计测量准确度没有影响，流量计前不需要直管段，而绝大部分其他流量计都要受管内流体流速分布的影响，这使得容积式流量计在现场使用有极重要的意义。

4）量程比较宽。量程范围上下限之比为 5:1 到 10:1，特殊的可达 30:1，高准确度测量时量程比有所降低。

5）直读式仪表。无需外部能源就可直接得到流体总量，使用方便。

（2）容积式流量计的缺点。

1）机械结构较复杂，大口径仪表体积庞大笨重。因此，一般只适用于中小口径流体的流量测量，容积式流量计口径范围为 10～500mm。

2）被测介质工作状态适应范围不够宽。容积式流量计的适用范围为：工作压力最高可达 10MPa，测量液体时工作温度可达 300℃，测量气体时工作温度可达 120℃。

3）大部分容积式流量计只适用于洁净单相流体。测量含有颗粒、脏污物的流体时需安装过滤器，测量含有气体的液体时必须安装气体分离器。

4）椭圆齿轮式、腰轮式、卵轮式、旋转活塞式、往复活塞式等部分形式的仪表在测量过程中会产生流动脉动；大口径仪表还会产生较大噪声，甚至使管道产生振动。

5）容积式流量计存在转动部件，在流速变化频繁的场合长期使用容易引起转动部件的损坏。

7.1.3.2 容积式流量计的分类

容积式流量计的结构形式很多，根据测量元件的结构，可分为转子型容积式流量计、刮板型容积式流量计、活塞型容积式流量计[1]。还有其他结构，如圆盘流量计、膜式气体流量计、湿式（又称转筒式）气体流量计等。

一、转子型容积式流量计

转子型容积式流量计主要包括椭圆齿轮流量计、腰轮流量计、齿轮流量计和双转子流量计等，下面分别介绍其结构和特点。

1. 椭圆齿轮流量计

椭圆齿轮流量计，又称奥巴尔流量计，其测量部分由壳体和两个相互啮合的椭圆形齿轮组成。计量室是指在齿轮与壳体之间所形成的半月形空间。流体流过仪表时，不断地将充满半月形计量室中的流体排出，由齿轮的转数即可表示流体的体积总量，其结构和工作原理如图 7-9 所示[1]。

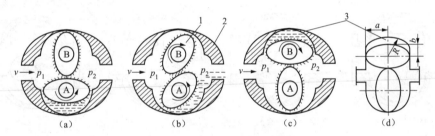

图 7-9 椭圆齿轮流量计结构示意图

1—椭圆齿轮；2—壳体；3—半月形计量室

流体在仪表的入口处压力为 p_1，在出口处的压力为 p_2，$p_1 > p_2$。在 p_1、p_2 的作用下轮 B 做顺时针方向转动，并把其上部计量室内的流体排至出口，与此同时带动轮 A 向逆时针方向转动，并将流体充入其下部的计量室内。由于轮 A 和轮 B 交替为主动轮或者均为主动轮，保证了两个椭圆齿轮不断地旋转，从而把流体连续地排至出口。图 7-9（a）所示两个椭圆齿轮的相对位置，在 p_1、p_2 作用下所产生的合力矩推动轮 A 向逆时针方向转动，并把轮 A 下部计量室内的流体排至出口，与此同时带动轮 B 做顺时针方向转动，并将流体充入轮 B 上部的计量室内。这时轮 A 处于水平位置，为主动轮，轮 B 处于垂直位置，为从动轮。同样可以看出：在图 7-9（b）位置时，A、B 轮均为主动轮；在图 7-9（c）位置时，B 为主动轮，A 为从动轮。从以上分析可知，椭圆齿轮每循环一次即转动一周，就排出四个半月形单元体积的流体，因而从齿轮的转数便可以求出排出流体的总量，即待测流体的累积流量为

$$Q_V = 4nV_0 \tag{7-16}$$

$$V_0 = 2\pi(R^2 - ab)\delta \tag{7-17}$$

式中：n 为椭圆齿轮（测量元件）的转速，r/min；V_0 为半月形计量室的容积，m³；a、b 分别为椭圆齿轮的长、短半径，m；R 为计量室的半径，m；δ 为椭圆齿轮的厚度，m。

椭圆齿轮流量计适用于石油、各种燃料油和气体的流量计量。除容积式流量计共有的特点外，它还具有如下特点：

（1）流体经流量计测量后，流量计出口管流有脉动，瞬时流量变化。

（2）对被测介质的黏度不敏感。

（3）齿轮啮合过程中存在困液现象，增加了流体的泄漏量。

（4）对被测介质的清洁度要求较高，如果被测介质过滤不净，齿轮易被固形物或异形物卡死，导致流量计不能正常工作。

（5）大口径流量计在流量较大时，噪声较大。

（6）在超负荷工作时，流量计的寿命将显著减少。

（7）可水平安装，也可垂直安装。

卵轮流量计在流量计测量室内以一对光滑的或互不啮合的短齿卵形转子代替椭圆齿轮，消除椭圆齿轮流量计在齿轮啮合过程中的困液现象，在一定程度上优化了转子流量计的结构。

2. 腰轮流量计

腰轮流量计又称罗茨流量计，其测量原理、工作过程与椭圆齿轮流量计基本相同，二者之间只是结构不同，如图 7-10 所示[1][9]。

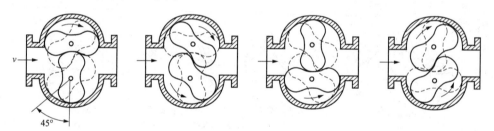

图 7-10　腰轮流量计工作原理示意图

（1）腰轮流量计的转子为腰轮形状，腰轮上不像椭圆齿轮那样带有小齿，且靠安装在流量计壳体外面同轴的驱动齿轮相互啮合从而实现联动。

（2）由腰轮的外轮廓和流量计壳体的内壁面形成的计量室不再是半月形。

（3）腰轮可以只有一对路轮，也可由两对互呈 45°角的组合腰轮构成，称为 45°角组合式腰轮流量计。普通腰轮流量计运行时产生的振动较大，组合式腰轮流量计振动小，适合于大流量测量。

腰轮流量计可用于各种清洁液体的流量测量，尤其是用于油流量的准确测量。在高压力、大流量的气体流量测量中也有大量应用。计量准确度高，可达 0.1 级，主要缺点是体积大、笨重，进行周期检定比较困难，压损较大，运行中有振动等。

3. 齿轮流量计

齿轮流量计是一种较新的容积式流量计，也称福达流量计，其结构和工作原理如图 7-11 所示。在流量计的壳体内部有两个由特种工程塑料制成的齿轮状转子，内有沿圆周分布的磁体。当被测流体进入流量计时，就推动转子和磁体转动，形成对应待测流量的磁脉冲信号，经安装在仪表壳体外的霍尔传感器检测，并转换成电脉冲信号后送到变送器进行线性化处理并显示。

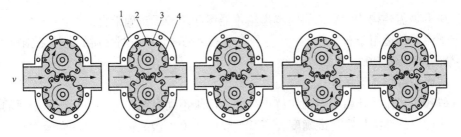

图 7-11　齿轮流量计结构和工作原理图

1—外壳；2—齿轮状转子；3—计量室；4—磁体

齿轮流量计的优点包括[1]：

（1）体积小、重量轻；

（2）运行时振动噪声小；

（3）可测量黏度高达 10000Pa·s 的流体；

（4）测量准确度高，一般可达 0.5 级，非线性补偿后可高达 0.05 级；

（5）量程比宽，最大量程和最小量程比值可达 1000:1。

齿轮流量计主要包括通用型、高压型、食品卫生型和全塑型等，适用于各种清洁液体的流量测量。根据流量计的口径大小，也允许流体中存在一定的小颗粒杂质。齿轮流量计是实验室中使用最多的一种转子流量计，结合双转子结构可实现流量的测量与控制。

4. 双转子流量计

双转子流量计的转子是由两个断面形状不同的螺旋转子构成的，通过精密同步驱动齿轮控制双转子的匹配转动，工作原理如图 7-12 所示[1]。

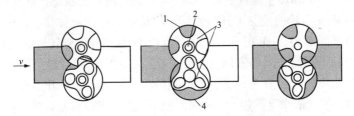

图 7-12　双转子流量计的工作原理示意图

1—计量室；2—同步驱动齿轮；3—螺旋转子；4—计量室 2

双转子流量计是靠流量计进出口间的流体压差推动双壳体内部的两个转子转动，互不接触的两转子的轴上固定有同步驱动齿轮，以实现互相驱动；计量容积等于两个计量室容积之和。

双壳体构造的特点是：

（1）同步齿轮使转子之间始终保持适当的间隙，使得双转子流量计运行平稳，可用于液体流量的测量。

（2）管道应力不会传给测量元件，通过测量元件壁产生的压差小，消除了系统压力变化对测量元件形变及容积的影响。

（3）运转平稳噪声小，经测量的流体在流量计出口无脉动，同一流量点任一时刻瞬时流量相同。

（4）缺点是需要构造较复杂的同步齿轮才能保证两转子正确啮合。

双转子流量计适用于石油、化工及各种工业液体的测量，被测介质的温度范围可达−29～232℃，准确度等级有 0.1、0.2、0.5 级。

二、刮板型容积式流量计

刮板型容积式流量计由于结构的特点，能适用于不同黏度和带有细小颗粒杂质的液体流量测量。其优点是性能稳定，准确度较高，一般可达 0.2 级；运行时振动和噪声小，压损小于椭圆齿轮和腰轮流量计，适合于中、大流量测量。但刮板型容积式流量计结构复杂，制造技术要求高，价格较高。

刮板型容积式流量计包括凸轮式刮板流量计、凹线式刮板流量计等多种结构形式。凸轮式刮板流量计主要由外壳、测量室、内转子圆筒、计量室、刮板和凸轮等组成，如图 7-13 所示。测量室是指外壳与内转子圆筒组成的回环。转子是一个可以转动、有一定宽度的空心薄壁圆筒，筒壁上开了四个互成 90°的槽。槽中安装 A、B、C、D 四块刮板，分别由两根连杆连接，相互垂直。径向连接的两个刮板 A、C 和 B、D 顶端之间的距离为一定值；刮板可随内转子圆筒转动，可在槽内径向自由滑动。每一刮板的一端装有一小滚轮；两对刮板的径向滑动由凸轮控制，即刮板与转子在运动过程中，要按凸轮外廓曲线形状从内转子圆筒中伸出或缩进。因为有连杆相连，若某一端刮板从内转子圆筒边槽口伸出，则另一端的刮板就缩进筒内。

当有流体通过流量计时，在流量计进出口流体的压差作用下，推动刮板旋转，如图 7-13（a）所示。此时刮板 A 和 D 由凸轮控制全部伸出内转子圆筒，与测量室内壁接触形成密封的计量室，将进口的连续流体分隔出一个单元体积；刮板 C 和 B 则全部收缩到转子圆筒内。在流体压差的作用下，刮板和转子继续旋转到图 7-13（b）所示的状态，此时刮板 A 仍为全部伸出状态，刮板 D 则在凸轮的控制下开始收缩，将计量室中的流体排出；与此同时，刮板 B 开始伸出。当旋转到图 7-13（c）所示状态时，刮板 D 全部收缩到转子圆筒内；刮板 B 由凸轮控制全部伸出内转子圆筒与测量室内壁接触，B、A 之间形成密封空间，将进入的连续流体又分隔出一个单元体积。到图 7-13（d）所示状态，随着刮板 A 开始收缩，计量室内的流体又开始排向出口；接着依次是刮板 C、B 和刮板 D、C 形成计量室，然后恢复到图 7-13（a）所示状态。可见，在上述工作过程中，刮板和转子每旋转一周，共有 4 个单元体积的流体通过流量计。只要记录它们的转动次数，就可求得被测流量[3]。

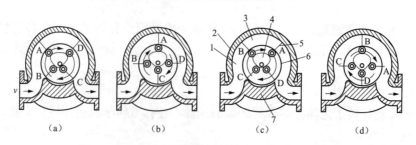

图 7-13　凸轮式刮板流量计结构和工作原理示意图

1—测量室；2—外壳；3—计量室；4—凸轮；5—刮板；6—内转子圆筒；7—挡块

流体的累积流量为

$$Q_v = 4nV_0 \tag{7-18}$$

$$V_0 = \frac{1}{4}\pi(R^2 - r^2)\delta \tag{7-19}$$

式中：n 为刮板（测量元件）的转速，r/min；V_0 为半月形刮板单元计量室的容积，m^3；R、r 分别外壳及内转子圆筒半径，m；δ 为计量室深度，m。

三、活塞型容积流量计

活塞型容积式流量计主要包括往复活塞流量计和旋转活塞流量计两种。

1. 往复活塞流量计

往复活塞流量计的原理如图 7-14 所示，以气缸为计量室，活塞为测量元件，活塞在内可以做往复运动。在流量计进出口流体压差的作用下，流体从入口经换向阀进入气缸推动活塞运动，当活塞移动到某规定的位置时，气缸内一侧充满刚刚流入的流体，而另一侧的流体流出。此时转换信号发生器动作，使换向阀换向，流体从入口经换向阀进入气缸的另一侧，推动活塞反向运动，使充满气缸的流体排向出口。两侧腔体交换实现液体流动，活塞在气缸内每往复运动一次有约两气缸的流体被排向流量计出口。只要记录活塞的往复运动次数，就可得到通过流量计的流体体积值。

单活塞流量计流量小，流动脉动性大，所以实际应用中较为常见的是图 7-14（b）所示的四活塞流量计。四个活塞在凸轮的控制下联动，在换向阀的配合下依次不断地分别将流体吸入各气缸并排向出口。与单活塞流量计相比，四活塞流量计的流动比较平稳，广泛应用于燃油加注机中。

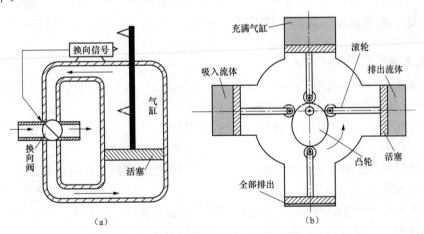

图 7-14　往复活塞流量计结构和工作原理示意图

（a）单活塞；（b）四活塞

2. 旋转活塞流量计

旋转活塞流量计又称环形活塞或摆动活塞式流量计，其结构原理如图 7-15 所示。将一开口的环形旋转活塞插入外圆筒，外圆筒内壁与内圆筒壁之间环隙空间中形成多个环形扇形区。环形区与底部有一隔板，隔板下侧是流量计进口。在进出流体压差的作用下，流体从底部入口进入环形扇形区，并由旋转活塞带单位体积的流体绕内圆筒旋转，并进入外腔侧与出口相通。在旋转活塞不断将内墙流体挤入外腔时，流体从流量计出口排出。当旋转活塞贴着外圆筒内壁面旋转摆动一周，就有一个内侧计量室和外侧计量室的流体体积排向流量计出口，所以只要将轴的旋转通过齿轮机构传递到流量计指示机构就可实现流量计量。

　　实验室中常用的旋转活塞流量计包含用于测量小流量气体、液体的玻璃转子流量计，如图7-15（b）所示；工业中常用的为数显或指针式旋转活塞流量计，如图7-15（c）所示。

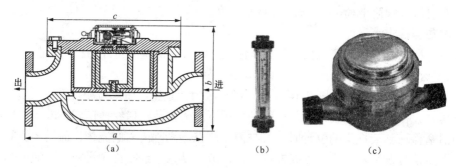

（a）　　　　　　　　　（b）　　　　　　　　（c）

图 7-15　旋转活塞流量计

（a）基本结构；（b）旋转转子流量计；（c）数显旋转活塞流量计

7.1.3.3　容积式流量计的选择与安装

一、容积式流量计的选择[1]

　　容积式流量计的选择应从流量计类型、流量计性能和流量计配套设备三个方面考虑。其中，流量计类型及配套设备的选择应根据实际工作条件和被测介质特性而定，同时必须考虑流量计的性能指标。在容积式流量计性能选择方面主要应考虑以下几个要素：流量范围、被测介质性质、测量准确度、耐压性能（工作压力）、压力损失及使用目的。下面分别进行介绍。

　　1. 流量范围

　　容积式流量计的流量范围与被测介质的种类（主要流体强度）、使用特点（连续工作与间歇工作）、测量准确度等因素有关，选择时应具体考虑。

　　（1）从介质种类方面考虑，测量较高黏度的流体时，由于下限流量可能会扩展到较低的量值，故需大范围流量；

　　（2）从使用特点方面考虑，间歇测量时上限流量可能比连续工作流量大，故其量程应选择较大流量范围；

　　（3）从测量准确度方面考虑，用于低准确度测量时其流量范围较大，用于高准确度测量时流量范围较小。

　　而准确确定流量范围的原则是应保证待测最大流量在仪表最大流量的 70%～80%处。由于一般的容积式流量计体积庞大，在大流量时会产生较大噪声；在必须测量大流量时，可采用45°组合腰轮结构的流量计；在需要低噪声工作的场合，可选用双转子流量计。

　　2. 被测介质性质

　　被测介质物理性质主要考虑流体的黏性和腐蚀性，从而确定流量计材质。例如，测量各种石油产品时，可选用铸钢、铸铁制造的流量计；测量腐蚀性轻微的化学液体以及冷、温水时，可选用铜合金制造的流量计；测量纯水、高温水、原油、沥青、高温液体以及各种化学液体等应选用不锈钢制造的流量计。另外，用于食品行业的流量计，除与流体接触的零件必须用不锈钢及符合卫生条件的要求外，在结构上应易于拆卸清洗，流量计内无储液部位，常用的有椭圆齿轮流量计、旋转活塞流量计等。

3. 测量准确度

容积式流量计是目前测量准确度最高的流量计之一。厂家在产品样本上给出的测量准确度是指在实验室参比条件下得到的基本误差，而在实际使用中，由于现场条件的偏离，必然会带来附加误差，实际误差应该是基本误差和附加误差的合成。所以仪表选型时应根据现场可能出现的问题采取措施。

现场条件对测量准确度影响较大的主要有被测介质黏度和温度，温度主要影响的依然是黏度。当实际使用的流体黏度与校核或检定时的流体黏度有较大差异时，应进行相应的黏度修正。如果除流体黏度外，其他参数没有明显的变化，则可以用以下两种方法进行黏度修正。

第一种方法为采用一种液体检定的黏度修正。利用下式获得误差修正值

$$E = E_0 - (E_0 - E_1)\frac{\mu_1}{\mu} \tag{7-20}$$

式中：E 表示黏度为 μ 的被测液体的误差；E_0 为无泄漏时的误差；μ_1 为检定液体的黏度；μ 为被测液体的黏度。

第二种方法是采用两种液体检定，黏度的修正公式如下

$$E = E_1 + (E_2 - E_1)\frac{\mu_2(\mu - \mu_1)}{\mu(\mu_2 - \mu_1)} \tag{7-21}$$

式中：E 表示黏度为 μ 的被测液体的误差；E_1 表示黏度为 μ_1 的检定液体的误差；E_2 表示黏度为 μ_2 的检定液体的误差；μ 为被测液体的黏度；μ_1、μ_2 分别为两种检定液体的黏度。

4. 耐压性能和压力损失

流量计的工作压力由流量计壳体来承受，对工作压力的不同要求，应选用不同材质的受压部件，以免引起使用上的不安全。压力损失也是选择流量计时必须考虑的重要问题。尤其是大流量使用时，更应注意核算流量计的压力损失是否能满足用户的要求。

5. 使用目的

流量计的使用目的有两种。一种是测定流量，作为已知参数进而计算目标参数；另一种为实验的控制参数，用于调节流量，从而改变实验工况。用于计量核算的流量计主要考虑其计量精度，可以是就地指示仪表；用于过程控制的流量计主要考虑其联动可靠性，应具有联动信号器、调节显示仪表等各种配套设备。

二、容积式流量计的安装[2]

容积式流量计是少数几种使用时仪表前不需要直管段的流量计之一。大多数容积式流量计要求在水平管道上安装，这是因为大口径容积式流量计大都体积大而笨重，不宜安装在垂直管道上；有部分口径较小的流量计（如椭圆齿轮流量计）允许在垂直管道上安装；还有小部分旋转活塞流量计（如转子流量计）按其原理必须垂直安装，直管段要求远远低于差压式流量计。

为了便于检修维护和不影响流通使用，流量计安装一般都要设置旁路管道。在水平管道上安装时，流量计一般应安装在主管道中；在垂直管道上安装时，流量计一般应安装在旁路管道中，以防止杂物沉积于流量计内。

7.1.4　速度式流量计

速度式流量计是通过测量管道内流体流动速度来测量流量的,对管道内流体的速度分布有一定的要求,以避免速度分布直接影响流量计流量的测量结果。因此流量计前后必须有足够长的直管段或加装整流器,以便流体形成稳定的速度分布。

工业生产中使用的速度式流量计种类很多,主要有涡轮流量计、涡街流量计、超声波流量计和电磁流量计[3]。

7.1.4.1　涡轮流量计

一、工作原理

涡轮流量计工作原理是流体的动量矩守恒。在管道中心安放一个涡轮,两端由轴承支撑,当被测流体通过管道时以平均速度 u 冲击涡轮叶片,对涡轮产生驱动力矩,使涡轮克服摩擦力矩和流体阻力矩而产生旋转。在一定的流量范围内,忽略流体黏度变化时涡轮的转速与流体的平均流速成正比。涡轮的转速通过装在机壳外的传感线圈来监测。当涡轮切割由壳体内磁钢产生的磁力线时产生磁通周期变化,然后通过磁电转换装置将涡轮转速变成的电脉冲信号,经放大后传送至显示记录仪表,获得流体的瞬时流量和累积流量。如下式

$$q_V = uA = f / K \tag{7-22}$$

式中: q_V 为体积流量,m³/s; u 为管道截面平均流速,m/s; A 为管道截面积,m²; f 为流量计输出信号频率,Hz; K 为流量计仪表系数,1/m³。

涡轮流量计特性曲线由流量校验装置校验而得,并在流量计出厂时给定仪表系数。涡轮流量计系数可分为线性段和非线性段两种。线性段约为工作段的 2/3,其特征与传感器结构尺寸及流体黏度有关。在非线性段,特性受轴承摩擦力、流体黏性阻力的影响较大。涡轮流量计在实际应用中多将待测流量控制在线性范围内,是目前实验室使用最多的一种精密流量仪表。

二、组成与结构

涡轮流量计一般由涡轮变送器和显示仪表组成,也可做成一体式涡轮流量计。涡轮变送器的结构如图 7-16 所示,主要包括涡轮、导流器、轴和轴承组件、壳体和信号转换器[3]。

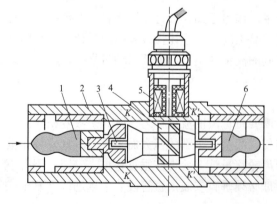

图 7-16　涡轮变送器结构

1—前导流器;2—壳体支承;3—轴和轴承组件;

4—涡轮;5—信号转换器;6—反导流器筒

1. 涡轮

涡轮多由高导磁性材料制成,是流量计的核心测量元件,其作用是把流体的动能转换成机械能。涡轮由摩擦力很小的轴和轴承组件支撑,与壳体同轴;其叶片视口径大小而定,通常为 2～8 片;叶片有直板叶片、螺旋叶片和丁字形叶片等几种。涡轮几何形状及尺寸对传感器性能、涡轮的动态平衡有较大影响,甚至直接影响仪表的性能和使用寿命,因此需根据流体性质、流量范围、使用要求等进行设计。

2. 导流器

导流器由导向片及导向座组成,材质多为不导磁不锈钢或硬铝材料,其作用有两点:①用以导直和整流被测流体,以免因流体的旋

涡而改变流体与涡轮叶片的作用角，从而保证流量计的准确度。②在导流器上装有轴承，用以支撑涡轮。

3. 轴和轴承组件

轴和轴承支撑并保证涡轮自由旋转。为达到足够的刚度、强度和硬度，并耐腐蚀、耐磨损，其材质通常为不锈钢或硬质合金。变送器失效通常是由轴和轴承组件引起的，因此，轴和轴承组件决定着传感器的可靠性和使用寿命。轴和轴承的结构设计、材料选用以及定期维护至关重要。

在测定流速过程中，因流体促进涡轮转动的同时也沿涡轮的轴向方向施加了推力，使轴承的摩擦转矩增大。为了抵消这个轴向推力，在结构上会采取各种轴向推力平衡措施，主要有：①采用反推力方法实现轴向推力自动补偿。从图 7-16 可看出，当流体流过 $K—K$ 截面积时，流速变大而静压力下降，之后随着流通面积的扩大，静压力逐渐上升，因而在收缩截面 $K—K$ 和 $K'—K'$ 之间就形成了不等静压场，并产生相应的应力。该作用力沿涡轮轴向的分力与流体的轴向推力反向，可减小轴承的轴向负荷，进而提高变送器的寿命和准确度。②采取中心轴打孔的方式，通过流体实现轴向力自动补偿。③减小轴承磨损是提高测量准确度、延长仪表寿命的重要环节。目前，常用的轴承主要有滚动轴承和滑动轴承（空心套形轴承）两种。滚动轴承虽然摩擦力矩很小，但对脏污流体及腐蚀性流体的适应性较差，寿命较短。因此，目前仍广泛应用滑动轴承，其轴和轴承间的摩擦转矩与涡轮的质量和轴的直径成正比。为了彻底解决轴承磨损问题，我国目前正在研制生产无轴承的涡轮流量变送器。

4. 壳体

壳体是传感器的主体部件，它起到承受被测流体的压力、固定安装检测部件和连接管道的作用。壳体通常采用不导磁不锈钢或硬质合金制造，对于大口径传感器，也可采用碳钢与不锈钢组合的镶嵌结构。

5. 信号转换器

信号转换器的作用是把涡轮的机械转动信号转换成电脉冲信号并输出，主要以磁电转换器为代表，安装在流量计壳体上，可分成磁阻式和感应式两种。

（1）磁阻式磁电转换器由线圈和磁钢组成。将磁钢放在感应线圈内，涡轮叶片由导磁材料制成。当涡轮叶片旋转通过磁钢下面时，磁路中的磁阻改变，使得通过线圈的磁通量发生周期性变化，因而在线圈中感应出电脉冲信号，其频率就是转过叶片的频率。

（2）感应式磁电转换器是在涡轮内腔放置磁钢，涡轮叶片由非导磁材料制成。磁钢随涡轮旋转，在线圈内感应出电脉冲信号。

由于磁阻式比较简单、可靠并可提高输出信号的频率，为提高抗干扰能力和增大信号传送距离，还可在磁电转换器内安装前置放大器提高其测量准确度，所以使用较多。除磁电转换方式外，也可用光电元件、霍尔元件等方式进行转换。

三、特点及应用[2]

涡轮流量计主要用于准确度要求高、流量变化快的场合，可做标定流量的标准仪表，具有显著的优缺点。

1. 涡轮流量计的优点

（1）准确度高，可达到 0.5 级以上，在小范围内可高达 0.1 级；复现性和稳定性均好，短期重复性可达 0.05%～0.2%，可作为流量的准确计量仪表。

（2）对流量变化反应迅速，可测脉动流量。被测介质为水时，其时间常数一般只有几毫秒（ms）到几十毫秒（ms），可进行流量的瞬时指示和累积计算。

（3）线性好，测量范围宽，量程比可达（10～20):1，有的大口径涡轮流量计甚至可达40:1，故适用于流量大幅度变化的场合。

（4）耐高压，承受的工作压力可达 16MPa。

（5）体积小，且压力损失也很小，压力损失在最大流量时小于 25kPa。

（6）输出为脉冲信号，抗干扰能力强，信号便于远传及与计算机相连。

2. 涡轮流量计缺点

（1）制造困难，成本高。

（2）被测介质的物理性能参数如密度、黏度等，对流量系数有较大影响。

（3）由于涡轮高速转动，轴承易损，降低了长期运行的稳定性，影响使用寿命。

（4）对被测流体清洁度要求较高，适用温度范围小，约为–20～120℃。

（5）受流场分布影响较大，所需上下游直管段较长。如安装空间受限制，可以加装流动调整器或流动整流器来缩短直管段，但在限制压损的场合是不允许的。

（6）不能长期保持校准特性，需要定期校验。

7.1.4.2　涡街流量计

一、工作原理

涡街流量计也称旋涡流量计或卡门涡街流量计，可测量气体、蒸汽或液体的体积流量、质量流量。

涡街流量计根据卡门涡街原理设计制造，应用流体振荡原理来测量流量，并可作为流量变送器应用于自动化控制系统中。在流体中设置三角柱型旋涡发生体，当流体管道内经过旋涡发生器时从旋涡发生体两侧交替地产生有规则的旋涡，这种旋涡称为卡门旋涡。旋涡列在旋涡发生体下游产生上下交替、非对称、正比于流速的两列旋涡，旋涡的释放频率与流过旋涡发生器的流体平均速度及旋涡发生体的特征有关系。可用下式表示[10]

$$f = Sr\frac{v_1}{d} \tag{7-23}$$

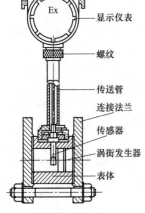

图 7-17　涡街流量计结构

（显示仪表／螺纹／传送管／连接法兰／传感器／涡街发生器／表体）

式中：f 为旋涡的释放频率，Hz；v_1 为流过旋涡发生体的流体平均速度，m/s；d 为旋涡发生器特征宽度，m；Sr 为无量纲斯特劳哈尔数（Strouhal number），是雷诺数的函数，$Sr=f(1/Re)$，其数值范围为 0.14～0.27。

有实验证明当流体雷诺数 Re 在 10^2～10^5 范围内时，Sr 值约为 0.2，即在测量中尽量满足流体的雷诺数在 10^2～10^5，此时 $Sr=0.2$，旋涡频率 $f=0.2v_1/d$。由此，通过测量旋涡频率 f 就可以计算出流过旋涡发生体的流体平均速度 v_1，再由下式求出体积流量 q_V

$$q_V = 5fdA \tag{7-24}$$

式中：A 为流体流过旋涡发生体的截面积。

二、结构及组成

如图 7-17 所示，涡街流量计主要由传感器和转换器两部分组成，传感器包括旋涡发生体（阻流体）、检测元件、仪表表体等；转换器包括前置放大器、滤波整形电路、D/A 涡街发生器、输出接口电路、端子、支架和防护罩等。近年来智能式流量计还把微处理器、显示、通信及其他功能模块也装在转换器内，与传感器及其安装装置组成整套涡轮流量计采集系统。

1. 旋涡发生器

旋涡发生器其实就是一个发生旋涡的阻挡元件，其与仪表的流量特性如仪表系数、线性度和范围，阻力特性如压力损失等密切相关。已开发出的形状繁多的旋涡发生体可分为单旋涡发生体和多旋涡发生体，多旋涡发生体虽然强度和稳定性较高，但其实用得并不普遍，多用单旋涡发生体。单旋涡发生体多为圆形、矩形、三角形等基本形状。对这些旋涡体的要求有：

（1）能控制旋涡在旋涡发生体轴线方向上同步分离；

（2）在较宽的雷诺数范围内有稳定的旋涡分离点，保持恒定的斯特劳哈尔数；

（3）能产生强烈旋涡，信噪比大；

（4）形状和结构简单，便于加工，几何参数标准化便于各种监测元件的安装和组合；

（5）材质应满足流体性质要求，耐腐蚀、耐磨蚀、耐温度变化；

（6）固有频率在涡街信号的频带外。

2. 监测器

流量计监测旋涡信号可利用设置在旋涡发生体内部的监测元件直接检测发生体两侧压差，在发生体上开设导压孔，在导压孔中安装监测元件检测发生体两侧压差，或检测旋涡发生体周围、背面的交变环流及尾流中的旋涡列测定旋涡频率，从而确定流量。

三、主要特点[2]

涡街流量计的主要特点包括：

（1）结构简单而牢固，无可动部件，可靠性高，长期运行十分可靠。

（2）安装简单，维护十分方便。

（3）检测传感器不直接接触被测介质，性能稳定，寿命长。

（4）输出的是与流量成正比的脉冲信号，无零点漂移，精度高。

（5）测量范围宽，量程比可达 10:1。

（6）压力损失较小，运行费用低，更具节能意义。

需指出的是，涡街流量计以添加扰动的原理测速，对于需考察流场情况不适用。

7.1.4.3 超声波流量计

一、工作原理及基本结构[1]

声波，当频率高于 20kHz 称为超声波，超声波的波长较短，近似做直线传播，在固体和液体介质内衰减比电磁波小，能量容易集中，可产生剧烈振动。超声检测技术则是利用较弱的超声波来进行介质非声学特性和介质某些状态参量的检测。超声波流量计和电磁流量计一样，因仪表流通通道未设置任何阻碍件，均属无阻碍流量计，是适于解决流量测量困难问题的一种流量计，特别在大口径流量测量方面有较突出的优点，因此得以迅速发展。

根据对信号检测的原理，超声波流量计可分为传播速度差法（直接时差法、时差法、相位差法和频差法）、波束偏移法、多普勒法、互相关法、空间滤法及噪声法等。其中利用传播速度差法的声波流量计测量直接、精准，被广泛使用。

（1）时差法：通过测量顺逆传播时传播速度不同引起的时差，计算被测流体速度。采用两个声波发送器（S_A 和 S_B）和两个声波接收器（R_A 和 R_B）。同一声源的两组声波在 S_A 与 R_A 之间和 S_B 与 R_B 之间分别传送，其传播方向与管道成 θ 角（一般 $\theta=45°$），如图 7-18 所示。由于向下游传送的声波被流体加速，而向上游传送的声波被延迟，它们之间的时间差与流速成正比。也可以发送正弦信号测量两组声波之间的相移或发送频率信号测量频率差来实现流速的测量。

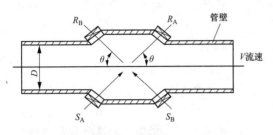

图 7-18　超声波测定流速原理（时差法）

（2）相位差法：通过测量顺逆传播时由于速度引起的相位差来计算速度。此方法用发送器沿垂直于管道的轴线发送一束声波，由于流体流动的作用，声波束向下游偏移一段距离。偏移距离与流速成正比，测定声波偏移相位可获得流速。

（3）频差法：测量顺逆传播时的声波频率差。当超声波在不均匀流体中传送时，声波会产生散射。由于流体与发送器间有相对运动，发送的声波信号和被流体散射后接收到的信号之间会产生多普勒频移，且多普勒频移与流体流速成正比。图 7-19 中被测流体的区域位于发射波束与接收到的散射波束的交叉点，要求波束窄使两波束的夹角 θ 不致受到波束宽度影响。也可只采用一个变换器，既作为发送器又作为接收器，这种方式称为单通道式。在单通道多普勒流量计中，发送器间隔地发送声脉冲信号，在两个声波脉冲间隔的时间中，接收

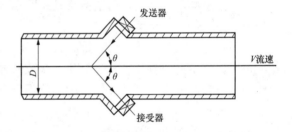

图 7-19　超声波测定流速原理（频差法）

从壁面反射回来的脉冲信号；同时采用控制线路选择给定距离处的反射信号，通过对两种信号的比较后得到多普勒频移，多普勒频移与流速成正比，从而测定流速与流量。

超声波测量均需与已知流速的测量关系对比获得实际使用时的校正系数，因此其计算公式简单，仅为线性系数关系，校核确定关系系数即可获得实际测量流速的关系系数。

二、特点及应用[1]

对于大管道流量测量，采用差压式流量计时，标准节流装置制作困难，测量误差大，而采用超声波流量计则可精准测定流量。超声流量计具有显著的自身特点。

1. 优点

（1）超声波流量计采用非接触测量的方法，可在高温、高压、强腐蚀等特殊条件下进行测量。接触式流量计对流体的流动产生一定阻力，且在黏性较大的流体中使用时准确度会显著降低；而超声波流量计属于非接触式测量，对流场无干扰，几乎不受流体黏性的影响，且不会产生附加阻力，具有显著优势。

（2）安装方便。只需将管外壁磨光，抹上硅油，使其接触良好即可。

（3）超声波流量计受介质物理性质的限制比较少，适应性较强。例如电磁流量计和激光流量计对不导电和不透明的流体就难以应用，而超声波流量计则不受影响，可测量各种介质，适合于腐蚀性、黏性、混浊度大的流体，而且测量准确度高。

（4）输出信号为线性信号。超声波流量计的测量原理是因超声波在流动介质中传播速度与在静止介质中的传播速度存在差异，其差异值与介质流速有关，测得这一差异量就能求得介质的流速，进而求出流量。

2. 缺点

超声波流量计虽然具有许多的优点，但同时也存在一些缺点。当液体中有气泡或有噪声时，会影响声波传播。超声波流量计实际测定的是流体速度，因此将受速度分布不均匀的影响，故要求超声波流量计前后分别有 10D 和 5D 的直管道长度。另外超声波流量计成本较高。

近年来超声波流量测量技术获得了迅速发展，已成为温度测量、流量测量技术中的一个重要分支。除了液体流量的测量，在气体和气粉体（双相流体）流速测量方面，可测出瞬时和脉动流速的同时测定气体温度。在火电厂中采用气动方式输送煤粉燃料，需要测得煤粉的质量流量，采用一般方法难以获得满意的结果。而超声波法可以单独测量粉状物质的点速度（如超声多普勒法），也可以测量煤粉气流的流速（如相差法等），然后根据粉状材料颗粒大小计算颗粒物质的流速；或者配合以气粉体密度测量，获得气粉体质量流量。

7.1.4.4　电磁流量计

1. 测量原理[1]

电磁流量计的原理是法拉第电磁感应定律。图 7-20 是其原理示意，在工作管道的两侧有一对磁极，另有一对电极安装在与磁力线和管道垂直的平面上。

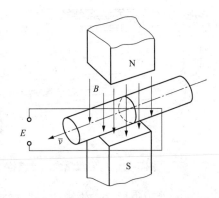

图 7-20　电测流量计测量原理示意图

当导电流体以平均速度 $\bar{v}$ 流过直径为 D 的测量管道段时切割磁力线，于是在电极上产生感应电动势 E，电动势方向可由右手定则判断。如磁场的磁感应强度为 B，则感应电动势为

$$E = C_1 B D \bar{v} \tag{7-25}$$

式中：C_1 为常数。

流过仪表的容积流量为

$$q_V = \frac{1}{4} \pi D^2 \bar{v} \tag{7-26}$$

联立式（7-25）和式（7-26）得到

$$q_V = \frac{\pi}{4C_1} \frac{D}{B} E \tag{7-27}$$

或

$$E = 4C_1 \frac{B}{\pi D} q_V = K q_V \tag{7-28}$$

$$K = 4C_1 \frac{B}{\pi D}$$

式中：K 为电磁流量计的仪表常数。

由上式可知仪表口径 D 和磁感应强度 B 一定时，K 为定值。感应电动势与流体容积流量

存在线性关系。

为避免极化作用和接触电位差的影响，工业用电磁流量计通常采用交变磁场，缺点是干扰较大。采用直流磁场对于真实地反映流量的急剧变化有利，故适用于实验室等特殊场合测定准确流量，或用来测量非电解性液体流量避免极化，如液态金属等[11]。

2．基本结构

电磁流量计主要由电磁流量变送器、电磁流量转换器两部分组成，电磁流量变送器将被测介质的流量转换为感应电动势，经电磁流量转换器放大为电流信号输出，然后由二次仪表进行流量显示，并记录、计算和调节。

电磁流量变送器的结构如图 7-21 所示，为避免磁力线被管道壁所短路和降低涡流损耗，测量导管应由非导磁的高阻材料制成，一般为不锈钢、玻璃或某些具有高电阻率的铝合金。在用不锈钢等导电材料做导管时，测量导管内壁及内壁与电极之间必须有绝缘衬里，以防止感应电动势被短路。衬里材料常用耐酸搪瓷、橡胶、聚四氟乙烯等，视工作温度而异。电极材料常用非导磁不锈钢制成，如铂、金或镀铂、镀金的不锈钢[1]，且与管内衬平齐。

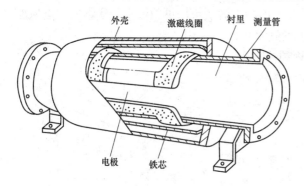

图 7-21　电磁流量变送器结构

产生交变磁场的激磁线圈结构根据导管口径不同而有所不同，图 7-21 所示结构适合 100mm 以上大口径导管。将激磁线圈分成多段，每段匝数的分配按余弦分布，并弯成马鞍形放置在导管上下两边，在导管和线圈外边再放一个磁轭，以便得到较大的磁通量并提高导管中磁场的均匀性。

3．基本特点

电磁流量计的基本特点有：

（1）电磁流量计无可动部件和插入管道的阻流件，属于非接触测量，因此压力损失极小。其流速测量范围很宽（0.5～10m/s），口径从 1mm 到 2m 以上，反应迅速，可用于测量脉动流、双相流以及灰浆等含固体颗粒的液体流量。

（2）测量准确和流速分布有关。如果截面上流速分布是轴对称的，则层流、紊流等流动状态不影响测量的准确性；如果截面上的流速分布是不对称的，在电极附近及两电极之间的流量分配较多，则仪表指示的流量将大于实际流量；相反，如果在与电极成 90°方向的区域里流量分配得多，则指示值将偏小。

（3）电磁流量计需要直管段。一般要求在电磁流量计之前有长度为 5～10 倍管道直径的直管段，仪表准确度可达±1%以上。

（4）根据测量原理，利用电磁式流量计测量流体时被测流体必须为导电流体，电导率要求在 $20×10^{-8}$～$50×10^{-8}$S/m 以上，不能用于测量气体、蒸汽、石油制品等，同时要求安装地点要远离强磁场和振动源。

（5）仪表使用温度不应超过 200℃。

（6）使用中还应注意，测量的准确度会受测量导管内壁，特别是电极附近积垢的影响。

（7）电磁流量计价格昂贵。与声波测量流量一样，其昂贵的价格一定程度上影响了它的推广使用。

各种速度流量计具有不同的测量原理，如涡轮测定叶片转速，涡街测定间隔涡街频率，声波测定声波位移，电磁波测定电磁波的感应电动势等。对应不同的测量原理，各速度流量计具有不同的结构和特点。相比较而言，声波流量计与电磁式流量计可测定大流量，不受黏度限制，测量准确，无流场扰动，但成本较高，常用于精密工业。涡轮流量计与涡街流量计测定时产生一定的压力损失，但当测定流量为小流量范围时可考虑，需在流体前安装过滤等装置。同时由于涡街流动工况受流体物性影响较大，因此实验室中小流量测量常选用涡轮流量计。

7.1.5 质量式流量计

7.1.5.1 流量计分类

在工业生产过程参数检测和控制中，例如产品质量控制、物料配比、成本核算、生产过程自动调节，以及产品交易、储存等都需要获得流体的质量流量，进行更直接的计算或控制。上文所述差压式流量计、容积式流量计以及速度式流量计均为测量体积流量的仪表，可以用测定的体积流量乘以密度换算成质量流量。但某些流体尤其是气体类流体在不同温度、压力和成分的条件下密度可能不同，所以在温度、压力变化比较频繁的情况下或流量测量准确度要求较高时，不能采用体积流量乘以已知密度的计算方法，而须直接测定质量流量或进行温度、压力修正[2]，此时必须用质量流量计进行流量测量。质量流量计可分为直接式质量流量计和间接式质量流量计[2]。

第一类，直接式质量流量计。直接式质量流量计是指流量计的输出信号能直接反映被测流体质量流量的仪表。直接式质量流量计的测量原理与介质所处的温度、压力等状态参数和强度、密度等性质参数无关，具有高准确度、高重复性和高稳定性的特点，在工业上得到了广泛应用。

按测量原理可将直接式质量流量计分为：

（1）与能量的传递、转换有关的质量流量计，如热式质量流量计和差压式质量流量计。

（2）与力和加速度有关的质量流量计，如科里奥利质量流量计。

第二类，间接式质量流量计。间接式质量流量计是利用了体积流量计结合其他检测仪器测量流量，在工业上应用较早，主要应用于一些简单或可简化的场合；如温度、压力变化较小，被测气体可近似为理想气体，被测流体的温度与密度呈线性关系的场合。间接质量流量计又可分成两类：

（1）组合式质量流量计，又称推导式质量流量计。组合式质量流量计可利用一个体积流量计和一个密度计实现组合测量，或者在采用两个不同类型流量计实现分别测量两个参数的基础上，通过计算得到被测流体的质量流量。

（2）补偿式质量流量计。其特征为同时检测被测流体的体积流量、温度、压力值，再根据介质密度与温度、压力的关系间接地确定密度后计算获得质量流量，其实质是对被测流体做温度和压力的修正。如果被测流体的成分发生变化时，补偿法式流量计无法准确确定质量流量。

显然直接式质量流量计比间接式质量流量计测量更直接、更准确，但成本较高。科学实验中在条件允许的情况下，尽量选择直接式流量计监测流体运输中的流量参数。

7.1.5.2　科氏流量计

1. 测量原理

目前，科学实验过程中常用的直接式质量流量计为科氏流量计，其原理是根据流体流动动量在冲击回旋管时会引起管道扭动性振动，测定其扭转角和振动频率即可以获得与质量相关的动量，进而测定流体质量流量。

如图 7-22 所示，当流体流过测量管时，如果测量管以某一频率振动，则振动的测量管相当于一个匀速转动的参考系，由于流体与测量管具有相对运动，所以会受到科里奥利力的作用。科里奥利力是指发生在旋转体系中使运动的质点进行直线运动时相对于旋转体系产生的直线运动的偏移的某种惯性力。力作用在测量管的两侧且方向相反，一侧作用力向上，另一侧向下，使测量管发生扭曲（与水平的扭转角为 θ）。而流体的质量流量产生的力与科里奥利力相当，即可通过测量管扭转角计算流体流量。因此，利用二次仪表通过适当的测量电路，测定扭转角即可获得流体的质量流量。如下式所示

$$q_m = \frac{k_s \theta}{4LR\omega} \tag{7-29}$$

式中：k_s 为 U 形管的扭转弹性模量；θ 为质量流量与检测管扭转角；R 为 U 形管的弯曲半径；L 为总管长；ω 为旋转体系的角速度。

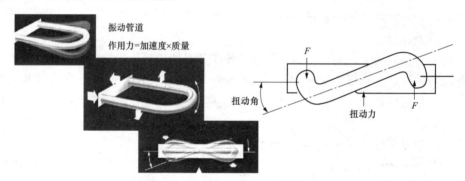

图 7-22　科氏流量计测速原理及结构示意图

在 U 形管两侧的振动中心设置两个传感器，当流体流过两侧作用力相反时，两个传感器测定进出口管振动电信号存在相位差以及相应的时间差 Δt，如图 7-23 所示；可通过直接测定此时间差获得流体流量。

$$q_m = \frac{k_s \Delta t}{8R^2} \tag{7-30}$$

2. 基本结构

科氏流量计由一次仪表和二次仪表组成。其中一次仪表包括测量管、激振器和传感器（感应检测部件及热电阻的电路组件），二次仪表则是一次仪表输出信号的处理系统，如图 7-24 所示。

目前市场上科氏流量计的种类很多，从一次仪表的结构来看有直管、U 形管、S 形管、Ω 形管、双梯形管、螺旋形管、三角形管等。每一种形状的

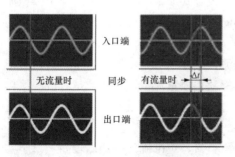

图 7-23　科氏流量计进出口电信号时间差

测量管又有单管、双管和多管之分。每一种管形的适用场合、测量精度及价格水平各不相同。

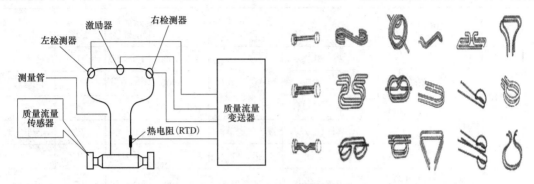

图 7-24   科氏流量计结构及测量管管型

3. 基本特征及其安装使用注意事项

作为科学实验中常用的质量流量计，科氏流量计具有其显著的优点。

1）抗腐蚀，抗污，防爆，耐磨，因此可以测量范围广泛的介质，如油品、化工介质、造纸黑液、浆体、气体、固体颗粒的流体以及高黏度的物体。

2）管道内无障碍物，无可动部件，故障因素少，便于清洗、维护和保养。

3）安装简便，各种尺寸的传感器管子的进出口方向可自由安装、调整，使用方便，不必配置进出口的直管段。

4）能较容易地测量多相流体。

5）可多参数测量。在测量质量流量的同时可以获取体积流量、温度及密度等，对于影响量如压力、温度、密度和黏度以及流速分布等不敏感。

同时由于其原理，在安装和使用过程中也需注意以下几点：

1）水平安装时，测量液体时流量管朝下，测量气体时流量管朝上；测量浆液时流量管竖直放置且使流体由下往上流动。

2）安装流量计时避免产生扭曲和弯曲应力。

3）利用下游阀门进行调零。首先根据流体流速估计流体充满测量管所需时间，一般使流体循环 5min 保证满管，然后关闭流量计下游阀门保证流量静置，此时利用变送器上的调零按钮进行调零。

4）质量流量计不能安装在大型变压器、电动机、机泵等大磁场设备附近，应至少保持 0.6～1.0m 的距离，以免受到干扰。

5）不能用大规格的流量计测量小流量，质量流量计的量程选择要合适。传感器和变送器接线距离不能大于 20m，且接线采用质量流量计专用信号电缆。

7.1.6 流量仪表的选择

流量计的类型众多，有差压式、容积式、速度式以及质量式等，要从如此众多流量计中选择适合、有效的流量测量仪表，必须掌握各种流量仪表的原理和特点，同时确定工艺要求和测量条件，还要考虑经济因素。归纳起来有 5 个方面因素：性能要求、流体特性、安装要求、环境条件和费用。

常用流量计中可将差压式、容积式、速度式都归为体积式流量计，与质量型流量计对比的性能指标见表 7-2。

表 7-2　　　　　　　　　　　常用流量计原理及性能指标对比表

类别		工作原理	仪表名称		可测流体种类	适用管径/mm	测量准确度	直管段要求	压力损失
体积流量计	差压式流量计	根据流体流过阻力件所产生的压力差与流量之间的关系确定流量	节流式	孔板	液、气、蒸汽	50～1000	1.0～2.0	高	大
				喷嘴		50～500	1.0	高	中等
				文丘里管		100～1200	1.0	高	小
			均速管		液、气、蒸汽	25～9000	1.0～4.0	高	小
			弯管流量计		液、气		2	高	无
	流体阻力式流量计	根据流体流过阻力件所产生的作用力与流量之间的关系确定流量	转子流量计		液、气	4～100	0.5～2.0	垂直安装	小且恒定
			靶式流量计		液、气、蒸汽	15～200	0.2～0.5	高	较小
	容积式流量计	通过测量一段时间内被测流体填充的标准容积个数来确定流量	椭圆齿轮流量计		液、气	10～500	0.1～1.0	无，需装过滤器	中等
			腰轮流量计		液、气				
			刮板流量计		液		0.2	无	较小
	速度式流量计	通过测量管道截面上流体的平均流速来确定流量	涡轮流量计		液、气	4～600	0.1～0.5	高，需装过滤器	小
			涡街流量计		液、气、蒸汽和部分混相流	15～400	0.5～1.0	高	小
			电磁流量计		导电液体	2～2400	0.5～1.5	不高	无
			超声波流量计		液、气	>10	1.0	高	无
质量流量计	直接式	直接测量与质量流量成正比的物理量进而确定质量流量	热式质量流量计		气		0.2～1.0		小
			冲量式质量流量计		固体粉料		0.2～2.0		
			科里奥利质量流量计		液、气	<200	0.1～0.5		中等
	间接式	组合式	体积流量计与密度计组合		液、气	依所选用仪表而定	0.5	根据所选用仪表而定	
		补偿式	温度、压力补偿						

7.2　流　速　测　量

流量是指一定时间内通过具体截面的流体的量，是工业生产中监测的基本物理量；而在科学研究领域往往不能用平均流速代替任意位置处的流速值，尤其在关注极大或极小流速的影响及作用时，必须测定某位置处的定点瞬态流速。

目前，水力学实验中常用的流速测量仪器有：皮托管、微型旋桨流速仪、热线/热膜流速仪（HWFA）、超声波多普勒流速仪（ADV）、激光多普勒流速仪（LDV）、粒子图像测速仪（PIV）等[3]。还可以根据测量水流的测量点数分为单点测量和全场测量，根据仪器是否接触水流，又分为接触式测量和非接触式测量。表 7-3 对比了各种水力学实验流速测量技术的原理和测量方式。

表 7-3 各种流速测量技术对比

名称	原　　　理	测量方式
皮托管	将流体动能转换为势能，通过测量水头计算得到流速	单点接触式测量
微型旋桨流速仪	运动水流带动旋桨转动，水流流速与旋桨转速呈线性关系。实验时，获得旋桨转速后代入标定的线性关系即可得到旋桨处水流流速	单点接触式测量
HWFA	基于热对流原理，细而短的带电金属丝，在只有强迫对流的热交换作用下，金属丝的温度与流速相关，通过检测温度的变化可获得流速	单点接触式测量
ADV	基于超声波多普勒原理，运动水流中的示踪粒子反射的超声波与入射的超声波频率之差与示踪粒子运动速度相关，通过检测该多普勒频差可获得流速	单点非接触式测量
LDV	原理类似于 ADV，光也具有多普勒现象。多普勒频移与光的波长成反比，与光学系统的几何参数及粒子的运动速度成正比。确定波长和几何参数后，通过检测多普勒频移，即可得到对应处的水流速度	单点非接触式测量
PIV	基于流动显示，在流体中散播跟随性好的示踪粒子，通过图像记录装置获取粒子运动图像，经相关处理，得到粒子的速度信息。粒子的速度信息即反映了对应水流质点的运动信息	全点非接触式测量

7.2.1 皮托管测速

自 1732 年法国工程师皮托（Pitot）发明总压管之后，各国科学家以及工程师开始由压力测量水流总能量（总压头）。1905 年，流体力学大师普兰特（Prandtl）发明总静压管，至此利用著名的流体力学伯努利（Bernoulli）方程，即可在一定的假设下利用总压与动压和静压的关系计算获得测量点处单点流场的平均速度[2]。

从基本流体力学的能量方程，在定常态、理想的不可压缩假设下，流体力学的经典伯努利方程成立，基于流体流速分布规律，管内速度受壁面剪切力的作用处处不同，即管内静压沿半径方向变化。若利用液柱式微压差计精确测量相同管道半径位置处总压力及静压，即可根据伯努利方程计算得流体平均速度，此为皮托管的测速原理。

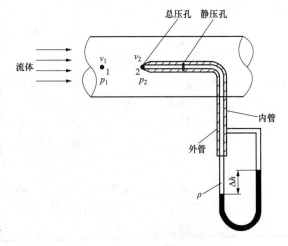

如图 7-25 所示，皮托管是包含内管、外套管，以及内外两管相通构成的 U 形管压力计组成的简单测速仪器。内管管口位于流道中心位置、迎流方向，测定流体截面中心位置处总压头 p_0，包含中心最大流速的动能以及中心位置处的静压能。外套管位于管道套管的壁面侧，距离内管口距离大于 $3D$，开口方向与流体流速垂直即沿开口方向速度为零，测定的压头为中心流线上的静压头 p_s。忽略能量损失，以及流体定常、理想、不可压缩下，即可获得两个压头差为动压头，从而获得中心点平均速度 v，公式为

图 7-25 皮托管测速系统示意图

$$v = \frac{\sqrt{2(p_0 - p_s)}}{\rho}$$

(7-31)

　　虽然对于非定常、可压缩流体的测速需求，可对皮托管测速计算公式进行修正，但由于探针本身制作困难且在特殊场合下测量的误差分析理论也说法不一，同时，皮托管属于单点、定常、接触式测量，对被测流场影响较大，因此目前皮托管一般在工业级应用中比较普遍，或者作为其他测量方法的预估测量方案或辅助结果验证，很少真正作为流体力学实验研究中最后的速度测量依据。目前从事研究型流动测量仪器的专业公司并没有专门皮托管的产品，仅部分皮托管用于室内空气监测类仪器，这也从一个侧面反映出它在流速测量研究中的局限性[7]。

7.2.2　热线/热膜风速仪测速

　　自从 1902 年英国人 Shakespear 提出热线测速初步方案并进行实际测量，结合强迫对流换热模型推导出 King 公式，继而伴随 20 世纪电子学的飞速发展，热线风速仪迅速在流体力学研究中特别是湍流的流速测量中发挥主导作用。图 7-26 所示为热线风速仪的结构及原理。由于其具有使用方便，频响高，不需要在流场中添加示踪颗粒且对流场无透光等苛刻要求等优势，在实验室及实际工业流场的测量中迅速得到广泛应用[12]。

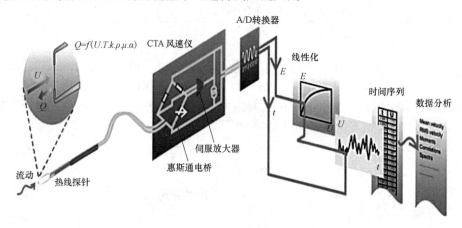

图 7-26　热线风速仪的结构及原理

　　热线/热膜风速仪是基于放置在流场中的细金属丝或金属膜电阻随冷却或加热流体流速的变化而变化的规律来测量风速的仪器。将金属丝施加电流时金属丝发热，当流体流过金属丝时带走一定的热量，热线的散热量与流体流速相关；散热量导致热线温度变化而引起电阻变化，流速信号即转变为电信号。金属丝电阻或电信号变化与风速之间具有单调关系，通过预先的校准过程可得到实际流场的速度大小。热线/热膜风速仪有两种工作模式：①恒流式。通过热线的电流保持不变，温度变化时热线电阻改变，因而两端电压变化，由此测量流速。②恒温式。热线的温度保持不变，如保持 150℃，根据所需施加的电流可度量流速。恒温式比恒流式应用更广泛。鉴于其利用电阻变化体现温度变化的原理与热电阻测温原理相同，因此其接线方式及校核也与它相同。

　　热线风速仪测速时受流体物性及环境的影响，尤其在黏性流体环境中热线或热膜表面会覆盖一薄层流体，影响其测量精度，因此使用热线风速仪时，一般需在待测环境中进行自校准。其使用前校核原理可根据下式进行

$$E^2 = A + Bu^n \qquad (7\text{-}32)$$

利用标准风洞、标准测速装置测定三种稳态流动的电势 E（E_0、E_1、E_2），然后根据式（7-33）

获得 n 以及常数 A 及 B。经过校准后的风速仪即可进行待测流场的空间流速测量

$$n = \frac{\ln \dfrac{E_1^2 - E_0^2}{E_2^2 - E_0^2}}{\ln \dfrac{u_1}{u_2}}$$ （7-33）

热线/热膜风速仪的优缺点很突出，具体有：

（1）在目前电信号采集频率的快速发展下，热线/热膜风速仪具有高频响应的优点。目前商品化产品速度响应频率可以达到 500 kHz 以上，完全可以覆盖所有的湍流脉动的频率范围。

（2）作为接触式测量的方法，热线探头不可避免地会对被测流场产生影响。若待测流场空间尺度较小，如毫米级直径，则探头的影响不可忽略，但其经常无法定量估计。

（3）由于以无限长圆柱体与周围流体的强迫对流换热为理论模型，所以热线探针中热丝的长细比一般需大于 300，这就限制了热线探针的长度和直径的变化范围。

（4）普通热线直径尺寸在毫米（mm）量级，考虑支杆结构，热线风速仪在测量流速时空间分辨力很难大幅度提高，这也限制了它在局部流场和小流场测量中的应用。

7.2.3　激光多普勒测速

激光多普勒测速仪（LDV，laser doppler velocimetry）测速的原理是利用入射光及经过流体中运动微粒散射后的散射光的相位差及多普勒频移原理来获得流体速度信息。同时，入射激光与散射光的相位差与颗粒粒径尺寸呈线性关系，通过测定相位差或频移也可得到颗粒的粒径信息。由此发展的测量工具称为相位多普勒粒径分析仪（PDPA，phase doppler particle analyzer）[13]。图 7-27 所示为激光测速实验光路及平台系统。

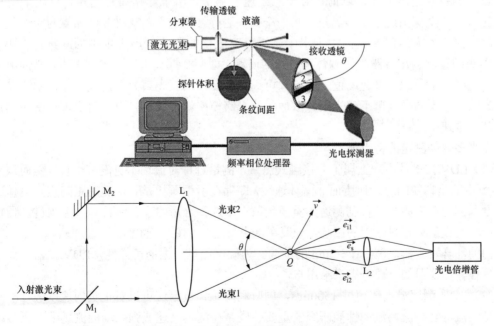

图 7-27　激光测速实验光路及平台系统

多普勒效应是指物体辐射的波长因为光源和观测者的相对运动而产生变化。在运动的波源前面，波被压缩，波长变短，频率变高；在运动的波源后面，产生相反的效应，波长变长，

频率变低。波源的速度越高，所产生的多普勒效应越大。目前的激光光源一般利用分束器将发生光源分成均匀等大的两束信号光，再经传输透镜聚焦到运动物体上，相干散射，产生多普勒频移信号。再经接收透镜接受，经透镜聚焦到探测器上，探测器将光信号转换成电信号，传输到频率与相位信号处理器进行处理并显示。测定入射光夹角及多普勒频移，即可获得流体内颗粒流速、多普勒频移 v_D 与颗粒速度 u，以及入射光夹角 θ、入射光真空波长 λ_i。它们具有以下关系

$$u = \frac{\lambda_i v_D}{2\mu\sin\frac{\theta}{2}} \tag{7-34}$$

多普勒测速仪通常由五个部分组成：激光器、入射光学单元、接收或收集光学单元，多普勒信号处理器和数据处理系统，或者简化为激光器、光学系统、信号处理系统三部分。由于多普勒频移相对光源波动频率来说变化很小，激光器必须用频带窄及能量集中的激光作光源。常用气体激光器如 He-Ne 激光器或氩离子激光器，能够提供高功率的 514.5、488、476.5nm 三种波长的激光。近年来出现的新一代固体激光器，大幅降低了对操作者使用经验的要求。

对于光学系统，光路平台入射光路和散射光路可有不同的布置，科学实验测量中一般采用双光束—双散射原理，与压力测量的压差、辐射测量的双色光原理相同。利用双光束激光测速可消除系统误差，此时测量结果只与入射光方向有关，与散射光方向无关。

目前，激光单探头即可实现双光束的发射和接收，进而测定二维流速甚至三维流速，简化了光学平台的搭建。虽然根据米式（Mie）散射原理，后向接收的光强很弱，但耦合现代光信号放大和光电倍增技术使得 LDV 后向接收的微粒散射光信号完全可以被有效地检测并准确反映出颗粒速度大小。以前，对于三维速度测量，由于光路布置困难，一般采用双探头布置，即一个探头进行二维测量，另一个探头进行一维测量。这种光学布置对于空气速度场的测量并无太大的问题，但由于水中光折射率变化的影响，用于水中的三维速度测量，随着探头的移动会出现激光探测体不一致的问题，即两个探头不能聚焦到一点，从而测量结果并不是同一个点的三维速度值。目前，可选用多光束（五光束）单探头系统，中心光束为两束光的重合，同样利用了双光束—双散射的光路模型耦合其他光束，可实现单探头测定液体内部三维速度[1][2][13]。

激光多普勒测速的特点如下：

（1）LDV 技术从原理上属于非接触式测量，测量过程对流场本身没有干扰，然而须注意 LDV 测量的是颗粒的运动速度而非流体速度，即存在所谓颗粒是否能随时跟随定点流体速度的问题。因此对于激光多普勒测速，重要环节在于选择合适的示踪颗粒。一般来讲，颗粒粒径的影响要大于其材料密度的影响。一般在水中使用 5~10μm 的空心镀银玻璃球，空气中使用专门的油雾发生器，产生 1~5μm 的油滴。为确保测量数据的可靠性，LDV 仪器厂商会将示踪颗粒作为仪器的一部分提供给用户。

（2）LDV 测速最大值超过 1500m/s，同时利用频移技术还可以对正负向速度进行准确区分，是湍流等复杂流场流动性能研究的重要手段。在测定高速或强脉动的流场中对颗粒跟随性的分析必不可少，而对于跟随粒子的定位及位移分析方法会引入无法消除的系统误差，需要进行合理估计。

（3）LDV 测量精度高，尤其在一些小尺寸流场测量需求下，由两束相干激光交汇组成的

探测体为椭球形，一般其短轴尺寸小于 $100\mu m$，甚至在 $20\mu m$ 以下，这种测量空间分辨力是热线风速仪无法企及的。

（4）从流场测量方式来说，LDV 属于点测量方法，对空间结构变化及流场的反映无能为力，如湍流中心核的旋涡结构的研究需要瞬时全场的测量，此时 LDV 不能满足要求，而多用粒子图像技术获得瞬时多点流场。

7.2.4　测速仪性能对比

皮托管原理简单、操作方便，是历史最悠久的流速测量仪器，但只能进行一维测量，测定为平均速度，且当流速小于 $0.1m/s$ 时测量误差较大。同时，皮托管测速需将皮托管的进口深入到测量点，干扰流体形态，因此，不适合紊流及边界层的测量。

热线/热膜风速仪测定流速的优点是空间、时间分辨率高，背景噪声低，可测定高速范围。但属于接触式测量，对流场存在干扰和破坏，并且调试复杂，每次实验前都需标定敏感元件的传热系数，仪器运行一段时间后，传热系数还会发生变化，需多次标定。此外，热线和热膜对水质要求较高，水体中的泥沙等杂质会破坏敏感原件，因此多应用于测定无腐蚀气体。

多普勒测速的时间、空间分辨率高，测量时无须提前标定，直接获得流速数据。多普勒测速时除可利用激光外，常用的还有声波。由于声波在空气和水流中传播速度不相同，实验测定流体内部的流速时，需将发射和接收探头置于水流下 5cm 或 10cm 处。虽然探头部分对水流流态存在干扰，但对测量点的干扰较小，因此声波多普勒测速属于相对的非接触式测量。激光多普勒测速发射接收探头都不接触研究对象，属于完全的非接触测量，不会干扰和破坏流场，测量精度高，测量范围大，但价格昂贵。

目前皮托管和热线热膜测速仪在水力学实验中应用较少，多普勒声波、激光等测速手段多用于水槽实验。同时需注意，上述流速仪都属于单点测量仪器，在研究全流场特性时存在弊端；需测定流场分布规律时则多采用粒子图像测速技术（PIV）同时捕捉多点粒子的运动获得全场瞬时状态。

任何一种流速仪都不能满足所有水力学实验要求，常常是充分利用各自优点，根据现场实验条件选择恰当的或耦合多种实验仪器，获得可靠的实验结果。

7.3　流　场　测　量

在流速测量的基础上，当科学研究涉及快速、瞬态流动或待测流道截面尺寸较小时，往往利用多点速度测量很难获得整个流场的分布规律；伴随光学及电子控制技术的快速发展，一次性测定全场多点速度规律，即速度场的测量成为可能。现今，常用速度场测量技术为粒子图像测速技术。

粒子图像测速技术（PIV）是基于最直接的流体速度测量[14]；其利用在流体散播跟随性好的示踪粒子，在强光的照射下通过图像记录装置获得极短时间内示踪粒子在二维平面上所有运动图片，并经过图像处理得到粒子的速度信息，即可体现流体截面上所有质点的运动信息。其综合了单点测量技术和显示测量技术的优点，克服了两种测量技术的弱点，既具备了单点测量技术的精度和分辨率，又能获得平面流场显示的整体结构和瞬态图像。

粒子图像测速一般包含四部分：示踪粒子、光源及片光产生系统、图像记录系统、图像后处理系统[15]，如图 7-28 所示。利用一个激光器形成片状光源，沿流体流动或待测截面方向照射，形成观测的光场，其厚度一般在几百微米（μm）级别。激光光源间歇发射双脉冲光束，即 t_1 时刻发射一脉冲光束，t_2 时刻发生第二个脉冲光束，两个脉冲光束分别经过流场中运动粒子散射并经图像系统捕捉后呈现不同的位移；进行图像处理的相互关算法及电信号分析获得待测截面中所有粒子的运动速度矢量，即可获得全程流速分布。

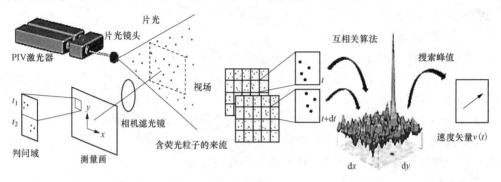

图 7-28　PIV 技术测速原理

　　示踪粒子是图像测速技术的基础，流体的速度正是通过测量示踪粒子的速度来获得的。示踪粒子的跟随性直接影响到测量精度，对高质量的示踪粒子有下面几个要求：比重尽可能与实验流体一致，足够小的尺度，形状尽可能的圆，大小分布均匀，有足够高的光散射效率，粒子的存在不干扰原来流体的运动，粒子不易沉淀和污染流场。常见的示踪粒子有：花粉、聚苯乙烯、镀银空心玻璃球、荧光粒子、尼龙粒子、三氧化二铝、乳化空气泡[16]。在实验研究中，还必须考虑粒子浓度问题。当浓度过大，粒子会重叠，在激光干涉底片上形成激光散斑；当粒子浓度太低时，粒子数目过少使得结果图没有足够多点的流速，降低流速的准确度。

　　光源的用途是照亮流体中的示踪粒子，以便获得比较清晰的粒子图像。目前常用的光源有白炽灯、闪光灯和激光器等。在流动可视化领域内由于激光器的单色性能好，为多数研究者首选光源。且多选择双脉冲激光光源，脉冲激光光源的曝光脉冲尽可能短，曝光间隔在微秒（μs）及毫秒（ms）间可调，曝光时间和曝光能量是一对矛盾，为尽量满足要求，常选用双脉冲激光器作为光源。一般水中曝光脉冲能量在几十毫焦耳（mJ）即可，空气中则略高。

　　图像记录系统由 CCD 相机、图像采集卡和计算机构成。虽然目前已有将 CCD 相机和图像采集卡集成在一起，但是由于其价格比较昂贵，一般还是采用 CCD 相机和图像采集卡相结合的方式。常规摄像机只能获得 $40\mu s$ 或 $33\mu s$ 内的速度信息，若想得到更短时间内的流体瞬时速度，就必须采用高速摄像机（高速 CCD）或跨帧技术。

　　图像相关处理包括自相关和互相关。自相关法是将两次曝光的粒子图像放在一帧上，速度方向不能判别，存在速度方向二义性。互相关技术是将相应两帧流场图像分成多个网格及理论中固定查问区；计算两帧图像上对应网格或查问区内粒子位移的相关函数，得到相关函数的峰值（粒子可能移动的最大概率路线），即可求得粒子的速度矢量。互相关技术很好地解决了方向二义性。每个网格或查问区内一般不少于 10 个粒子，同时要求在图像采集间隔（通常小于 $100\mu s$）内每个粒子的位移小于网格的 1/4 大小。图 7-29 以三个粒子的运动被 PIV 系统捕捉为例，介绍互相关性的峰值函数。PIV 软件将双脉冲激光下拍摄的两个图像相互比较，可知粒子 A 有三个可能的移动方向，粒子 B 和 C 也分别有三种可能的移动方向，将所有可能的结果相加可得到幅值大小不同的函数峰。峰值最高的地方对应整个查问区的主导位移，即最有可能的移动位置。由于流量的像素位移大小 Δx 和两个图像间的时间间隔 Δt 已知，可计算获得每个查问区速度，进而获得整场速度场。目前 PIV 系统软件中已自动集成峰值筛选、速度计算及显示功能。

$$v = \frac{\Delta x}{\Delta t} \qquad (7\text{-}35)$$

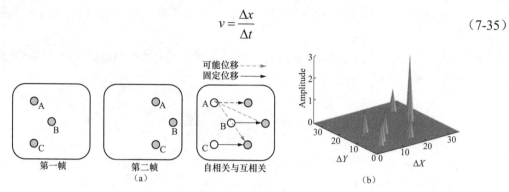

图 7-29　PIV 技术互相关的峰值函数处理

PIV 测速的特点：

（1）PIV 测速突破了空间单点测量的局限性，实现了全流场瞬态测量。

（2）实现无扰动测量，而皮托管、热线测速仪等仪器测量对流场都具有一定程度的干扰。

（3）PIV 多利用片光源进行二维流速测量，由于片光具有一定厚度，测量结果实际为示踪粒子的三维运动在片光平面上的投影，存在一定误差，一般在 1%以下；三维流速测量时，操作复杂，数据可靠性有待提高。

（4）PIV 测量需提高时间和位移数据的精准度，一般采用激光机和高速相机的同步器以确保拍照间隔与激光脉冲频率同步；目前先进的 PIV 系统具有根据流速自动调节激光脉冲及相机拍摄频率等功能，同时示踪颗粒的位移数据处理计算多集成于平台软件中，其操作方法可参照操作手册。

（5）PIV 测速的同时容易获得其他的物理量，由于得到的是全场的速度信息，可运用流体运动方程求得其他如压力场、涡量场等物理信息；因此在目前流体科学研究中应用广泛。

通过本章流量、流速、流场测量基本技术的介绍可知，流量多应用于工业应用中物质的量的控制及测定，流速和流场则多为科学研究中需准确测定以计算或解释深层物理现象及机理的物理量。但需注意，即使在科学研究中研究流速及流场，其构成流动平台系统的组件中也离不开流量的控制仪表；因此，流量的测量技术虽然机理简单但不落伍，虽然不足够先进但同样至关重要。

本章重点及思考题

1. 思考流速测量和流量测量方法的区别，以及相关仪器的区别，请用自己理解的几句话说明。

*2. 在实际科学实验中，经常需要设计孔板流量计测定流量。请画出孔板流量计安装连接图，并写出其设计计算公式和过程。

---

* 为选做题。

3. 流量计的种类有差压流量计、容积流量计、速度流量计、质量流量计等，请分别说明其测定流量的原理，并各举一具体形式的流量计。另外请说明其安装或测量时的注意事项。

4. 典型质量流量计为科氏质量流量计，说明其应用场合以及测量流量的原理。

*5. 常用的速度式流量计是涡街流量计，其优点和缺点分别是什么，并指出安装和使用时的注意事项。

6. 目前科学实验中对于流场的测定多用 PIV，请阐述 PIV 系统的组成及测定流场的原理。

*7. 流量计的选择原则是什么？

参 考 文 献

[1] 潘汪杰，文群英. 热工测量及仪表 [M]. 北京：中国电力出版社，2010.

[2] 张华，赵文柱. 热工测量仪表 [M]. 北京：冶金工业出版社，2013.

[3] 梁国伟，蔡武昌. 流量测量技术及仪表 [M]. 北京：机械工业出版社，2002.

[4] 宋祖涛. 热工测量和仪表 [M]. 北京：水利电力出版社，1991.

[5] 张子慧. 热工测量与自动控制 [M]. 北京：中国建筑工业出版社，1996.

[6] 朱用湖. 热工测量及自动装置 [M]. 北京：中国电力出版社，2000.

[7] 徐英华，杨有涛. 流量及分析仪表 [M]. 北京：中国计量出版社，2008.

[8] 杨根生，森辉渝. 流量测量仪表 [M]. 北京：机械工业出版社，1986.

[9] 张宝芬. 自动检测技术及仪表控制系统 [M]. 北京：化学工业出版社，2000.

[10] 苏彦勋，梁国伟，盛健. 流量计计量与测试 [M]. 2版. 北京：中国计量出版社，2007.

[11] 叶江琪. 热工测量和控制仪表的安装 [M]. 2版. 北京：中国电力出版社，1998.

[12] 巫荣闻. 热膜式风速变送器系统设计 [D]. 合肥工业大学，2010.

[13] 刘同波. 激光多普勒测速仪的设计及实现 [D]. 大连理工大学，2006.

[14] 万立国，任庆凯，田曦，等. PIV 技术及其在两相流测量中的应用 [J]. 环境科学与技术，2010，33（S2）：463-467.

[15] 柯森繁，石小涛，王恩慧，等. 简易粒子图像测速（PIV）技术开发与优化技巧 [J]. 长江科学院院报，2016，33（08）：144-150.

[16] 申峰，刘赵淼. 显微粒子图像测速技术——微流场可视化测速技术及应用综述 [J]. 机械工程学报，2012，48（04）：155-168.

---

* 为选做题。

第8章 数据表达及误差分析

8.1 数据的基本特征

科学研究中需全面表达测量数据的基本特征，并对数据进行合理地评估误差，方可准确地表述获得的科学结论及规律。数据基本特征的掌握是数据分析的基础，主要包含数据的测量背景、数据表达规范及数据所含误差三个方面。

8.1.1 测量背景

测量是人类获得基础数据的方法，是揭示自然界规律、描述物质世界的重要手段。科学研究的测量比日常测量要求更加严格，要求测量数据结果表述完整且数值在一定精确度内具有重现性。完整的科学测量背景描述应包含被测物理量、测量单位、测量方法（含测量器具）和测量精度四个要素[1]。

1. 被测物理量

热工测量中的物理量主要包括，对应于热量的温度、对应于流量的速度、对应于压力的压强，以及长度、浓度、电流/电压等；各变量均对应不同的国际变量符号。科学测量及撰写数据前需认真分析被测对象的特性，研究被测物理量的含义及需求，撰写正确变量符号并为制定初步测量方法提供依据。如下述几类测量情况，可根据不同对象及测量物理量采用不同的数据测量方法。

（1）按所测物理量是否为目标参数，可采用直接测量或间接测量。直接测量即从测量器具的读数装置上得到欲测量的数值或相对标准值的偏差。例如，用游标卡尺测量外围直径等。间接测量即先测出与欲测量有一定函数关系的相关量，然后按相应的函数关系式求得欲测量的测量结果。

（2）按测量物理量要求的读数值不同，可采用绝对测量及相对测量。从测量器具上直接得到被测参数在整个量程范围内的测量值，称为绝对测量。例如，用游标卡尺测量零件轴的直径值，即为直读式绝对测量。相对测量一般指获得被测量与已知量的相对偏差。例如将比较仪用量块调零后测量轴的直径，比较仪的示值就是轴径与量块的量值之差。

（3）按被测件表面与测量器具测头是否有机械接触分类，可采用接触测量及非接触测量。接触测量即测量器具的测头与零件被测表面接触后有机械作用力的测量。如用外径千分尺及游标卡尺等测量零件。为了保证接触的可靠性，测量力是必要的，但它可能使测量器具及被测件发生变形而产生测量误差，还可能造成对零件被测表面质量的损坏。非接触测量方法中测量器具感应元件与被测零件表面不直接接触，因而不存在测量力。非接触测量的仪器主要是利用光、气、电和磁等作为感应元件与被测件表面联系。如干涉显微镜等。

（4）按同时需要测量物理量的多少，可分为单项测量及综合测量。单独且彼此没有联系地测量零件的单项参数，即称为单项测量。如分别测量齿轮的齿厚、齿形和齿距等。当需要检测零件几个相关参数的综合效应或综合参数，从而综合判断零件的合格性，此时为综合测量。例如齿轮运动误差的综合测量，用螺纹量规检验螺纹的作用中径等。综合检验广泛应用于大批量生产的产品检验。

（5）按被测工件在测量时所处状态，可分为静态测量和动态测量。静态测量：测量时被测件表面与测量器具测头处于相对静止状态。例如用外径千分尺测量轴径，用齿距仪测量齿轮齿距等。动态测量时被测零件表面与测量器具测头处于相对运动状态，或测量过程是模拟零件在工作或加工时的运动状态。动态测量能反映生产过程中被测参数的变化过程。例如用激光比长仪测量精密线纹尺，用电动轮廓仪测量表面粗糙度等。

2. 测量单位

测量单位，是以定量表示物理量的量值为目的而约定采用的特定量，其主要包括名称和符号两部分；如长度的单位名称为米，单位符号为 m。某些物理变量，虽然为不同物理量但具有相同量纲，其测量单位即可使用相同的名称和符号；如功、热、能量，单位都可写成焦耳（J）。测量单位在我国又称计量单位，并采用以国际单位制（SI）为基础的"法定计量单位制"。此部分在 8.1.2 数据的表达中具体展开。

3. 测量方法

测量方法，是指在实施测量过程中对测量原理及实际操作仪器和环境的集合。对应于基于测量物理量初步选定的测量方法，科学数据结果表达中的测量方法其意义更为广泛。科学测量方法包含测量原理、测量器具（计量器具）和测量条件（环境和操作者）三部分因素的具体信息；尤其在撰写学术论文中，三部分信息的介绍需准确、完整。

4. 测量精度

测量精度，是指测量结果与真实值或理论值的一致程度，不考虑测量精度而得到的测量结果是没有任何意义的。在某个量能被正确地确定，并能排除所有测量上的缺陷时，通过测量所获得的量值被认为是真实值；但由于测量受到许多因素的影响，其过程总是不完善的，即任何测量都不可能回避误差。对于每一个测量值都应给出相应的测量误差范围以展示其可信度。

8.1.2 数据的表达

一个完整科学数据的表达包含两部分：一部分为数值，另一部分为单位。数值是与一个作为测量单位的标准量进行比较获得的量；如被测量为 L，单位标量为 u，确定的比值为 q，则测量可表示为 q 倍的 u，即 $L=q×u$ [1]。在测量的数值后添加其度量物理量单位，即可完整地表述测量物理量的大小。在严谨的科学研究中，测量数据在完整表达后往往需注明其测量的误差或准确度，以表达测量数据的可信度。

8.1.2.1 测量数值的基准

基准即计量基准，是为复现和保存计量单位量值，经国家技术监督局批准的作为统一全国量值最高依据的计量器具；即基准是一种器具。计量基准分为国家计量基准、国家副计量基准和工作计量基准三类。国家计量基准是一个国家内量值溯源的终点，也是量值传递的起点，具有最高的计量学特性。国家副计量基准是用以代替国家计量基准的日常使用和验证国家计量基准变化的计量基准；一旦国家计量基准损坏，国家副计量基准可用来代替国家计量基准。工作计量基准主要是用以代替国家副计量基准的日常使用的计量基准。国家以法律形式予以确定各种计量基准器具的地位，并规定特定的计量检定机构，如国家计量部门等；某些属于专业性强或工作条件特殊的计量基准器具可授权其他部门建立有关技术机构。

8.1.2.2　测量物理量单位

单位制是对应定量制而建立的一组单位，其包括一组选定的基本单位和由当量关系确定的导出单位。单位制随基本单位的不同选择而不同，选定基本单位后，可按一定关系由它们构成一系列导出单位。这样，基本单位和导出单位就成为一个完整的单位体系，该体系为单位制[2][3]。我国的法定计量单位包括以下三部分内容：

1. 国际单位制单位

在国际单位制中，选择了彼此独立的长度、质量、时间、电流、热力学温度、物质的量和发光强度等 7 个量值作为基本量，对每个量分别定义了一个单位，这些基本量的单位称为 SI 基本单位。SI 基本单位见表 8-1。

表 8-1　　　　　　　　　　　　　　　　SI 基 本 单 位

量的名称	单位	单位符号	备注
长度	米	m	小写
质量	千克（公斤）	kg	均小写
时间	秒	s	小写
电流	安培	A	大写
热力学温度	开尔文	K	大写
物质的量	摩尔	mol	均小写
发光强度	坎德拉	cd	均小写

除 7 个基本单位外，国际单位制还包括 2 个辅助单位和 19 个导出单位。辅助单位包括弧度和球面度，而导出单位则具有专门名称和符号，如频率的单位名称是赫兹，符号为 Hz。

国际单位制中的 28 个 SI 单位，在实际使用时，由于会出现各种情况，它们的大小往往未必合适。如，长度单位是米，但在机械制造中一般用毫米，而在路程中一般用千米作为单位。因此，除米之外，还需要有米的倍数单位和分数单位。SI 词头就是用来加在 SI 单位之前构成 SI 单位的十进倍数和分数单位，从而大大简化单位的名称。

2. 非国际单位制单位

在我国的计量单位体系中，还有 16 个非国际单位制单位被选为法定计量单位。这 16 个单位也是国际计量大会同意与国际单位制共用的单位，见表 8-2。大多数国家也将其列入各国的法定单位体系中。

表 8-2　　　　　　　　　　　　国家选定的非国际单位制单位

量名称	单位名称	符号	换 算 关 系
时间	分	min	1min=60s
	小时	h	1h=3600s
	天	d	1d=86400s

量名称	单位名称	符号	换算关系
平面角	度	°	$1° = \pi/180 \text{rad}$
	分	′	$1' = \pi/10800 \text{rad}$
	秒	″	$1'' = \pi/648000 \text{rad}$
旋转速度	转每分	r/min	$1 \text{r/min} = (1/60) \text{s}^{-1}$
长度	海里	n mile	$1 \text{n mile} = 1852 \text{m}$
速度	节	kn	$1 \text{kn} = 1852/3600 \text{m/s}$
质量	吨 原子质量单位	t u	$1 \text{t} = 1000 \text{kg}$ $1 \text{u} = 1.660540 \times 10^{-27} \text{kg}$
体积	升	L	$1 \text{L} = 10^{-3} \text{m}^3$
能	电子伏	eV	$1 \text{eV} = 1.602177 \times 10^{-19} \text{J}$
级差	分贝	dB	
线密度	特克斯	tex	$1 \text{tex} = 10^{-6} \text{kg/m}$
面积	公顷	hm²	$1 \text{hm}^2 = 10^4 \text{m}^2$

3. 组合形式的单位

组合单位指两个或两个以上的单位用乘、除的形式组合而成的新单位，包括以下几种形式。

（1）由基本单位构成，如加速度单位米每二次方秒（m/s^2）。

（2）由辅助单位和基本单位构成，如角速度单位弧度每秒（rad/s）。

（3）由专门名称的导出单位和基本单位构成，如压力单位牛顿每平方米（N/m^2）；压力的单位为帕（Pa、kPa、MPa）书写注意大小写，其实际为 $1\text{Pa} = 1\text{N/m}^2 = 1\text{kgf/m}^2$。

（4）由一个单位作分母，而分子为 1 构成，如线膨胀系数单位每摄氏度（1/℃）。

（5）由国际单位制单位和国家选定的非国际单位制单位构成，如电能单位千瓦时（kW·h）。

8.1.2.3　数值的有效计数

实际测量的数据以及数学模型中的常数常常需要用含有误差的近似值表示，如测量读数的温度、压力、流量数据，省略尾数的常用的物性常数如传热系数、汽化潜热、空气密度以及模型中的数学常量等。一般情况下，计数的近似值与准确值之差总小于近似值最末一位数的一半，这与四舍五入计数法相呼应，因此最末一位的一半是近似值的误差限。由此，可以定义若误差限 Δ_n 不超过数值 L 中某一位的半个单位时，则从该位起算，到数值 L 的第一位非零数字为止，共有 n 位，则称 L 为具有 n 位有效数字的有效数，n 称为有效位数[4]。如下有效位数及对应误差限：

3.1416　　　　　　五位有效数字　　误差限 0.00005；

0.09160　　　　　　四位有效数字　　误差限 0.000005；

6.150×10^{10}　　　　四位有效数字　　误差限 5×10^6。

数字进位表达，除常知道的"四舍五入"外，还需遵守"五团双"原则；数字大于 0.5 进 1，小于 0.5 则舍去；等于 0.5 时则使末位凑成偶数为准，即当末位为奇数时进 1，为偶数时舍去，这也称为"五团双"。如 4.435 保留小数点两位为 4.44，6.125 保留小数点两位应为

6.12。这种以规定位数的奇偶性作为舍入判据的方法可使舍入的概率相等，舍入误差的影响达到最小。

有效位数的确定应依据相应的误差值，通常将测量结果最末位的数值认为是含有误差的欠准数值。若已知测量误差为 0.001mL，而测量结果为三位有效数字 0.796mL，这时取位适宜。为减小舍入误差的影响，在运算过程中可多保留一位有效数字；同时计算和、差、积、商时在小数点后的取位，应将运算最终值保留和小数点后位数最少的计算数据相同。如 1.367+3.79531+6.8527=12.015，1.457×0.0974×85.319 =12.108。

一个实验数据或数据规律的科学严谨表达应包括考虑有效数字位数的最佳数值、误差区间，以及该误差区间的置信概率或不确定度[5]，如 $Y=7.42\pm0.02$（P=98%）。

8.1.3 数据的误差

8.1.3.1 误差的形式

获得物理量数据过程中无论是测量、记录，或处理及表达过程都会引入误差。需选择适当的表达方式，使所引入误差具有直观性及可比性。科学研究中常用的三种基本表示形式：绝对误差、相对误差和引用误差[8]。

1. 绝对误差

测量值与理论真值之差，称为测量值的绝对误差。

$$绝对误差 = 真值 - 测得值 \tag{8-1}$$

在实际科研数据处理中为消除系统误差，用代数法加到测量结果中的值称为修正值，并认为将测得值加上修正值之后可以得到近似的真值，即绝对误差可近似用测量后所需的修正值表示。

$$修正值 \approx 真值 - 测得值 \tag{8-2}$$

测得值加修正值后可在一定程度上消除绝对误差的影响，即所谓误差修正。但值得注意的是，由于在大多数情况下难以得到真值，修正值本身也存在着误差；因此对测定值修正后只能得到较测得值更为准确的结果作为科学数据结论出现，因此绝对误差和纯修正值均很少出现。

2. 相对误差

相对误差定义为绝对误差与被测量的真值之比，即

$$相对误差 = \frac{绝对误差}{真值} \tag{8-3}$$

相对误差是同量纲物理量的比值，因此量纲为 1，大小常用百分数来表示。相对误差常用来衡量计算数据的相对准确程度，反应测量的可信度；相对误差越小，测量精确度越高。在科学研究的数据报告或发表文中，一般都需指出数据的相对误差；此时多采用数据平均值作为参考真值，计算相对误差以表达数据结论的准确性。

3. 引用误差

对于具有一定测量范围的测量仪器或仪表，绝对误差和相对误差都会随测量点状态的改变而改变，因此往往还采用其测量范围内的最大误差来表示该仪器误差，即引用误差。引用误差定义为在一个量程内的最大绝对误差与测量范围上限或满量程之比，即

$$引用误差 = \frac{最大绝对误差}{测量范围上限} \tag{8-4}$$

我国电工仪表的测量精确度等级就是按照引用误差进行分级的。一般分为 0.1，0.2，0.5，1.0，1.5，2.5，5.0 七级，分别表示它们的引用误差不超过的百分数。因此，在设计实验台、购置仪表时离不开引用误差；0.1 级仪表指在测量范围内具有 0.1% 的测量误差，而 5.0 级仪表具有测量范围的 5% 误差量，因此级数越小，仪表越准确。

8.1.3.2 数据评价

由于误差的存在，使得测量数据不尽相同；为了展示测量数据的准确程度与有效性，根据具体误差的大小及测量数据的分布性，定义了数据的精密度、准确度和精确度，如图 8-1 所示。

1. 精密度

测量的精密度指在相同条件下进行多次、反复测量，测得数据的一致程度。从测量误差的角度来说，精密度所反映的是测得值的重复性或测量值的随机误差，即 $x - \bar{x}$。精密度高说明测量值之间误差小，但精密度高不一定准确度高，如图 8-1 所示；也就是说，测量值均偏离真实值，此时一般认为测量随机误差小，系统误差较大。

精密度高　　　　准确度高　　　　精确度高

图 8-1　数据评价三概念比较

2. 准确度

测量的准确度指测量值与其"真值"的接近程度，即观察 $x - \mu$ 的数值。从测量误差的角度来说，准确度所反映的是测得值系统误差的影响程度。测量平均值与真值接近使得准确度高，但不一定精密度高；也就是说，测得值的系统误差小，不一定其随机误差也小。

3. 精确度

测量的精确度是指测得值之间的一致程度及其与"真值"的接近程度，即精密度和准确度的综合概念。从测量误差的角度来说，精确度是测得值的随机误差和系统误差的综合体现。通常所说的测量精度或计量器具的精度，即指精确度，而非精密度。

数据评价的各个指标定性地体现了误差的不同来源和数据分布特点；但定量的描述必须对数据及其误差进行统计分析及数学描述。

8.2　误 差 的 统 计 学

8.2.1　统计学描述

欲分析测定数据的分布特征，进而更好地表达某一物理规律，需对数据进行统计学描述；首先需对数据基于统计学知识进行样本定义及认知。

1. 样本及偏差

总体：考察对象的理论全体，即测量次数为无限次所获得的全部测量值 X。

样本：从总体中随机抽取的一组测量值，实际科学实验中测量的有限次数均为抽样样本，x。

样本容量：数据组所含测量值的数目或测量的次数为样本容量，用 n 表示；样本容量为确定的值，总体容量为无限大。

　　自由度：计算数据总和时独立项的个数，即总和的项数减去其中受约束数的项数，自由度用符号 f 表示。自由度是用于修正实际测量次数与无限测量总体的区别误差而定义的统计参量，因此实际样本中 $f=n-1$；而在总体样本中由于 n 为无穷大，$f=n$。

　　偏差或误差：偏差为测量值与真值的差别，在统计学中对于真值的定义为测定无限次总体样本的平均值记为 μ，其表达式为

$$\mu = \lim_{n \to \infty} \frac{1}{n} \sum X \tag{8-5}$$

　　则某次测量数据的偏差、误差或残差的统计学表述为

$$\delta_i = x_i - \mu \tag{8-6}$$

　　上式还可以写成测量值和测量结果的数学期望 $E(X)$ 的关系表达式

$$\delta_i = x_i - \mu = [x_i - E(X)] + [E(X) - \mu] \tag{8-7}$$

　　此式即从数学表达上将偏差分成两个分量：$[x_i - E(X)]$ 为测量数值与测量期望的偏差，代表随机误差；其特点是当测量次数趋于无限大时，随机误差被消除 $E(X)$ 等于真值。第二部分，$[E(X) - \mu]$ 为多次测量期望值与真值的偏差，代表系统误差；显然测量的目标是使期望值等于真值，因此系统误差需测量前尽量去除。实际测定中测量次数均为有限次数，此时实际测量值均为总体中的抽样样本；无法获得无限次的真值，即利用样本平均值 $\bar{x} = \frac{1}{n} \sum x$ 来代替总体平均值 μ 计算数据偏差，$\delta_i = x_i - \bar{x}$。

　　方差及标准差：测量数据偏差平方和与自由度的商在统计学中称为方差；对方差进行开方运算获得测量单数据的标准偏差。对于总体集合的每个数据，其标准偏差记为 σ，其定义式为 $\sigma = \sqrt{\dfrac{\sum (X - \mu)^2}{n}}$；由于总体的平均偏差为 $\delta = (\sum |X - \mu|)/n$，$\delta$ 和 σ 具有近似数量关系为 $\delta = 0.7979\sigma = 0.8\sigma$。对于实际测量样本中自由度 $f = n-1$，每个数据的标准偏差记为 S，其定义式为 $S = \sqrt{\dfrac{\sum (x - \bar{x})^2}{f}} = \sqrt{\dfrac{\sum (x - \bar{x})^2}{n-1}}$。可知，当 $n \to \infty$ 时，实际样本转变为总体样本，此时 $f \approx n$、$\bar{x} \approx \mu$、$S \approx \sigma$。

　　无论对于总体还是实际测定的抽样样本来讲，样本的平均值 $\bar{x}$ 都是非常重要的统计量，通常用来估计总体的平均值 μ。但即使在相同条件下对同一量值进行多组重复的系列测量，由于误差的存在，系列测量的多个算术平均值也不相同，它们围绕着被测量的真值有一定的分散。此分散说明了算术平均值的不可靠性，而算术平均值的标准差则是表征同一被测量的各个独立测量列算术平均值分散性的参数，可作为算术平均值不可靠性时评定标准。其值按下式计算

$$\sigma_{\bar{x}} = \sigma / \sqrt{n} \tag{8-8}$$

　　由上式可知，算术平均值的标准偏差为整体测量的标准偏差的 $1/\sqrt{n}$ 倍，当测量次数 n 增加时，算术平均值将更加接近真值。同时，平均值的标准偏差 $\sigma(\bar{x})$ 与测定次数 n 的平方根成反比；增加测定的次数，可使平均值的标准偏差减小即数据离散性减小，准确度提高。统计结果表明，当 $n > 10$ 后，精度的提高已非常缓慢，且次数的增加也难以保证测量条件的恒定，从而带来新的误差，因此通常情况下取 $n \leqslant 10$ 较为适宜，通常科学实验中测量次数取 4～

6 次。

2. 频率和概率

如果 n 次测量中随机事件 A 出现 n_A 次，则此随机事件的出现频率为 $F(A) = \dfrac{n_A}{n}$。而随机事件 A 发生的可能性为随机事件 A 的概率 $P(A)$。当总体测量次数 n 无限大时，频率约为概率；即 $\lim F(A) = P(A)$（$0 < P(A) < 1$）。概率 P 具有可加性，因此所有事件概率的总和必定为 1，即 $P(A_1 + A_2 + A_3 + A_4 + \cdots + A_n) = 1$。

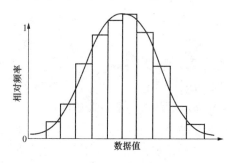

图 8-2　有限测量次数统计频率
与分布图直方图

将有限次测定某一变量的数值从小到大依次排列，确定其测量数值的范围并对数据进行分组。在数值最大、最小值范围内均匀分为 m 组，则每组组距 $d = (x_{\max} - x_{\min})/m$；记录每组内出现数据的个数或频率，并计算数据总个数或总频率，获得每组数据的相对频率，见表 8-3；最后绘制频率与测量数据分组范围值关系的直方图（见图 8-2）。频率分布图一般呈现中间数据频率高、两侧频率低的分布规律；且由于有限次测量、数据频率为离散点，因此每组距中数据均为直方图。

表 8-3　　　　　　　　　　　　　有限测量次数的分组频率表

分组/%	频率	相对频率	
1.265～1.295	1	0.01	分散性
1.295～1.325	4	0.04	
1.325～1.355	7	0.07	
1.355～1.385	17	0.17	集中趋势
1.385～1.415	24	0.24	
1.415～1.445	24	0.24	
1.445～1.475	15	0.15	
1.475～1.505	6	0.06	分散性
1.505～1.535	1	0.01	
1.535～1.565	1	0.01	
Σ	100	1	

当 $n \to \infty$，纵坐标由频率变为概率密度，数据个数多使得折线变为平滑曲线，则微小 x 变化范围内频率的变化约等于此范围内数据出现的概率密度为

$$f(x) = \lim \frac{\Delta F}{\Delta x} = \frac{\mathrm{d}F}{\mathrm{d}x} \tag{8-9}$$

由概率密度定义式可知，某一点的概率为零；某区间的概率密度大，说明测量值出现在此区间附近的概率大；区间 $[a, b]$ 上的概率为 $P[a,b] = \displaystyle\int_a^b f(x)\mathrm{d}x$。为求数据落在某个范围或置信区间内的概率，必先获得测量数据统计分布函数即概率密度函数。

8.2.2　统一化处理

8.2.2.1　等精度测量结果处理

实际多次测量中测量仪器、测量环境、测量方法和测量人员保持一致或不变，并且每次测量的准确度都是相同的，即测量值具有相同的概率分布和标准差，此时测量称为等精度测量。在等精度测量中，所测得的每个数据的可信赖程度是相同的，具有同等的重要性。因此，利用多次测量算术平均值作为测量结果真值的最佳估计，利用单次测量标准差或算数平均值的标准差来表述测量值的分散性。

计算标准差的方法除上述中最常用的贝塞尔公式外，还有最大残差法、彼得斯法、极差法和最大误差法等来进行计算。但需指出的是，上述计算方法均只提供了正态分布下的标准差的系数因子，因此只适用于正态分布的数据处理。

8.2.2.2　不等精确度测量结果的处理

1. 权的定义

不等精度测量是相对于等精度测量而言的，指测量列中数据的标准差不相同。在测量与计量实践中，若每次测量的条件不完全相同，如测量仪器、测量方法、测量环境以及测量人员中任何一项发生变化，都有可能导致测量过程变为不等精度测量[11]。如：

（1）测量次数不同：在相同测量条件下分别进行 n_1 次和 n_2 次测量（$n_1 \neq n_2$）求得的算术平均值分别为 $\overline{x_1}$ 和 $\overline{x_2}$，由于测量次数不相等，显然 $\overline{x_1}$ 和 $\overline{x_2}$ 的精度不同。

（2）测量方法及人员不同：对于某些高精度的或重要的测量任务，需要使用不同的仪器或方法，由不同的人员来进行对比测量。

（3）测量环境不同：对于某一物理量，有时需要将各个实验室在不同时期测得的数据加以综合，给出最可信赖的测量结果。

不等精度测量使得各个测量值的可靠程度不同，所赋予的信赖程度也不同；因此在计算最后测量结果及其标准差时，不能使用等精度测量的计算公式，需引入"权"的概念对数据进行加权计算。权的数值表达各测量值的可靠程度或对该测量值所赋予的信赖程度，记为 p。实际过程中，可按测量条件的优劣、测量仪器的精度高低、测量者水平高低以及重复测量次数的多少来确定权的大小[12]。在相同测量条件下，测量方法愈完善，测量精度愈高，所得到测量结果的权愈大。当测量条件和测量者水平相同时，重复测量次数愈多，数据可靠程度愈大。因此，可通过测量的次数来确定权的大小，简而言之，可以令 $p_i = n_i$。

2. 权的计算

假设对同一物理量进行 m 组不等精度测量，得到 m 个算术平均值，其结果分别为 $\overline{x_1}$, $\overline{x_2}$, $\cdots$, $\overline{x_m}$，每组测量数据个数分别为 $n_1, n_2, \cdots, n_m$；假定 m 组测量结果的测量精度相同且标准差为 σ，则各组算术平均值的标准差分别为

$$\sigma_{x_i} = \frac{\sigma}{\sqrt{n_i}} \quad (i = 1, 2, \cdots, m) \tag{8-10}$$

变形为

$$n_1 \sigma_{x_1}^2 = n_2 \sigma_{x_2}^2 = \cdots = n_m \sigma_{x_m}^2 = \sigma^2 \tag{8-11}$$

由于 $p_i = n_i$，故式（8-11）可写成

$$p_1 \sigma_{x_1}^2 = p_2 \sigma_{x_2}^2 = \cdots = p_m \sigma_{x_m}^2 = \sigma^2 \tag{8-12}$$

$$p_1 : p_2 : \cdots : p_m = \frac{k}{\sigma_{\bar{x}_1}^2} : \frac{k}{\sigma_{\bar{x}2}^2} : \cdots : \frac{k}{\sigma_{\bar{x}m}^2} \tag{8-13}$$

$$p_i = \frac{k}{\sigma_{\bar{x}_i}^2} \tag{8-14}$$

式中：k 为任意常数。一般情况下，可以取 "1" 或使计算简便的某一数值。可知，每组测量结果的权与其相应的标准差的平方成反比。如果已知某组算术平均值的标准差，即可按照式（8-13）或式（8-14）来确定相应权的大小。

3. 加权算数平均值的计算

对上述所得的 m 组不等精度测量，全部测量值的加权算术平均值 $\bar{x}$ 应为

$$\bar{x} = \frac{n_1 \bar{x}_1 + n_2 \bar{x}_2 + \cdots + n_m \bar{x}_m}{n_1 + n_2 + \cdots + n_m} = \frac{p_1 \bar{x}_1 + p_2 \bar{x}_2 + \cdots + p_m \bar{x}_m}{p_1 + p_2 + \cdots + p_m} \tag{8-15}$$

4. 数据单位权化

若取比例常数 $k = \max(\sigma_{\bar{x}_1}^2, \sigma_{\bar{x}_2}^2, \cdots, \sigma_{\bar{x}_m}^2) = \sigma^2$，则权值可单位化，称为单位权，记做 p_d，即 $p_d = \min(p_1, p_2, \cdots, p_i, \cdots, p_n) = 1$。在这组权值的基础上引入一组新数据 $y_1, y_2, \cdots, y_i, \cdots, y_m$，使得 $y_i = \sqrt{p_i} \bar{x}_i, i = 1, 2, \cdots, m$，其对应的标准差分别为 $\sigma_{y_1}, \sigma_{y_2}, \cdots, \sigma_{y_i}, \cdots, \sigma_{y_n}$，由方差性质可得 $D(y_i) = p_i D(\bar{x}_i)$，即

$$\sigma_{y_i}^2 = p_i \sigma_{\bar{x}_i}^2 = k = \sigma^2 \tag{8-16}$$

则新的一组数据所对应的权均为

$$p_{y_i} = \frac{k}{\sigma_{y_i}^2} = \frac{k}{k} = \frac{\sigma^2}{\sigma^2} = 1 \tag{8-17}$$

即数据 $y_1, y_2, \cdots, y_i, \cdots, y_m$ 各权值均为 1，为一组等精度数列。

可知，任何一个量值乘以其自身权的平方根的过程，$y_i = \sqrt{p_i} \bar{x}_i, i = 1, 2, \cdots, m$，称为单位权化。经过单位权化处理后，不等精度测量就转化为等精度测量的问题，进而借助于等精度测量结果的数据处理方法进行处理，此时求得的标准差为变形后等精度单次测量结果对应的标准差。

5. 平均值的加权标准差计算

假设进行 m 组不等精度测量，得到 m 个测量结果分别为 $\bar{x}_1, \bar{x}_2, \cdots, \bar{x}_m$，其加权算术平均值为 $\bar{x}$；则每组测量列的残差记为 $v_{\bar{x}_i} = \bar{x}_i - \bar{x}$，对每组残差进行单位权化，即 $v'_{\bar{x}_i} = \sqrt{p_i} v_{\bar{x}_i}$。由贝塞尔公式计算单次测量标准差得

$$\sigma = \sqrt{\frac{\sum_{i=1}^{m} v'^2_{\bar{x}_i}}{m-1}} = \sqrt{\frac{\sum_{i=1}^{m} p_i v_{\bar{x}_i}^2}{m-1}} \tag{8-18}$$

在此基础上，即可得到算术平均值的加权标准差为

$$\sigma_{\bar{x}} = \frac{\sigma}{\sqrt{\sum_{i=1}^{m} n_i}} = \frac{\sigma}{\sqrt{\sum_{i=1}^{m} p_i}} = \sqrt{\frac{\sum_{i=1}^{m} p_i v_{\bar{x}_i}^2}{(m-1) \sum_{i=1}^{m} p_i}} \tag{8-19}$$

至此通过加权单位化计算，可获得不等精度测量数据的平均值加权标准偏差。

8.2.3　间接性传递

通过单次数据标准偏差或平均值标准偏差可估计直接测量物理量误差，若目标变量为测量变量的函数时目标变量为间接变量。间接变量的误差则需在直接测量变量误差的基础上，利用函数关系求出；此间接变量误差是直接测定量及其误差的函数，故也称为函数误差。

获得间接变量误差需首先确定间接测量变量与直接测量参数之间的数学关系。对于简单关系的数学建模方法常采用分析法，利用各学科领域提出的物质和能量的守恒性和连续性原理及系统的结构尺寸等，推演出描述系统的数学模型（如：偏微分方程和常微分方程等）；此分析法只能用于建立简单系统关系的数学模型，如直线方程、一般线性模型、多项式模型以及各种指数和对数非线性模型。对于复杂的测试系统或动态系统，用分析法建立数学模型几乎是不可能的；于是，利用测试数据建立数学模型的理论和方法逐渐受到人们的重视，这种方法称为系统辨识。大部分研究者基于一定的分析理论及数据分布函数关系，利用实验测定的数据对函数关系进行拟合、回归对已有数据模型进行修正，获得更完善、更准确的理论公式。此时，函数关系虽为多数据值的拟合，但其误差依然可认为耦合了所有直接测量变量因素的共同作用，可通过直接测得量以及拟合获得的函数关系计算出间接变量的误差；其计算方法为

$$\Delta y = \frac{\partial f}{\partial x_1}\Delta x_1 + \frac{\partial f}{\partial x_2}\Delta x_2 + \cdots + \frac{\partial f}{\partial x_n}\Delta x_n \tag{8-20}$$

偏导数为各个输入量在该测量点处的误差传播系数，当直接测量误差 Δx 与函数误差 Δy 量纲相同时，偏导数起误差放大或缩小的作用；当直接测量误差 Δx 与函数误差 Δy 量纲不相同时，偏导数起误差单位换算的作用。间接量的标准偏差 σ_y 为

$$\sigma_y^2 = \left(\frac{\partial f}{\partial x_1}\right)^2 \sigma_{x1}^2 + \left(\frac{\partial f}{\partial x_2}\right)^2 \sigma_{x2}^2 + \cdots + \left(\frac{\partial f}{\partial x_n}\right)^2 \sigma_{xn}^2 \tag{8-21}$$

$$\sigma_y = \sqrt{\left(\frac{\partial f}{\partial x_1}\right)^2 \sigma_{x1}^2 + \left(\frac{\partial f}{\partial x_2}\right)^2 \sigma_{x2}^2 + \cdots + \left(\frac{\partial f}{\partial x_n}\right)^2 \sigma_{xn}^2} \tag{8-22}$$

当间接函数本身是复杂形式如三角函数时，则需进行推导出其实际间接变量与间接变量的微分关系，进而获得其最后标准偏差表达式。如 $y=\sin\theta=f(x_1, x_2, \cdots, x_n)$，实际间接变量为 θ；则首先需要利用微分将间接变量变形，然后进行计算获得实际变量的标准偏差。

$$\mathrm{d}y = \cos\theta\mathrm{d}\theta \rightarrow \mathrm{d}\theta = \frac{\mathrm{d}y}{\cos\theta} \tag{8-23}$$

$$\sigma_\theta = \frac{1}{\cos\theta}\sqrt{\left(\frac{\partial f}{\partial x_1}\right)^2 \sigma_{x1}^2 + \left(\frac{\partial f}{\partial x_2}\right)^2 \sigma_{x2}^2 + \cdots + \left(\frac{\partial f}{\partial x_n}\right)^2 \sigma_{xn}^2} \tag{8-24}$$

至此，通过统计学变量可将普通等精度测量数据、非等精度测量数据以及由直接测量数据经过函数关系构成的间接变量的标准差一一表达以体现数据的准确度。

8.3　数据点的误差分析

认知误差的分布规律及分布函数是求解数据平均值、标准偏差等统计学参数、描述数据

的准确度的前提。古典误差理论中根据误差的起因、特点及性质不同，可将误差分为系统误差、随机误差和粗大误差；不同类型的误差具有不同分布规律及分布函数。

8.3.1 随机误差

8.3.1.1 定义及特征

1. 定义

随机误差也称偶然误差，是在消除了系统误差后，多次测量同一量值时绝对值和符号以不可预知方式变化的误差。产生随机误差的原因纷繁复杂；多由许多不能掌握、不能控制、不能调节、不能消除的微小因素所导致，因素之间很难找到确定关系，且每个因素的出现与否对测量结果的影响难以预测。

实验过程中温度的波动、噪声的干扰、电磁场的扰动、电压的起伏和外界振动等都是常见的随机误差。究其来源可分为以下三个主要方面。

（1）测量装置方面：由于所使用的测量仪器在结构上不完善或零部件制造不精密或安装误差，因而给测量结果带来随机误差。例如，由于轴与轴承之间存在间隙，因而润滑油在一定条件下所形成的油膜不均匀的现象会给圆周分度测量带来随机误差。

（2）测量环境方面：最常见的实验过程中温度的波动、噪声的干扰、电磁场的扰动、电压的起伏和外界振动等。如在激光光波测量中，空气的温度、湿度、尘埃和大气压力等因素的突变都会影响到空气折射率，并进而影响激光的波长，产生测量误差。

（3）测量人员方面：由于测量者主观因素如技术熟练程度、生理与心理因素、固有习惯，装置的调整、操作不当，瞄准、读数不稳定等引起的误差称为人员误差。即使在同一条件下使用同一台仪器进行重复测量，不同人或多次测量都可能得出不同的结果。

如何合理降低随机误差的概率数，需做到：①测量前，找出并消除或减少产生随机误差的物理源。②测量中，采用适当的技术措施，抑制和减小随机误差。③测量后，对采集的数据进行适当处理，抑制和减小随机误差。如数据处理中常用低通滤波、平滑滤波等方法来消除中高频随机噪声，用高通滤波方法来有效消除低频随机噪声等。

2. 特征及数学描述

从统计的角度，尽管某个单独随机误差的出现与否毫无规律性，对测量结果的影响也难以预测，且不能用实验方法予以消除；但经过大量实际的检验和证明，随机误差还是具有一定的共同特征。

（1）对称性：当测量次数相当大时绝对值相等的正、负误差出现概率相同。$P(x)=P(-x)$，$P(|x|)=2P\{X<x\}$。

（2）有界性：在一定测量条件下误差绝对值散布在一定范围内，不会无限散布。当 $x\to-\infty$ 或 $x\to+\infty$ 曲线以 X 轴为渐近线，y 值趋近于 0。

（3）单峰性：误差绝对值小的数据出现概率大，误差绝对值大的数据出现概率小，即接近真值的误差概率大；概率曲线呈现中间高两边低的形状。当 $x=\mu$ 时概率 P 值最大，是最可信赖值。

（4）抵偿性：随着测量次数 n 的增加，随机误差的代数和趋于零。随机误差具有的单峰性及对称性叠加性也直接导致其具有对称抵偿性。

（5）互斥性：每次测量中只能存在一个随机误差，不允许在同次测量中出现两个甚至多个随机误差，随机误差在单次测量中具有唯一性。

（6）独立性：在多次测量中一次测量的随机误差不会影响另一次测量所产生的随机误差，单次测量之间是相互独立的简单事件。

基于随机误差以上特点，利用概率统计方法准确描述随机误差的总体趋势及其分布规律是准确表达科学规律的基础。

8.3.1.2　分布函数

一定情况下，随机误差的特征与统计学中正态分布规律类似；因此，假设随机误差服从正态分布规律进而进行分析，是具有实用性和普遍性意义的。需指出，正态分布只是随机误差分布的一种近似概括，完全严格地服从正态分布的随机误差是不存在的；两者的近似程度取决于实际误差分布与正态分布的差异。同时，确实存在少量随机误差不服从正态分布，如均匀分布与泊松分布。

1. 非正态分布

随机误差的非正态分布主要有均匀分布和泊松分布两种。假设对某一固定量做等精度 n 次测量，并得到了一组测量值 x_1，x_2，x_3，x_4，$\cdots$，x_n，且测得数据的概率密度函数为[4][9]

$$f(x) = \frac{1}{b-a}, a \leqslant x \leqslant b \tag{8-25}$$

这种分布称为在区间 $[a, b]$ 上的均匀分布。

均匀分布的特点是在定义域区间内，随机误差出现概率为常数、处处相等；而在该区域外随机误差出现的概率为 0。例如，读数或计算过程中的凑整误差、数字式显示仪表末位的 ± 1 误差、测量仪表盘或用齿轮传动的回程所产生的误差，多个最大值不同的正态误差的集合也可认为服从均匀分布。此外，对于一些只知误差出现的大致范围，而难以确切获得其分布规律的误差，在处理时常按均匀分布误差对待。由于等概率且已知密度函数，根据定义标准偏差（方差）为无穷多次测量随机误差平方的算数平均值的平方根的极限，均匀分布的标准偏差计算表达式为

$$\sigma = \lim_{n \to \infty} \sqrt{\frac{\sum_{i=1}^{n}(x_i - \mu)^2}{n}} = \sqrt{\frac{(b-a)^2}{12}} \tag{8-26}$$

假设对某一固定量做等精度 n 次测量，并得到了一组测量值 x_1，x_2，x_3，x_4，$\cdots$，x_n，且测得的概率密度函数为[10]

$$p(x=k) = \frac{\lambda^k}{k!}e^{-\lambda}, k = 0,1,2,\cdots \tag{8-27}$$

式中：$\lambda > 0$，是常数。

这种分布称为服从参数为 λ 的泊松分布。

科学实验测量中是利用离散量进行测量的，比如利用放射性同位素进行测量的液面计、厚度计、密度计等，以及利用计算脉冲次数来进行测量的各种仪表仪器，它们所产生的随机误差都服从泊松分布。其标准偏差为

$$\sigma = \sqrt{\lambda} \tag{8-28}$$

2. 正态分布

高斯于 1795 年提出连续性正态分布随机变量，并指出其概率密度函数表达式为

$$f(x) = \frac{1}{\sigma\sqrt{2\pi}} e^{-\frac{(x-\mu)^2}{2\sigma^2}} \tag{8-29}$$

数据落在某个区间内的概率 P，即概率密度曲线的积分面积为

$$P\{X < x\} = \frac{1}{\sigma\sqrt{2\pi}} \int_0^x e^{-(x-\mu)^2/2} \mathrm{d}x \tag{8-30}$$

式中：μ 代表无限次测定数据的平均值，在没有系统误差存在时即代表真实值，代表正态分布曲线的位置特征；σ 为随机变量 x 的标准偏差，代表正态分布的离散程度，如图 8-3（a）所示。

μ 改变，σ 不变，正态分布曲线形状不变而平均值位置沿横坐标移动；当 μ 不变，σ 变小，正态曲线变得尖锐，离散性小，σ 增大正态曲线变平缓，表示随机测量值离散性变大。如图 8-3（b）所示，为两个正态分布曲线平均值与标准偏差的相对大小。

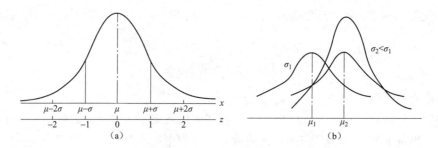

图 8-3　正态分布曲线平均值与标准偏差的统计意义

3. 标准正态分布（u 分布）

若将正态分布中测量误差 $x-\mu$ 表示为以标准偏差 σ 为单位的数值，将测量误差与标准偏差的比值记作 u，即 $u = \dfrac{x-\mu}{\sigma}$；可得正态分布概率密度函数为 $f(u) = \dfrac{1}{\sigma\sqrt{2\pi}} e^{-u^2/2}$。任一随机变量在某一区间出现的概率，即概率密度函数的积分面积，通过对积分求解可获得测量数据在某个置信区间范围内的概率。

$$\phi(u) = p\{X < u\} = \frac{1}{\sqrt{2\pi}} \int_0^u e^{-u^2/2} \mathrm{d}u \tag{8-31}$$

当测量数据中平均值 $\mu = 0$，数据方差 $\sigma^2 = 1$ 时，某范围内正态分布概率即无须测量值变换、简化计算，此称为标准正态分布，又称为 u 分布；以符号 N（0，1）表示。标准正态分布数据平均值 μ 及标准偏差 σ 为确定值，即可知曲线的位置和形状唯一，进一步确定积分面积为定值，因此根据标准正态分布概率积分表（见表 8-4），即可计算数据在满足置信度或误差要求下的概率。

随机误差的正态分布通过变换后可转变为标准正态分布，由标准正态积分表可知，超过当 $u = \pm 3\sigma$ 的测量值出现的概率很小，仅占 0.3%。在实际科研工作中若多次测量个别数据的误差绝对值大于 3σ，即可舍去（即 3σ 法检验依据）。正态分布的 3σ 法检验依据适用于测试次数较多的实验工况，少量测量数据时标准偏差不准确。

表 8-4 标准正态分布概率积分表

$\lvert u \rvert$	$\varPhi(u)$	$\lvert u \rvert$	$\varPhi(u)$	$\lvert u \rvert$	$\varPhi(u)$	$\lvert u \rvert$	$\varPhi(u)$
0.00	0.0000	0.41	0.3182	0.82	0.5878	1.23	0.7813
0.01	0.0080	0.42	0.3255	0.83	0.5935	1.24	0.7850
0.02	0.0160	0.43	0.3328	0.84	0.5991	1.25	0.7887
0.03	0.0239	0.44	0.3401	0.85	0.6047	1.26	0.7923
0.04	0.0319	0.45	0.3473	0.86	0.6102	1.27	0.7959
0.05	0.0399	0.46	0.3545	0.87	0.6157	1.28	0.7995
0.06	0.0478	0.47	0.3616	0.88	0.6211	1.29	0.8030
0.07	0.0558	0.48	0.3688	0.89	0.6265	1.30	0.8064
0.08	0.0638	0.49	0.3759	0.90	0.6319	1.31	0.8098
0.09	0.0717	0.50	0.3829	0.91	0.6372	1.32	0.8132
0.10	0.0797	0.51	0.3899	0.92	0.6424	1.33	0.8165
0.11	0.0876	0.52	0.3969	0.93	0.6476	1.34	0.8198
0.12	0.0955	0.53	0.4039	0.94	0.6528	1.35	0.8230
0.13	0.1034	0.54	0.4108	0.95	0.6579	1.36	0.8262
0.14	0.1113	0.55	0.4177	0.96	0.6629	1.37	0.8293
0.15	0.1192	0.56	0.4245	0.97	0.6680	1.38	0.8324
0.16	0.1271	0.57	0.4313	0.98	0.6729	1.39	0.8355
0.17	0.1350	0.58	0.4381	0.99	0.6778	1.40	0.8385
0.18	0.1428	0.59	0.4448	1.00	0.6827	1.41	0.8415
0.19	0.1507	0.60	0.4515	1.01	0.6875	1.42	0.8444
0.20	0.1585	0.61	0.4581	1.02	0.6923	1.43	0.8473
0.21	0.1663	0.62	0.4647	1.03	0.6970	1.44	0.8501
0.22	0.1741	0.63	0.4713	1.04	0.7017	1.45	0.8529
0.23	0.1819	0.64	0.4778	1.05	0.7063	1.46	0.8557
0.24	0.1897	0.65	0.4843	1.06	0.7109	1.47	0.8584
0.25	0.1974	0.66	0.4907	1.07	0.7154	1.48	0.8611
0.26	0.2051	0.67	0.4971	1.08	0.7199	1.49	0.8638
0.27	0.2128	0.68	0.5035	1.09	0.7243	1.50	0.8664
0.28	0.2205	0.69	0.5098	1.10	0.7287	1.51	0.8690
0.29	0.2282	0.70	0.5161	1.11	0.7330	1.52	0.8715
0.30	0.2358	0.71	0.5223	1.12	0.7373	1.53	0.8740
0.31	0.2434	0.72	0.5285	1.13	0.7415	1.54	0.8764
0.32	0.2510	0.73	0.5346	1.14	0.7457	1.55	0.8789
0.33	0.2586	0.74	0.5407	1.15	0.7499	1.56	0.8812
0.34	0.2661	0.75	0.5467	1.16	0.7540	1.57	0.8836
0.35	0.2737	0.76	0.5527	1.17	0.7580	1.58	0.8859
0.36	0.2812	0.77	0.5587	1.18	0.7620	1.59	0.8882
0.37	0.2886	0.78	0.5646	1.19	0.7660	1.60	0.8904
0.38	0.2961	0.79	0.5705	1.20	0.7699	1.61	0.8926
0.39	0.3035	0.80	0.5763	1.21	0.7737	1.62	0.8948
0.40	0.3108	0.81	0.5821	1.22	0.7775	1.63	0.8969

$|u|$	$\Phi(u)$	$|u|$	$\Phi(u)$	$|u|$	$\Phi(u)$	$|u|$	$\Phi(u)$
1.65	0.9011	1.89	0.9412	2.26	0.9762	2.74	0.9939
1.66	0.9031	1.90	0.9426	2.28	0.9774	2.76	0.9942
1.67	0.9051	1.91	0.9439	2.30	0.9786	2.78	0.9946
1.68	0.9070	1.92	0.9451	2.32	0.9797	2.80	0.9949
1.69	0.9099	1.93	0.9464	2.34	0.9807	2.82	0.9952
1.70	0.9109	1.94	0.9476	2.36	0.9817	2.84	0.9955
1.71	0.9127	1.95	0.9488	2.38	0.9827	2.86	0.9958
1.72	0.9146	1.96	0.9500	2.40	0.9836	2.88	0.9960
1.73	0.9164	1.97	0.9512	2.42	0.9845	2.90	0.9962
1.74	0.9181	1.98	0.9523	2.44	0.9853	2.92	0.9965
1.75	0.9199	1.99	0.9534	2.46	0.9861	2.94	0.9967
1.76	0.9216	2.00	0.9545	2.48	0.9869	2.96	0.9969
1.77	0.9233	2.02	0.9566	2.50	0.9876	2.98	0.9971
1.78	0.9249	2.04	0.9587	2.52	0.9883	3.00	0.9973
1.79	0.9265	2.06	0.9606	2.54	0.9889	3.20	0.9986
1.80	0.9281	2.08	0.9625	2.56	0.9895	3.40	0.9993
1.81	0.9297	2.10	0.9643	2.58	0.9901	3.60	0.99968
1.82	0.9312	2.12	0.9660	2.60	0.9907	3.80	0.99986
1.83	0.9328	2.14	0.9676	2.62	0.9912	4.00	0.99994
1.84	0.9342	2.16	0.9692	2.64	0.9917	4.50	0.999993
1.85	0.9357	2.18	0.9707	2.66	0.9922	5.00	0.999999
1.86	0.9371	2.20	0.9722	2.68	0.9926		
1.87	0.9385	2.22	0.9736	2.70	0.9931		
1.88	0.9399	2.24	0.9749	2.72	0.9935		

【例 8-1】 数据调查某专业的高数成绩，一共 117 个数据；整个数据基本遵从正态分布 $N(66.62, 0.21^2)$。求数据落在 66.20～67.08 分中的概率及可能有几位同学大于 67.08 分？

解 $N(66.62, 0.21^2) = N(\mu, \sigma^2)$，$\mu = 66.62$，$\sigma = 0.21$；

对要求范围进行标准正态分布的标准化：$u_1 = (x_1 - \mu)/\sigma = (66.20 - 66.62)/0.21 = -2.0$；$u_2 = (x_2 - \mu)/\sigma = (67.08 - 66.62)/0.21 = 2.19$。

对所有范围对应标准正态分布 u 值查表可得

$P(66.20 \leqslant x \leqslant 67.08) = \Phi(u_1)/2 + \Phi(u_2)/2 = 0.4773 + 0.4857 = 96.3\%$

分数大于 67.08 的概率为：$0.5 - 0.4857 = 0.0143$

几位同学：$117 \times 0.0143 \approx 2$（个）。

4. t 分布

对于正态分布计算时利用了全体样本的平均值，即正态分布参数值已知；但实际科研中测定数据的真实平均值无法获得，此时多使用 t 分布。

有限次测量得到的 $\bar{x}$ 与全体样本获得真实平均值 μ 相比带有一定不确定性；同时 σ 未知，只能用有限测定次数获得的标准偏差 S 替代 σ 带入正态分布概率密度公式；此时称为 t 分布。定义式

$$t = \frac{(x - \bar{x})}{S} \qquad (8\text{-}32)$$

t 分布采用了有限次数值的近似值，必然引起正态分布的偏离。

定义 f 为有限次测量数据的自由度，用于消除 t 分布误差；一般情况下 $f = n-1$。$P(u)$ 为置信度，表示测量值落在（$\bar{x} \pm u\sigma$）或（$\bar{x} \pm ts$）范围内的概率。t 分布的特征参数中 α 为危险率或显著性水平，即数据落在置信区间外的概率 $\alpha = (1-P)$；t 为置信因子，随 α 减小而增大，置信区间变宽。任意一组 t 分布数据可表达为 $t_{\alpha,f}$，其下角标表示置信度 $(1-\alpha)=P$，自由度 $f = (n-1)$。

t 分布曲线如图 8-4 所示。

可得到如下性质：

（1）t 分布与 u 分布不同的是曲线的形状随自由度 f 变化。

（2）当测量次数 $n \to \infty$ 时，t 分布 $= u$ 分布。

（3）t 分布随置信度 p 和自由度 f 变化而变化。

（4）理论上，只有当 $f = \infty$ 时，各置信度对应的 t 值与相应的 u 值一致。但从标准 t 分布表中可知，当 $f = 20$ 时，t 值

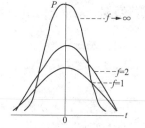

图 8-4　t 分布曲线

与 u 值已经充分接近；即当测量次数大于等于 20 次时可利用标准正态的 u 分布处理数据规律，而当测量次数小于 20 次时利用 t 分布进行处理。

实际测量数据大部分重复次数小于 20 次；因此，实际科研实验中多用 t 分布而非 u 分布进行分析；其分析方法与第 3 章实验工况设计及因素显著性的方差分析相同，但其结论的物理意义不同。

在实验测量中数据的准确度 t 分析中可分为两种情况：x 与 $\bar{x}$ 比较获得精密度判断，此为测量数据与测量平均值的比较，代表数据分散程度，体现测量的随机误差。不同检测方法或不同记录方法获得两组平均值 $\bar{x}_1$ 与 $\bar{x}_2$ 不一致时，此为检测方法导致两组数据存在显著差异，属于系统误差，获得数据精确度判断；此部分的 t 检验方法将在系统误差中介绍。

对结果精密度的检验为平均值与标准值的比较。进行 n 次测量后，在一定置信度 α 下求出测量数据与测量平均值之间的计算值 $t_{测}$。

$$t_{测} = \frac{|x - \bar{x}|}{S} \sqrt{n} \qquad (8\text{-}33)$$

同时查表获得 $t_{表}$，若 $t_{测} > t_{表}$，说明测量值与查表值存在显著性差异，结论为测量过程存在随机误差。

5.　F 检验法（方差分析）

一般分析数据结果需进行精密度检验，两组数据方差 S^2 比较，一般先进行 F 检验，此时对因素影响重要性进行排序。当忽略或完成 F 检验后，数据可利用 t 分布确定平均值与理想值之间的差异，即其精准度。在进行 t 检验时，具体操作如下所示。

检验的步骤（详见第 4 章方差分析数据）：

（1）先计算两个样本的方差 $S_{\text{大}}^2$ 和 $S_{\text{小}}^2$。

（2）再计算 $F_{\text{计}} = \dfrac{S_{\text{大}}^2}{S_{\text{小}}^2}$（规定 $S_{\text{大}}^2$ 为分子）。

（3）查 f 值表，若 $F_{\text{计}} > F_{\text{表}}$，则 S_1 与 S_2 有显著性差异，否则无。

（4）利用 t 检验对实验数据进行分析；先计算 $t_{\text{计算}}$ 和 $t_{\text{表}}$，进行比较，并获得因素的显著性顺序。

无论对于 u 分布还是 t 分布，实际科学结论或数据展示时往往利用多组测量数据的平均值展示数据规律，通过分布定义式变形 $\bar{\mu} = \bar{x} \pm \dfrac{u\sigma}{\sqrt{n}}$（$u$ 分布）、$\bar{\mu} = \bar{X} \pm \dfrac{tS}{\sqrt{n}}$（$t$ 分布）可获得以测量数据平均值 $\bar{x}$ 为中心，总体平均值 $\bar{\mu}$ 的置信区间。

8.3.2　系统误差
8.3.2.1　定义及特征
一、定义

相同条件下，多次测量某物理量误差的符号保持不变，即总是增大或总是减小一定数值；或者在条件改变时固定按某一确定规律变化的误差，称为系统误差；系统误差其本质是大量重复测量结果的平均值与被测量真值的差，其大小表示测量结果对真值的偏离程度及测量的准确度。

对待系统误差的基本措施是要设法发现，并采取一定的补偿方法；其与随机误差相同的是可减小但不能消除。因此需通过实验或分析方法查明其变化的规律及其产生的原因；并在确定其数值后在测量结果中予以修正，或在下次测量前采取措施改进测量条件及方法，从而使之减小；但与随机误差不同的是系统误差的存在歪曲了测量结果的真实面目，且不能依靠增加测量次数而降低此歪曲程度。

二、来源

系统误差的主要来源有几个方面：

1.　工具误差

工具误差是由测量工具结构设计、零部件制造缺陷或不准确等因素造成的偏差。例如：尺子刻度偏大、微分螺丝钉的死程、温度计刻度的不均匀、天平两臂长的不等以及刻度盘的偏心等。

2.　调整误差

调整误差是由测量前未能将仪器或待测件安装到正确位置或调试最佳状态而引起的测量误差。例如：使用未经校准零位的千分尺测量零件，使用零点调不准的电器仪表做检测工作等；主要为操作人员的调整操作不完美引入的误差。

3.　习惯误差

习惯误差是由测量者不正确习惯造成的。例如，用肉眼在刻度上估读时习惯偏向一个方向；在进行动态测量或凭听觉、视觉等鉴别时在时间判断上提前或滞后等。

4. 条件误差

条件误差是由测量过程中条件改变造成的。例如，测量工作开始与结束时的一些条件，如温度、气压、湿度、气流和振动等，不受控制的按一定规律发生了改变带来的系统误差。

5. 方法误差

方法误差是由于所采用的测量方法或数学处理方法不完善而产生的。例如，在长度测量或计算时采用近似计算方法，以及测量条件或测量方法不能满足理论公式所要求的条件、精度等引起的误差。

三、分类

根据系统误差产生的原因可以确信它不具有抵偿性，是固定的或服从一定的规律；对其分类的认识可为选择更好的办法减小误差奠定一定基础。按照掌握程度分为已定系统误差和未定系统误差。已定系统误差是误差的绝对值和符号已经确定的系统误差；未定系统误差是误差的绝对值和符号未能确定的系统误差，通常可估计出误差范围。按变化规律可分为恒定系统误差和可变系统误差。

1. 恒定系统误差

在整个测量过程中，误差的符号和大小都固定不变的系统误差称为恒定系统误差，也称为不变系统误差。砝码标形量值的误差、某些仪器的调整偏差所引入的误差都属于恒定系统误差。例如，5g 砝码加工为 5.01g 砝码引入的误差；尺子的公称直径为 100mm，实际尺寸为 100.001mm，按公称尺寸使用，始终会存在 -0.001mm 的系统误差。

2. 可变系统误差

在整个测量过程中，误差的符号和大小都可能变化的系统误差称为可变系统误差；可分为线性系统误差、周期性变化的周期性系统误差和复杂变化规律的系统误差。

（1）线性变化的系统误差。在测量过程中，误差值随某些因素作线性变化的系统误差，称为线性变化的系统误差。例如，刻度值为 1mm 的标准刻度尺，由于存在刻画误差 Δl，每一刻度间距实际为（1mm$+\Delta l$），若用它测量某一物体，得到的值为 k，则被测长度的实际值为 $L=k$（1mm$+\Delta l$），这样就产生了随测量值 k 的大小而变化的线性系统误差 $k\Delta l$。

（2）周期性变化的系统误差。测量值随某些因素按周期性变化的称为周期性变化的系统误差。例如，仪表指针的回转中心与刻度盘中心有偏心值 e 时，则指针在任一转角 φ 下由于偏心引起的读数误差 Δl 即为周期性系统误差 $\Delta l = e\sin\varphi$。

（3）复杂规律变化的系统误差。在整个测量过程中，若系统误差是按确定且复杂规律变化的，称为复杂规律变化的系统误差。例如，微安表的指针偏转角与偏转力矩不能严格保持线性关系，但表盘仍采用均匀刻度此时角度和力矩发生不匹配所产生的误差等。

四、特征

系统误差是单向变化，因此一般不具有抵偿性，即系统误差会影响对算数平均值的估计。如测量数据为 x_1，x_2，…，x_n，系统误差为 ε_1，ε_1，…，ε_n，随机误差为 δ_1，δ_2，…，δ_n，若真值为 x_0，则 $x_i = x_0 + \varepsilon_i + \delta_i$；则测量数据的算数平均值为

$$\overline{x} = x_0 + \frac{1}{n}\sum \varepsilon_i + \frac{1}{n}\sum \delta_i \tag{8-34}$$

其中，随机误差具有抵偿性、对称性，$\frac{1}{n}\sum \sigma_i = 0$，因此对测量算数平均值无影响，而系统误差由于单向性，$\frac{1}{n}\sum \varepsilon_i \neq 0$，使得测量平均值也呈现单向偏移。对于有限测量次数下，每个测量值与测量平均值之间的偏差为

$$x_i - \bar{x} = x_0 + \varepsilon_i + \delta_i - \left(x_0 + \frac{1}{n}\sum \varepsilon_i + \frac{1}{n}\sum \delta_i\right) = \delta_i + \varepsilon_i - \frac{1}{n}\sum \varepsilon_i \qquad (8\text{-}35)$$

由上式可知，当系统偏差为恒定偏差时上式右侧第二项和第三项相消为 0，即恒定系统误差仅影响算数平均值，而对测量偏差及标准偏差无影响；因此对于恒定系统误差的校核只需确定其误差的大小、符号，并对算数平均值 $\bar{x}$ 加以修正即可，对其他数据的处理无影响。此简单误差通过对测量数据的观察分析采用更高精度的测量鉴别，可较容易地将误差分离出来并加以修正。

但当误差为非恒定系统误差时，系统误差不仅对算数平均值发生影响，此时实际测量数据的偏差也包含系统误差及随机误差两部分；因此在处理测量数据时，必须同时设法找出系统误差的变化规律，进而消除其对测量结果的影响，提高测量数据的准确度。

8.3.2.2 判断与处理

一、系统误差的判断

形成系统误差的因素是复杂的，因此，目前对发现各种系统误差还没有普遍适用的方法，只有根据具体测量过程和测量仪器进行全面仔细的分析，针对不同情况合理选择一种或几种方法加以校验。恒定误差较稳定且容易发现处理相对简单，但可变系统误差的大小和方向随测试时刻或测量值的大小等因素按确定的函数规律而变化，如何发现并确切掌握其变化规律是修正测量结果的关键。

在科学实验中，主要通过在测量数据时利用实验对比法、搭建平台选择仪器以及数据计算时利用理论分析法、实验完成获得数据后利用数据分析法的"三法结合"的思路去判断是否存在系统误差。

1. 实验对比法

实验对比法主要用于发现恒定系统误差。其基本思想是改变产生系统误差的条件，进行不同条件的测量。如量块按公称尺寸使用时，测量结果中就存在由量块尺寸偏差而产生的不变的系统误差，多次重复测量也不能发现这个误差，只有用高一级精度的量块进行对比时才能发现。

2. 理论分析法

理论分析法主要进行定性分析来判断是否有系统误差。如分析仪器所要求的工作条件是否满足，实验所依据的理论公式所要求的条件在测量过程中是否满足，如果这些要求没有满足，则实验必有系统误差。

3. 数据分析法

数据分析法主要进行定量分析来判断是否有系统误差。对于不改变任何方法或仪器以及计算方法而多次测量时，多利用偏差观察法、和检验法、小样本序差法判断测量数据是否存在系统误差；而当需要检核是否仪器、方法或计算公式引入误差而更换仪器或优化方法时常用 t 检验法以及不同方法下测定不同数据组的数据平均值标准偏差比较来判定。具体实施及

方法应用如下：

（1）偏差观察法：偏差观察法即将数据拟合获得拟合曲线，观察测量值与平均值之差在曲线周围的分布情况。若数据偏差均匀分布于拟合线周围，且数据与拟合曲线距离几乎相同，此时为恒定系统误差，如图 8-5（a）所示；否则为可变系统误差如图 8-5（b）所示。

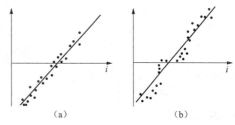

图 8-5　偏差观察法
（a）定值系统误差；（b）编制系统误差

（2）和检验法：和检验法是检测量数据前一部分的数据偏差相加，后半部分的偏差相加，比较两部分偏差的差值（$\delta_{\varepsilon 1}-\delta_{\varepsilon 2}$）与标准偏差与数组个数函数 $2n^{1/2}s$ 的相对大小，从而判断偏差变化规律。若两部分数据偏差的差别大于标准偏差函数值（$\delta_{\varepsilon 1}-\delta_{\varepsilon 2}$）$>2n^{1/2}s$，则说明测量数据存在显著线性变化或递增、递减的系统误差。

（3）小样本序差法：小样本序差法主要用于发现周期性系统误差。首先求解相邻两测量数据之差，记为记序差，并获得序差平方和 $B=\sum(x_i-x_{i+1})^2$；偏差平方和记为 A 表示数据的分散性，$A=\sum(x_i-\overline{X})^2$；计算统计量 $\xi=B/2A$；查小样本序差法表获得一定概率要求下统计量 ξ_p 的值，若计算值小于查表值 $\xi<\xi_p$，证明存在显著周期性系统误差。

【例 8-2】　在研究光电显微镜中，曾对其读数电表的示值精度进行检定，所得 15 次重复测量读数为 2.9，3.0，3.1，3.2，3.1，2.8，2.9，2.9，3.0，3.0，2.9，2.0，2.8，试判断有无系统误差。

解　需先计算平均值，并求出每个数据的偏差。绘制残差散点图如图 8-6 所示，判断图中前半残差符号偏正，后半残差符号偏负；数值由小变大，又由大变小，因此可能存在周期或递减误差，但还需要定量的检定准则来帮助判定。利用和检验法：

15 个数据点为奇数，取前半部分数为（15+1）/2=8 个，计算前半部分数据偏差和为 $\delta_{\varepsilon 1}=$0.61，后半部分偏差和 $\delta_{\varepsilon 2}=-0.56$，标准偏差 $s=0.12$，计算（$\delta_{\varepsilon 1}-\delta_{\varepsilon 2}$）=1.17$>2n^{1/2}s=0.93$；因此，认为数据存在显著的递减系统误差，由偏差散点图可知其偏差为非线性，进而可用小样本序差法进行判断。求偏差平方和 $A=0.1895$，序差平方和 $B=0.19$，进而求得 $\xi=0.501$，查表获得 $n=15$ 时，$\xi_p=0.603$，结果 $\xi<\xi_p$，故认为存在显著的周期性系统误差。

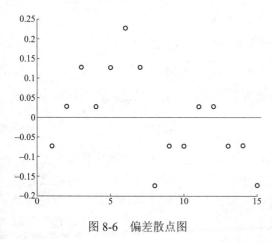

图 8-6　偏差散点图

（4）t 检验法：当改变方法或更换仪器来判断是否存在系统误差时，t 检验法用于两组数据 x、y 之间误差判断时，与随机误差 t 检验原理相同，仅式（8-22）略发生变形。首先分别计算两组的标准偏差 s_1、s_2 以及两组的平均标准偏差 s_m：

$$s_m=\sqrt{\frac{(n_1-1)s_1^2+(n_2-1)s_2^2}{n_1+n_2-2}}\tag{8-36}$$

计算参数 t 值：

$$t = \frac{(\overline{x} - \overline{y})}{s_{m} + \sqrt{\dfrac{1}{n_{1}} + \dfrac{1}{n_{2}}}} \tag{8-37}$$

在给定显示水平 a 下查表 $t_{a/2}(n_{1}+n_{2}-2)$ 值，并与计算 t 值比较；若计算值大于查标值则证明两组之间存在显著差异，存在系统误差。可知，t 检验在单组的重复数据中判断随机误差，而通过组间的对比来判断系统误差。

（5）平均值标准偏差比较法：不同方法测定的数据库比较法即计算数据组平均值的标准偏差进行比较。首先分别计算两组的算数平均值 $\overline{x}$、$\overline{y}$，计算两组算数平均值的标准偏差，其计算公式为

$$s(\overline{x}) = \sqrt{\frac{\sum(x_{i} - \overline{x})^{2}}{n_{1}(n_{1} - 1)}} \tag{8-38}$$

由上式可知平均数的标准偏差 $s(\overline{x})$ 是数组标准偏差 s 与 $\sqrt{n}$ 的商。分别计算两组数据平均数的标准偏差后获得两组算数平均值之差 Δ 的标准偏差 $s(\Delta)$，注意此处定义式为

$$s(\Delta) = s(\overline{x} - \overline{y}) = \sqrt{s(\overline{x})^{2} + s(\overline{y})^{2}} \tag{8-39}$$

两组测量数值认为服从正态分布，故其算数平均值的差值也服从正态分布，可用区间概率 P 或置信区间 α 估计来判断是否存在定值系统误差；即判断 $t_{\text{计算}} = \dfrac{\Delta}{s(\Delta)}$ 是否大于 $t_{\text{查表}}$，可变形判断 $\Delta > \pm t_{\text{查表}} s(\Delta)$ 为存在系统误差，否则系统误差可忽略。

【例 8-3】 瑞利（Rayleigh）在发现惰性气体实验过程中，利用化学方法测定氮气的密度平均值为 2.29971，标准偏差为 0.00041；利用大气分离方法测定氮气的密度平均值为 2.31022，标准偏差为 0.00019；判断测定方法是否影响数据的精确度，即判断其数据结构是否存在不同测定方法引入的系统误差。

解　两组数据平均值之差：$\Delta = 2.31022 - 2.29971 = 0.01051$

计算平均值之差的标准偏差：$s(\Delta) = \sqrt{0.00041^{2} + 0.00019^{2}} = 0.00045$

取置信度概率为 99.73%，则 $t_{\text{查表}} \approx 3$，$\Delta = 0.01051 > \pm t_{\text{查表}} s(\Delta) = 0.00135$

故可判断测定方法引入了系统误差，即必须更换方法选择更为准确的测定方法减小或消除系统误差使得测定结果可信。

二、系统误差的处理

一旦判断存在系统误差，必须进一步分析产生系统误差的原因，设法减小系统误差。

首先，从产生系统误差的根源上消除误差。通过对实验过程中的各个环节进行认真仔细的分析并消灭误差起源因素；如选用能满足测量误差所要求的实验仪器装置，严格保证仪器设备所要求的测量条件；采用多人合作，重复测量的方法；采用近似性较好又比较切合实际的理论公式，尽可能满足理论公式所要求的各实验条件等。

无法通过实际操作去除的系统误差，可通过引入修正项消除系统误差；预先对仪器设备将要产生的系统误差进行分析计算，找出误差规律，从而找出修正公式或修正值，对测量结果进行修正。

对于某种固定的或有规律变化的系统误差，可针对其变化规律采用不同方法对数据进行误差的补充。如对恒定系统误差，可用替代法、交换法测定实际的误差从而直接校正测量数据；对于线性误差一般多随时间呈线性变化，测量时可用顺序对称测量进行对称补偿法，如第一次 1-2-3-4-5，第二次 5-4-3-2-1，相同点两次测值相加以减小线性误差；对于周期性系统误差可利用半周期法削弱系统误差，采用半周期"对径"两点测量消除周期误差的方法；对于复杂规律变化的系统误差一般需要利用组合测量方法，构造合适的数学模型进行实验回归统计对误差进行补充和修正。

8.3.3　粗大误差

8.3.3.1　定义

粗大误差是明显超出规定条件下预期的误差，也称为过失误差或粗差。引起粗大误差的原因可能是某些突发性的因素或疏忽，测量方法不当，使用有缺陷的测量器具，操作程序失误，读错数值或单位，记录或计算错误等而诱发的测量值突然跳跃的现象；因此按一定规律和方法去判断难以剔除粗大误差，其具有个体性和偶然性。

是否存在粗大误差是衡量该测量结果合格与否的标志。含有粗大误差的测量值是不能用的，因为它会明显地歪曲测量结果，从而导致错误的结论，故这种测量值也称为异常值（坏值）。所以，计量工作人员必须以严格的科学态度，严肃认真地对待测量工作，杜绝粗大误差的产生；在进行误差分析时，要采用不包含粗大误差即剔除所有的异常值进行数据分析。

三种误差的区别显而易见：粗大误差是错误并不应该出现的误差；而系统误差和随机误差之间并不存在绝对的界线，在一定条件下可互相转换。随着对误差性质认识的深化和测量技术的进步，以及数据分析处理方法的发展有望杜绝粗大误差，减小随机误差，消除系统误差。

8.3.3.2　粗大误差的判断准则

根据随机误差理论，粗大误差出现的概率虽小但不为零，因此必须找出这些异常值，予以剔除。然而，在判别某个测得值是否含有粗大误差时要特别慎重，需要做充分的分析研究，并根据选择的判别准则予以确定，因此要对数据按相应的方法作预处理并判断是否存在粗大误差。其方法有多种：3σ 准则、罗曼诺夫斯基准则、狄克松准则和格罗布斯准则等。其中，3σ 准则是常用的统计判断准则，而罗曼诺夫斯基准则适用于数据较少场合。

1. 3σ 准则

3σ 准则又称拉依达准则，是在假设数据只含有随机误差的基础上进行判断；首先按贝塞尔（Bessel）公式计算数据的标准偏差 σ，按一定概率确定满足置信度的测量数据区间，凡超出这个区间的误差不属于随机误差而是粗大误差；此误差数据应予以剔除。需注意，这种判别处理原理及方法仅局限于对正态或近似正态分布的样本数据处理。

具体步骤：先以测得值 x_i 的平均值 $\bar{x}$ 代替真值，求得数据偏差（残差）$v_i = x_i - \bar{x}$；再以贝塞尔（Bessel）公式计算得的标准偏差的 3 倍即 3σ 为准，与各残差 v_i 做比较，以决定该数据是否保留。如某个可疑数据 x_d 的残差 v_d 满足下式

$$|v_d| = |x_d - \bar{x}| > 3\sigma \qquad (8-40)$$

则其为粗大误差，应予剔除。

每剔除一次粗大误差后，剩下的数据要重新计算数组的标准偏差 σ 值，再以数值变小的

新 σ 值为依据，进一步判别是否还存在粗大误差，直至无粗大误差为止。需指出：3σ 准则以测量次数充分大为前提，当 $n \leqslant 10$ 时，3σ 准则剔除粗大误差不足够可靠；因此，在测量次数较少的情况下，选用 3σ 准则判断粗大误差不准确，应选用其他准则。

2. 罗曼诺夫斯基准则[11]

当测量次数较少时，应用罗曼诺夫斯基准则判断粗大误差。此准则又称 t 分布检验准则，是按 t 分布的实际误差分布范围来判别粗大误差；其检验原则是首先剔除一个可疑的测量值，然后按 t 分布检验被剔除的测量值是否含有粗大误差。

设对某物理量作多次等精度独立测量，得到一组测量值 x_1，x_2，x_3，x_4，…，x_n。若认为其中 x_d 为可疑数据，将其予剔除后计算平均值（计算时不包括 x_d）为

$$\bar{x} = \frac{1}{n-1} \sum_{i=1, i \neq d}^{n} x_i \tag{8-41}$$

并求得不包含粗大误差数据的估计标准偏差（计算时不包括 $v_d = x_d - \bar{x}$）

$$\sigma = \sqrt{\frac{\sum_{i=1, i \neq d}^{n-1} v_i^2}{n-2}} \tag{8-42}$$

根据测量次数 n 和选取的置信度 α，由 t 分布检验系数表（见表 8-5）中查得检验系数 $K(n, \alpha)$。若有

$$\left| x_d - \bar{x} \right| \geqslant K(n, \alpha) \sigma \tag{8-43}$$

则数据 x_d 为粗大误差，应予剔除；否则，予以保留。

表 8-5 t 分布的检验系数表

n \ K \ α	0.05	0.01	n \ K \ α	0.05	0.01	n \ K \ α	0.05	0.01
4	4.97	11.46	13	2.29	3.23	22	2.14	2.91
5	3.56	6.53	14	2.26	3.17	23	2.13	2.90
6	3.04	5.04	15	2.24	3.12	24	2.12	2.88
7	2.78	4.36	16	2.22	3.08	25	2.11	2.86
8	2.62	3.96	17	2.20	3.04	26	2.10	2.85
9	2.51	3.71	18	2.18	3.01	27	2.10	2.84
10	2.43	3.54	19	2.17	3.00	28	2.09	2.83
11	2.37	3.41	20	2.16	2.95	29	2.09	2.82
12	2.33	3.31	21	2.15	2.93	30	2.08	2.81

8.3.3.3 粗大误差的消除

剔除粗大误差数据时需注意以下几点：

1. 合理使用判别准则

在上面介绍的准则中，3σ 准则适用于测量次数较多的情况。一般情况下测量次数都比较少，因此用此方法判别，可靠性不高，但由于它使用简便，又不需要查表，故在要求不高时经常使用。对测量次数较少，而要求又较高的数列，应采用罗曼诺夫斯基准则。

2. 采用逐步剔除方法

按判别准则粗大误差每次只能去除一个。若判别出测量数列中有两个以上测量值含有粗大误差时，只能首先剔除含有最大误差的测量值；然后重新计算测量数列的算术平均值及其标准差，再对剩余的测量值进行判别；依此程序逐步剔除，直至所有测量值都不再含有粗大误差时为止。

在实际测量过程中，为保证尽量预防和避免粗大误差，测量者应做到：

（1）加强测量者工作责任心，以严格的科学态度对待测量工作；

（2）保证测量条件的稳定，应避免在外界条件发生激烈变化时进行测量；

（3）根据粗大误差的判别准则剔除粗大误差。

8.4　数据不确定度评定

8.4.1　不确定度定义

不确定度的含义是指由于测量误差的存在，测量值不能肯定的程度；不确定度是表征测量结果质量的指标，可理解为与精确度互补的评价参数。测量不确定度同样包含不可避免的随机误差对测量结果的贡献以及由系统效应引起的系统误差分量；可来表示测量结果的质量高低，不确定度越小，测量结果的质量越高；反之，不确定度越大，测量结果的质量越低。

测量不确定度和误差是误差理论中两个重要概念；它们都是评价测量结果质量高低的重要指标，但具有明显的差别。从定义上讲，误差是测量结果与真值之差，以真值或约定真值为中心，而测量不确定度是以被测量的估计值为中心；因此，误差是理想概念，难以准确定量；而不确定度是反映测量数值不足的程度，可定量评定。从分类角度，误差可分为系统误差、随机误差和粗大误差，但由于各误差间并不存在绝对界限，使得在误差类型判别和误差计算时不易准确掌握。而测量不确定度不按性质分类，只是按评定方法分为 A 类和 B 类评定，两类评定方法不分优劣，按实际情况的可能性加以选用，便于评定计算。

不确定度与误差间是有很大联系的。误差是不确定度的基础，确定不确定度首先要研究误差的性质、规律，以更好地估计不确定度分量。但不确定度内容不能包罗、更不能取代误差理论的所有内容，而是对经典误差理论的一个补充；是现代误差理论的内容之一，但仍需进一步完善和发展。

为对测量结果进行统一评定，国际标准化委员会于 1993 年发布了《测量不确定度指南》，并于 2012 年更新测量不确定度评定与表示标准（JJF 1059.1—2012），规定了评定与表示测量不确定度的通用方法。建议使用测量不确定度对测量结果进行表述[13]。

8.4.2　不确定度评价基本参量

不确定度评价体系中包含如下几个概念：

（1）标准不确定度：以标准差形式表示的测量结果的不确定度，用符号 u 来表示。对于不确定度的各个分量通常加下标表示，如 u_1，u_2，$\cdots$，u_n 等。

（2）A 类 B 类不确定度：A 类不确定度评定指用统计分析的方法，对样本观测值的不确定度进行评定。B 类不确定度评定又称为不确定度的 B 类评定，是用不同于统计分析的其他方法对不确定度进行评定。A 类与 B 类虽有不同，但并非具有本质上的区别。

（3）合成标准不确定度 u_c：合成标准不确定度用符号 u_c 表示。当测量结果是由若干个其他量的值求得时，测量结果的合成标准不确定度等于这些量的方差或协方差加权之和的正平方根。

$$u_c = \sqrt{au_A^2 + bu_B^2} \qquad (8\text{-}44)$$

式中：a、b 为权系数，由测量结果随着这些量变化的情况而定。

（4）扩展不确定度：在工程技术中，置信概率 P 通常取较大值，此时的不确定度称为扩展不确定度；常用标准不确定度的倍数表达，用符号 U 或 U_P 来表示。扩展不确定度有时也称为展伸不确定度或范围不确定度。

$$U_P = ku_c \qquad (8\text{-}45)$$

（5）包含因子：为获得扩展不确定度，对标准不确定度或合成不确定度所乘的倍数称为包含因子。包含因子用符号是 k 或 k_P 表示。包含因子有时也称覆盖因子，$k=2\sim3$。

（6）自由度：计算总和时独立项的个数，即总和的项数减去其中受约束数的项数，自由度用符号 f 表示。自由度的大小直接反映了不确定度的评定质量；自由度越大，标准差越小，数据越可信赖。同时，需指出合成标准不确定度的自由度称为有效自由度，用符号 ν 表示。

（7）置信概率：与置信区间或统计包含区间有关的概率值。当测量值服从某一分布时，落于某区间的概率即为置信概率 P。置信概率是介于（0，1）之间的数，常用百分数来表示。在不确定度评定中，置信概率也称置信水准或包含概率；与前文中进行检验时的置信度一致。

8.4.3　不确定度的评定

不确定度评定可以用标准差、标准差的给定倍数或说明置信概率区间的半宽度几个参数来表示；同时，《测量不确定度指南》中指出测量不确定度可分两种方法：A 类评定方法和 B 类评定方法。

1. A 类评定方法

A 类评定是采用统计分析的方法中的标准偏差 σ 评定标准不确定度 u。当用单次测量值 x 作为被测量的估计值时，标准不确定度为单次测量的标准差，即 $u=\sigma$；当用 n 次测量的平均值 $\bar{x}$ 作为被测量的估计值时，平均值的不确定度 $u_{\bar{x}}$ 为数据标准偏差 σ 与 $\sqrt{n}$ 的商，即

$$u_{\bar{x}} = \frac{\sigma}{\sqrt{n}} \qquad (8\text{-}46)$$

而在计算标准差 σ 过程中，自由度 f 是直接影响其准确度的参变量；自由度越大，标准差越小，测量结果越加可靠；反之，自由度越小，标准差越大，测量结果越不可靠。同时，自由度也是计算扩展不确定度的依据。因此，在进行 A 类评价时自由度的确定是关键，A 类评定的自由度就是标准差 σ 的自由度。

由于标准差有不同的计算方法，所以其自由度也有所不同。当用贝塞尔公式计算单次测量的标准差时，需要计算 n 个残差峰 v_i，且 n 个残差间存在唯一的线性约束条件 $\sum_{i=1}^{n} v_i = \sum_{i=1}^{n} (x_i - \bar{x}) = 0$，故独立的残差个数为 $n-1$，即用贝塞尔公式计算的标准差 σ，其自由度为 $f=n-1$。其他方法计算标准差时所对应的自由度有所不同，可参考表 8-6。根据不同自由度计算出不同方法下的标准偏差，即可获得 A 类不确定度。

表 8-6 几种 A 类评定方法的自由度 f

测量次数 n	1	2	3	4	5	6	7	8	9	10	15	20
最大残差法		0.9	1.8	2.7	3.6	4.4	5.0	5.6	6.2	6.8	9.3	11.5
彼得斯法		0.9	1.8	2.7	3.6	4.5	5.4	6.2	7.1	8.0	12.4	16.7
最大误差法	0.9	1.9	2.6	3.3	3.9	4.6	5.2	5.8	6.4	6.9	8.3	9.5
极差法		0.9	1.8	2.7	3.6	4.5	5.3	6.0	6.8	7.5	10.5	13.1

由上表可知,当 $n=1$ 即进行单次实验时,除最大误差法存在自由度的数值,其他方法均不存在自由度的值;此时其不确定度的计算略有不同。在单次测量实验中,A 类不确定度无法由贝塞尔公式计算,但并不代表其不存在不确定度。在教学实验中一般可认为单次测量即没有重复测量需考虑的平均值,但由于仪器仪表测量可引入误差,单次测量也存在不确定度。因此其不确定度计算中假设 u_A 远远小于 u_B,即不确定度可认为仅有 B 类不确定度。

2. B 类评定方法

在许多情况下,并非所有的不确定度都能够用统计学的方法来评定,于是产生了有别于统计分析的 B 类评定方法。

B 类评定,主要借助于影响被测量可能变化的信息进行科学评定。国际不确定度工作组建议通过对测量过程中各种有关信息进行分析,如以往测量数据、经验或资料;产品说明书、检定证书、测试报告、测量性能和特点等,以经验概率分布为基础,根据经验参照 A 类评定以等价标准差的形式进行类似的估计。

正确进行标准不确定度的 B 类评定,要求评定者具有一定的经验,并对一般知识有透彻的了解。这种技巧通常需要经过长期的实践经验逐步积累。B 类评定是一项处于发展中和逐步完善的评定,只要掌握了充分的参考数据,结合经验就能够使 B 类评定和 A 类评定一样可靠。

几种特殊情况下的经验计算方法:

(1)已知单次测量的量程 X。

单次测量不确定度认为 $u \approx u_B$,一般测量仪表的误差认为是均匀分布,不确定度 $u_B=X/3$;其中 X 为仪器误差限 u_B,对于电工仪表,$X=$量程×精确度等级(%),对于电阻箱、电桥、电势差计,$X=$测量值×精确度等级(%);因此测量数据可表达为 $x=x±u$。

(2)已知置信区间和置信概率 P。

被测量的值 x_i 分散区间的半宽度(半峰宽)为 α,且 x_i 在区间 $(x-\alpha, x+\alpha)$ 的置信概率为 P,通过对其概率分布的估计,可以得出 B 类不确定度 u 为

$$u = \frac{\alpha}{k} \tag{8-47}$$

包含因子 k 的取值与数据分布规律及置信概率有关,见表 8-7。

表 8-7 常用分布置信概率与包含因子对应表

分布类型	$P=1$	$P=0.9973$	$P=0.99$	$P=0.95$
均匀分布	1.732	1.73	1.71	1.65
三角分布	2.449	2.32	2.20	1.90
反正弦分布	1.414	1.41	1.41	1.41
两点分布	1.00	1.00	1.00	1.00

（3）已知扩展不确定度 U 和包含因子 k。

当由制造说明书、校准证书、手册或其他先验信息给出的扩展不确定度 U 为标准差的 k 倍时，标准不确定度 u（标准偏差）即

$$u = \frac{U}{k} \tag{8-48}$$

（4）已知扩展不确定度 U 及置信概率 P 的正态分布。

当估计值 x 受到多个独立且影响程度相近因素的影响，可假设其数据服从正态分布，可根据已知置信概率 P 通过表 8-7 正态分布关系查表获得包含因子 k 的值，进一步通过扩展不确定度和 k 的商获得标准不确定度 u。表 8-8 列出了正态分布情况下置信概率 P 与包含因子 k 的关系。

表 8-8　　　　　　　　　正态分布情况下置信概率 P 与包含因子 k 的关系

P/%	50.00	68.27	90.00	95.00	95.45	99.00	99.50	99.73	99.90
k	0.6667	1.000	1.645	1.960	2.000	2.576	2.807	3.000	3.291

B 类评定基于经验，因此仅用估计的不确定度无法表达数据或仪器偏差在整个测量范围内相对大小的规律。因此对于 B 类不确定评定引入相对标准偏差的概念，相对标准偏差即标准偏差与不确定度的比值；进而利用下式计算 B 类不确定度评价的自由度参量 v。

$$v = \frac{1}{2\left(\dfrac{\sigma_u}{u}\right)^2} \tag{8-49}$$

式中：σ_u 为评定 u 的标准差；$\dfrac{\sigma_u}{u}$ 为评定 u 的相对标准差。

也可以直接通过计算获得相对标准差，查表获得对应的 B 类不确定度的自由度，表 8-9 所示为 B 类评定不同相对标准差所对应的自由度。根据自由度和标准偏差的关系可知，自由度 v 越大，数据偏差越小，数据精度越高；反之自由度 v 越小，数据偏差大，数据精度低。

表 8-9　　　　　　　　　　　B 类 评 定 的 自 由 度

σ/u	0.71	0.50	0.41	0.35	0.32	0.29	0.27	0.25	0.24	0.22	0.18	0.16	0.10	0.07
v	1	2	3	4	5	6	7	8	9	10	15	20	50	100

3．间接不确定度

与误差相同，间接变量的不确定度也可由直接测量物理量的不确定度以及函数关系式来确定，其方法同误差的间接性传递。至此直接测定变量的不确定度评价以及间接函数的不确定度均可进行评估。

【例 8-4】　在光栅衍射测量光的波长实验中，其公式为 $d\sin\theta = k\lambda$（$k=1$、2、$3\cdots$），其中 θ、d 为直接测量量，试推导出波长的不确定度表达式。

解　当 k 取定值时，对关系式取对数得：$\ln\lambda + \ln k = \ln d + \ln\sin\theta$；并进行微分变形得：

$\dfrac{\mathrm{d}\lambda}{\lambda} = \dfrac{\mathrm{d}d}{d} + \cot\theta\mathrm{d}\theta$；进而获得标准差关系式：$\dfrac{u}{\lambda} = \sqrt{\left(\dfrac{u_d}{d}\right)^2 + (\cot\overline{\theta}u_\theta)^2}$，即可获得间接变量波

长的不确定度。

8.4.4　测量结果的表达

无论任何体系或仪器均应提供其不确定性指标，称为仪器不确定度；标注的仪器不确定度亦为科研工作者使用仪器计算获得数据的不确定度提供基础数据。诸如商业的规范活动和市场的日常管理、工业中的工程活动、较低等级的校准机构或设备、工业研究与开发、科学研究、工业基础和校准实验室、国家基准和标准实验室及国际计量局等，都应提供相关技术人员评定测量结果所需的全部信息乃至技术细节。当测量和评定结果以证书的形式给出时，有关测量的细节，包括不确定度信息的来源如测试或评定过程中所参照的最新的国际标准、国家标准、行业标准或技术说明书等，也应一并给出，并且要与测量的实际情况和实际使用的测量过程相一致。

科学实验中进行的大量的测量工作，首先所使用的测量仪器或器具应当经过定期校准或法制性检验。当这些仪器和器具符合所用的说明书或现行的规范或标准时，其示值的不确定度可以参照上述文件给出。然后通过对测量数据系统误差、随机误差以及仪器不确定度等进行综合评定后获得测量数据精确度或不确定度信息。整合数据的平均值、数据不确定度评估以及数据单位组合构成一个完整的数据表达。其主要步骤如下：

（1）在仪器精度或不确定度的基础上测定数据，并求出全部测量值的算术平均值，残余误差，和标准差。

（2）按照一定准则判断有无粗大误差，若有则剔除。

（3）按照一定准则判断有无系统误差，并进行必要的修正。

（4）求出算术平均值的标准差和多次重复测量的极限测量误差。极限误差是误差可能分散的一个区间，其本身不是误差，而是测量误差的分布极限或误差范围。

（5）利用函数关系求得间接变量或整合数学模型的间接误差或不确定度。

（6）最后，按照要求的形式将最后的测量结果表示出来；如满足要求的有效数字及形式、物理量对应量度及标准单位、测量误差及不确定度的范围。

为了提高测量结果的使用价值，某些场合或项目书中需附加数据或规律不确定度报告，应尽可能提供更详细的信息[14]。诸如：

（1）详细给出原始的测量数据。

（2）描述被测量估计值及其不确定度评定的方法。

（3）列出所有不确定度分量、自由度及相关系数，并说明它们是如何评定的。

（4）提供数据分析方法使每个重要步骤易于效仿；如需要应能重复计算结果。

（5）给出用于分析的全部常数、修正值及其来源。

需指出的是，对上述信息要逐条检查是否清楚和充分，若增加新的信息或数据，需考虑是否需更新评定结果。随着学术圈对数据越来越严格的要求，科学研究中原始测量相关的资料及原始数据需更完整、全面的记录并保存。

本章重点及思考题

1. 掌握常规物理量测量的方法以及 7 个基本单位。
2. 阐述误差的分类，以及减小各类误差的方法。

3. 请给出正态分布的随机误差数据的标准偏差的定义式。

*4. 函数误差又称间接误差，是科学研究中经常遇到的一类评估误差，请写出函数误差的传递方程，并描述其误差的计算过程。

5. 不确定度分为 A 类不确定度和 B 类不确定度两类，请指出其评定指标和评定步骤的区别。

*6. 为检验某种测量锌含量的方法是否存在系统误差，用含锌量 25.04%的标准物质做样品，重复测 30 次，得平均值为 25.22%，标准差为 0.46%。试判断有无系统误差（$\alpha=0.05$）。若用相同方法测得某试样的平均值为 27.19%，试修正该试样的分析结果。

*7. 测量圆柱体的体积，分别用游标卡尺和螺旋测微计测量圆柱体的高 H 和直径 D。测量数据如下：高 H=45.04mm（单次测量），直径 D=16.272，16.272，16.274，16.271，16.275，16.270，6.271，6.273mm。已知游标卡尺分度值为 0.02mm，一级螺旋测微计测量范围 0~25mm，示值误差限为 0.004mm，试计算圆柱体的体积和合成不确定度。

参 考 文 献

[1] 钱政，王中宇，刘桂礼. 测试误差分析与数据处理 [M]. 北京：北京航空航天大学出版社，2008.

[2] 潘汪杰，文群英. 热工测量及仪表 [M]. 北京：中国电力出版社，2010.

[3] 张华，赵文柱. 热工测量仪表 [M]. 2 版. 北京：冶金工业出版社，2013.

[4] 王文健. 试验数据分析处理与软件应用 [M]. 北京：电子工业出版社，2008.

[5] 王福保. 概率论及数理统计 [M]. 2 版. 上海：同济大学出版社，1988.

[6] 邓勃. 分析测试数据的统计处理方法 [M]. 北京：清华大学出版社，1995.

[7] 刘扬，张华丽. 测量数据处理及误差理论 [M]. 北京：原子能出版社，1997.

[8] 孙志忠，袁慰平，闻震初. 数值分析 [M]. 南京：东南大学出版社，2011.

[9] 杜延松. 数值分析及实验 [M]. 北京：科学出版社，2006.

[10] 费业泰. 误差理论与数据处理 [M]. 北京：机械工业出版社，2005.

[11] 沙定国. 误差分析与测量不确定度评定 [M]. 北京：中国计量出版社，2003.

[12] 王健. 工程测量学 [M]. 石家庄：河北人民出版社，2014.

[13] 贾沛璋. 误差分析与数据处理 [M]. 北京：国防工业出版社，1992.

[14] 何适生. 热工测量及仪表 [M]. 北京：水利电力出版社，1990.

---

* 为选做题。